高分子材料与工程专业系列教材

聚合物材料表征与测试

（第二版）

杨万泰　张　胜　谷晓昱　主编

中国轻工业出版社

图书在版编目（CIP）数据

聚合物材料表征与测试/杨万泰，张胜，谷晓昱主编. --2 版. --北京:中国轻工业出版社，2025. 1.
ISBN 978-7-5184-5169-2

Ⅰ. TB324

中国国家版本馆 CIP 数据核字第 2024CA5056 号

责任编辑：杜宇芳　　责任终审：滕炎福
文字编辑：武代群　　责任校对：吴大朋　　封面设计：锋尚设计
策划编辑：杜宇芳　　版式设计：致诚图文　　责任监印：张　可

出版发行：中国轻工业出版社（北京鲁谷东街 5 号，邮编:100040）
印　　刷：三河市万龙印装有限公司
经　　销：各地新华书店
版　　次：2025 年 1 月第 2 版第 1 次印刷
开　　本：787×1092　1/16　印张：13. 75
字　　数：326 千字
书　　号：ISBN 978-7-5184-5169-2　定价：49. 80 元
邮购电话：010-85119873
发行电话：010-85119832　010-85119912
网　　址：http：//www. chlip. com. cn
Email：club@ chlip. com. cn

231352J1X201ZBW

前　言

现代表征技术在材料科学的发展中发挥着越来越重要的作用，已经成为材料科学研究中不可或缺的重要组成部分。对于材料专业的学生和研究人员，在掌握高分子物理和高分子化学知识基础上，熟练掌握聚合物结构与性能的表征手段是展开材料研究的重要基础和方法。这需要首先熟知相关表征方法的基本原理及应用领域，并在材料研究中得心应手地应用。本书适合材料专业学生作为学习聚合物表征相关知识的入门教材，也适合相关研究人员作为专业参考书使用。

本书介绍的内容基本均为聚合物结构与性能表征中最为基础的方法。每一个章节在简要介绍表征仪器的基本结构和原理后，还介绍了样品分析中的制样方法及影响实验结果的因素。最后，本书将数据处理作为重点内容，并结合大量科研工作应用实例，讲解结果的分析方法。

本书第一版《聚合物表征》由张美珍老师统编组织，张美珍、柳百坚和谷晓昱等人参与编写，于2000年出版。图书出版后获得广大读者的好评，得到专业研究人员的认可，并在2005年入选“普通高等教育‘十一五’国家级规划教材”。随着材料学的快速发展，表征方法也不断更新，2005—2006年，在杨万泰老师的主持下，对本书内容进行修订及扩充，补充了最新的聚合物表征方法及研究内容，并更名为《聚合物材料表征与测试》。全书由杨万泰主编并审核，谷晓昱、邱兆斌和江盛玲老师共同参与了本次图书的内容补充及修订工作。特别感谢复旦大学刘添西教授对本书的审订。

各种表征方法在材料研究中发挥着越来越重要的作用，助力材料学向更高的水平发展。随着学科的发展，在过去的20年间，材料学专业的学生数量不断增加，《聚合物材料表征与测试》被广大高校选用。但是在使用过程中，也认识到随着学科发展，图书内容亟待补充及更新。在2020—2022年，由杨万泰院士主持，张胜和谷晓昱教授共同组织了本版的修订工作，特别感谢火安全材料研究中心的邱爽、顾伟文、刘国庆、张竞帆、刘钦勇和刘键等博士和硕士研究生的认真参与，协助完成全部修订及内容补充。在此感谢大家的努力付出！

编者

2024年5月

目　　录

第3篇　热　分　析

第4篇 高聚物流变性能

第5篇　显微分析技术

绪　论

聚合物科学及技术的发展，始于20世纪50年代。用现代分析技术研究聚合物结构，并确定结构与性能的关系，是高分子科学的一个重要组成部分。聚合物表征的技术和理论日益进步并逐步完善，已经发展成为关联高分子物理、化学、微观结构与宏观性能的重要学科。本书主要介绍现代分析技术及其在聚合物结构和性能研究中的应用。

在现代材料学研究中，借助精密研究手段，可以从多个角度，更加深入准确地探知聚合物的结构与性能的关系。作为材料专业的学生，在对这些方法的原理、特点和应用范围清晰了解之后，可以正确地选择和使用这些研究手段，合理地将其运用在材料结构设计及制备中。聚合物表征包含的主要内容有结构表征、分子运动形式表征及性能表征。

（1）结构表征方法

聚合物的基团及链结构表征的方法包括多种波谱分析手段，如X射线衍射、电子衍射、裂解色谱-质谱、紫外光谱、红外光谱、拉曼光谱、核磁共振、荧光光谱、X射线光电子能谱和电子能谱等。

聚合物链段的聚集态结构表征方法有X射线衍射、电子显微镜、光学显微镜、原子力显微镜、核磁共振、红外吸收光谱及热分析法等。

聚合物相对分子质量及其分布的表征方法有光散射法、凝胶渗透色谱法、黏度法、渗透压法、气相渗透压法、沸点升高法、端基滴定法；化学反应法、红外光谱法、凝胶渗透色谱法和黏度法还可以测定并计算得到支化度；交联度测定方法有溶胀法、力学测量法（模量）。

（2）聚合物分子运动（转变与松弛）的测定

在研究结构和性能的关系上，多重转变与运动是桥梁。高分子材料在一定条件下总处于一定的分子运动状态，改变条件就能改变分子运动的状态，换言之，聚合物本身从某种模式分子运动状态变成另一种平衡模式分子运动状态，就是转变，或称为松弛。转变或松弛现象反映了聚合物的结构以及结构的变化，例如橡胶在低于玻璃化转变温度（T_g）时，分子链的内旋转运动被冻结，处于玻璃态；高于T_g后转变成橡胶态，分子链的长程运动使橡胶具有高弹性，温度再升高到流动态，分子链的重心能发生位移，使材料具有塑性，可加工成型。结晶性聚合物在晶区和非晶区对应不同的分子运动。转变或松弛现象也使材料的热力学性能、黏弹性能和其他物理性能发生急剧的改变。由此可见，研究转变或松弛是了解结构与性能关系的桥梁。

（3）聚合物性能的测定

聚合物性能是结构在一定条件下的表现，这些物理参数对控制产品质量、了解加工性能和使用范围、评价和应用新型材料、研究结构与性能的关系有着重要的意义。

聚合物的力学性能指标包括应力-应变曲线及模量等参数。根据使用情况的多样性，测试材料在拉伸、压缩、剪切、弯曲、冲击等作用力下的力学性能指标。常用的测试仪器有万能材料试验机，可以进行拉伸、压缩、弯曲及剪切等多种受力模式下的力学参数测量。冲击测试仪可以记录材料在冲击力作用下产生的冲击应力及冲击能量。在实际使用中聚合物材料经常作用于交变力下，因此材料的动态力学性能研究也非常重要，通过模拟在各种交变作用力方式下，得到材料的动态力学参数，可以更为真实地反映材料的力学行为表现。

聚合物一般通过热熔加工，熔体的黏流性能，如黏度-切变速率的关系、剪应力与切变速率的关系等，可以通过旋转黏度计、熔融指数测定仪、各种毛细管流变仪等表征。

目前很多聚合物材料应用在电池、传感及光电器件中，聚合物的电学性能可以通过高阻计、电容电桥介电性能测定仪、高压电击穿试验机等，依照一定的测试标准，得到电阻、介电常数、介电损耗角正切和击穿电压等相关数据。

对聚合物热行为的测试仪器有导热系数测定仪、差示扫描量热仪、线膨胀和体膨胀测定仪、马丁耐热仪和维卡软化点测试仪、热重分析仪等，可以得到材料的导热系数、比热容、热膨胀系数、耐热性、耐燃性、分解温度等。

材料在使用过程中的热氧或紫外光氧老化性能等，可采用热老化箱和模拟自然的人工气候老化箱等测量。

随着材料学的飞速发展，各种多功能材料出现，聚合物材料在生活中的应用领域不断拓展。因此结合实际使用场景，聚合物的性能表征手段始终在动态更新中。

在食品包装等领域，聚合物材料的应用比例不断上升。对材料的气密性、保温性及抗菌性等均有要求。

在医疗领域中聚合物材料的应用也越来越多。在医疗器械、药物辅材以至于人造皮肤、关节、骨骼及器官的研究及应用均有开展。需要对应开展的性能测试包括生物相容性、凝血性等。

聚合物材料大多数为石油基原料合成得到，因此为易燃材料。随着生活水平的提高，安全意识的增强，更多应用场景中的聚合物材料需要经过阻燃处理以达到需要的阻燃标准。在阻燃性能测试中包括极限氧指数、垂直燃烧等级、热量释放速率、烟雾释放速率、毒性气体释放速率及质量损失速率等一系列参数标准，用以综合判断材料的阻燃性能。

第1篇 波谱分析

利用光谱技术对材料的结构进行分析，已经成为设计新材料和探索生命秘密必不可少的环节。随着仪器精密程度的提高，为人们了解物质更深入、更复杂、更细微的结构信息提供了有力的支持。光是一种电磁波，具有波粒二象性。不同的光谱区域对应的光的波长不同，能量也不同。电磁总谱见下表。

划分成光谱区的电磁总谱

波长及其分区	2×10^5 μm		1000 μm	25 μm	2 μm	750 nm	400 nm	10 nm	0.01 nm	
	无线电波区	微波区		远红外区	中红外区	近红外区	可见光区	紫外区	X射线区	γ射线区
运动形式	核自旋	电子自旋	分子转动	分子转动及晶体的晶格振动	分子基频振动	主要涉及O—H、N—H、C—H键振动的倍频及合频吸收	外层电子跃进		内层电子跃迁	核反应
光谱法	核磁共振谱	微波光谱	顺磁共振光谱	远红外光谱	红外光谱	近红外光谱	可见光和紫外光谱		X射线光谱	γ射线光谱

在光谱中经常出现有关光的几个参数，这几个参数之间的关系如下图所描述。

这几个参数的定义及其之间的换算关系如下。

波长（λ）：相邻两个波峰或波谷之间的距离，单位以微米（μm）表示。

频率（ν）：每秒通过A点的波的数目，单位以s^{-1}或者赫兹（Hz）表示。

波数（$\bar{\nu}$）：每厘米包含的波的数目，单位cm^{-1}。与波长（λ）的换算关系是：

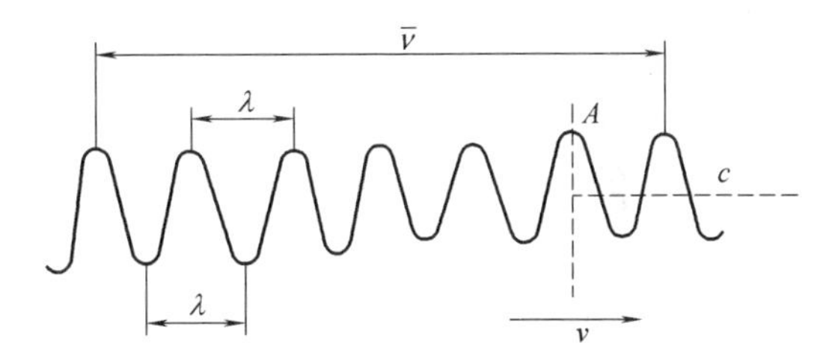

波长、波数、频率的关系图

$$\bar{\nu}=\frac{10^4}{\lambda} \tag{1}$$

本篇主要介绍红外光谱、拉曼光谱、紫外光谱、核磁共振谱、质谱及X射线衍射等，在高分子材料结构分析中应用较多的几种表征手段。在介绍有关的基本概念、仪器原理及实验方法之后，每一章均介绍了各种表征手段在研究工作中的具体应用实例。

第1章　红外光谱

1800年，人们发现把温度计放在光谱带中红光的外侧，温度会升高，后经证实这源于一种人眼看不到的具有热效应的电磁波，也被称作红外射线。它和可见光一样，有反射、衍射、偏振等光的性质。其传播速度与可见光相同，但是波长与可见光不同。

红外光的波长在750nm~1000μm的区域（波数13300~10cm^{-1}），又细划分成近红外区、中红外区和远红外区。

近红外区是指波长范围在780~2526nm（波数13300~4000cm^{-1}），介于可见光区到中红外区之间的电磁波，是人们最早发现的非可见光区。聚合物中—CH，—NH及—OH等基团的和频及倍频振动产生在这个区域，导致谱带重叠。由于对谱图的解析不如中红外光谱区域的信息充分，因此近红外光谱（Near Infrared Spectroscopy，NIR）的研究及应用远没有中红外光谱发展迅速。近年来由于结合了化学计量学，NIR发展非常迅速，主要用于工农业生产检测、化工、纺织、化妆品及药品分析、临床医学中的定量分析。NIR技术具有不破坏样品原型，简便、快速等优势。其谱图稳定，适用的样品范围广，通过相应的测样器件可以直接测量液体、固体、半固体和胶状体等不同物态的样品。由于近红外光在常规光纤中具有良好的传输特性，因此NIR技术在实时在线分析领域中得到很好的应用。

中红外区的波数在4000~400cm^{-1}。主要对应分子中原子振动的基频吸收，由于聚合物的基团运动能量在中红外光能量范围内，红外光谱可以提供聚合物的化学性质、立体结构、构象、序列状态及取向等许多定性和定量的信息。通常所说的红外光谱就是指中红外光谱（Infrared spectroscopy，IR），在实验方法及谱图分析已经积累了非常丰富的经验，在结构分析中有着重要的地位。红外光谱不但用于鉴定聚合物的主链结构、取代基的种类及位置、双键位置及分子侧链结构等，而且在聚合反应机理、材料老化和降解机理方面的应用也越来越广泛。在聚合物中添加剂及助剂的成分分析，黏合剂及多组分涂料的分析方面也发挥出重要作用。本章主要介绍中IR的原理及应用。

远红外区的波数在400~10cm^{-1}。光的能量比较低，只有分辨率高，扫描速度快的傅立叶变换型远红外光谱仪的精度可以满足使用要求。某些芳香族化合物的异构体、杂环化合物和脂肪族烃类在远红外区产生特征吸收；结晶聚合物的晶格振动频率在远红外光谱区；某些金属阳离子的化合价发生改变时，其远红外光谱区的吸收峰会出现相应变化。以上这些结构可以利用远红外光谱观察。

1.1　红外光谱的基本原理

分子中原子振动产生的基频吸收，主要在中红外区。原子振动形式不同，吸收的光的频率存在差异，下面介绍几种最主要的运动形式及其对应的吸收频率，以及IR的产生及其表达形式。

1.1.1 双原子分子的振动模型

双原子分子的振动方式可以用经典力学模型——谐振子模型来模拟，如图 1-1 所示。把两个由化学键连接的原子看作由弹簧连接的两个质点，双原子分子的振动方式就是两个原子在键轴方向上做简谐振动，简谐振动服从胡克定律。

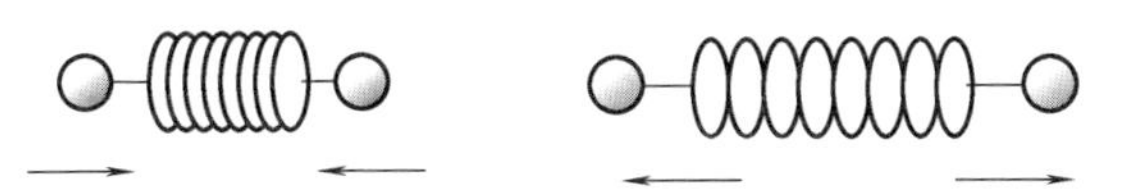

图 1-1 简谐振动示意图

如果两个原子的质量分别为 m_1 和 m_2，那么双原子分子的简谐振动的振动频率为：

$$\nu = \frac{1}{2\pi}\sqrt{\frac{K}{m}} \tag{1-1}$$

式中 ν——振动频率，Hz；

K——化学键力常数，单键 $K \approx 5.0\mathrm{N/cm}$；双键 $K \approx 10\mathrm{N/cm}$；叁键 $K \approx 15.0\mathrm{N/cm}$；

m——折合质量，g。

$$m = \frac{m_1 m_2}{m_1 + m_2} \cdot \frac{1}{N_A} = \frac{M_1 M_2}{M_1 + M_2} \cdot \frac{1}{N_A} \tag{1-2}$$

式中 m_1 和 m_2——分别代表每个原子的相对质量，g；

M_1 和 M_2——分别代表每个原子的相对质量，g/mol；

N_A——阿伏伽德罗常数。

如果用波谱分析中常用的波数（$\tilde{\nu}$）来表示分子的振动频率，则为：

$$\tilde{\nu} = \frac{1}{2\pi c}\sqrt{\frac{K}{m}} \tag{1-3}$$

式中 c——光速，$3\times10^8\mathrm{m/s}$。

1.1.2 多原子分子的振动方式

多原子分子的振动方式比双原子分子的振动方式复杂，而且随着原子数目增加，振动方式也更加复杂。

按照上面的振动模型，把多原子分子也简化成许多被弹簧连接起来的质点模型。要描述多原子分子的各种可能的振动方式，必须确定各原子的相对位置。一个质子在空间的位置需要 3 个坐标（x，y，z）确定，即每个原子的空间运动有 3 个自由度，如果一个分子由 n 个原子组成，就一共有 $3n$ 个自由度。而分子作为整体有 3 个平动自由度和 3 个转动自由度，剩下的 $3n-6$ 个才是分子的振动自由度（对于直线分子，是 $3n-5$ 个振动自由度），即存在 $3n-6$ 个基本振动形式，这些基本振动称为分子的简正振动。每种简正振动都有自己的特征振动频率。

复杂分子的简正振动大致分为两类，即伸缩振动（stretching vibration）和弯曲振动（变形振动，deformation vibration）。

（1）伸缩振动

伸缩振动是指原子沿着键轴方向伸缩使键长发生变化的振动方式。其特点是键长发生变化，而键角基本不变。按照运动对称性的不同，伸缩振动又分成对称伸缩振动（ν）和反对称伸缩振动（ν_{as}）。

如图 1-2 所示，以亚甲基（$—CH_2$）为例，对称伸缩振动（ν）是两个键同时进行收缩或者伸长的运动；根据式（1-3）计算需要吸收的红外光波数是 2853cm^{-1}。而反对称伸缩振动（ν_{as}）是一个键伸长，另一个键收缩，需要吸收的红外光波数是 2926cm^{-1}。

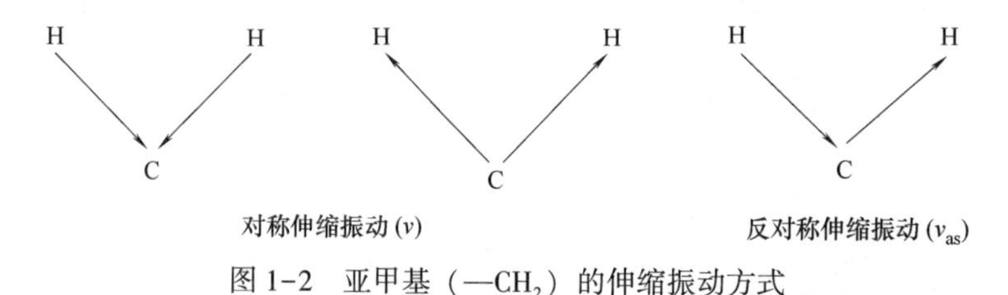

图 1-2　亚甲基（$—CH_2$）的伸缩振动方式

（2）弯曲振动

与伸缩振动不同，弯曲振动的特点是键长不发生变化，而键角发生变化。

弯曲振动分为面内弯曲振动和面外弯曲振动，面内弯曲振动又分为平面摇摆振动和平面剪式振动两种，对应的 IR 光波数分别为 720cm^{-1}，和 1468cm^{-1}；面外弯曲振动分为扭曲振动和非平面摇摆振动，对应的 IR 光波数均为 1305cm^{-1}。$—CH_2$ 的弯曲振动 4 种方式如图 1-3 所示。

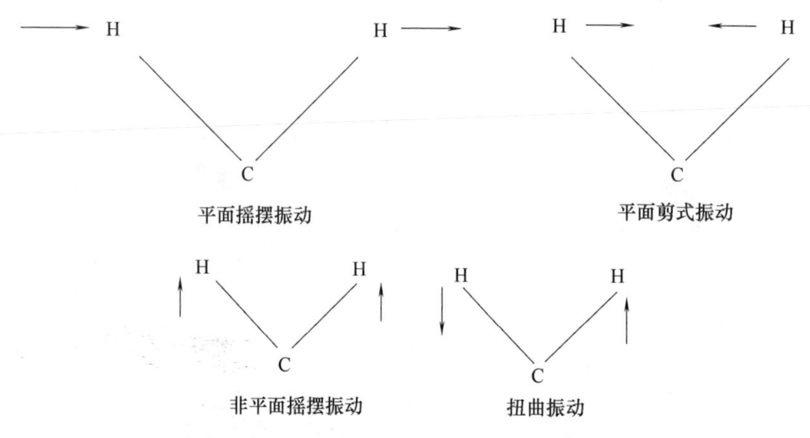

图 1-3　亚甲基（$—CH_2$）的弯曲振动方式

上面以结构最简单的亚甲基（$—CH_2$）为例，介绍了分子运动的几种形式。一般的聚合物由许多基团构成。不同的分子结构发生的振动形式不同，振动的频率也就不相同，所以一种材料的 IR 谱图上会出现许多的吸收峰，对应的是不同基团的不同运动方式。

1.1.3　红外光谱的表示方法

以一定波数范围的红外光去照射样品，如果样品的分子结构中存在可以吸收红外光的基团，就会吸收对应的红外光，这样通过样品后的红外光强度就会减弱。把样品对红外光的吸收情况记录下来，就得到了通常所说的红外光谱图。根据记录方式的不同，红外光谱图通常有两种表示方法：一种是记录通过样品后的光强度与原始光强之比（透过率）；另一种是记录样品吸收的红外光强度（吸光度）。横坐标一般以波数表示。

透过率和吸光度的具体定义是：

（1）透过率（transmission）

$$T=\frac{I}{I_0}\times100\% \tag{1-4}$$

式中 T——透过率；

I_0——入射光强度；

I——透过光强度。

（2）吸光度（absorbance）

$$A=\lg\left(\frac{1}{T}\right)=\lg\left(\frac{I_0}{I}\right) \tag{1-5}$$

图 1-4 是同一种材料聚乙烯（PE）分别以透过率和吸光度表示的红外光谱图。

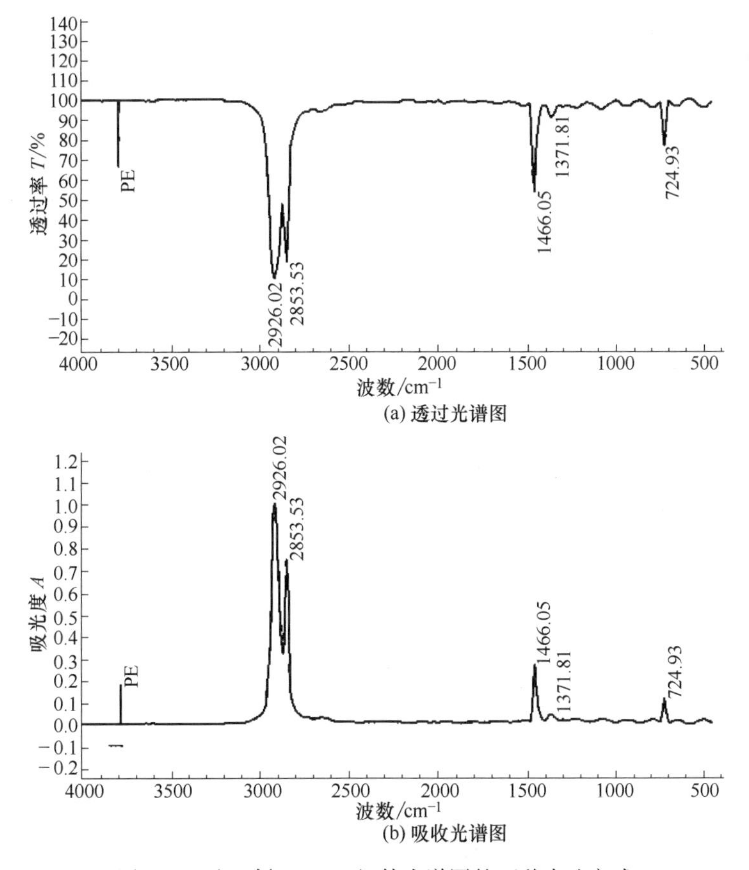

图 1-4 聚乙烯（PE）红外光谱图的两种表达方式

在实际的应用中，主要依靠横坐标的位置判断基团，因此红外光谱图中经常省略纵坐标。

1.1.4 基团特征频率

根据上面的介绍，同一官能团具有相对固定的吸收峰位置，通过计算可以得到分子振动的频率。但只在理论上成立，实际的物质结构与 PE 相比，会更加复杂，同时分子中各种基团之间相互作用，导致吸收峰位置有所移动，计算值与实际谱图存在差异，需要综合解析。

同一种官能团，在不同的化合物中，会在一个近似的频率范围内出现吸收峰，通常把这种代表某种基团运动并有较高强度的吸收峰，称为基团的特征吸收峰，对应的频率称为基团的特征吸收频率。由于存在相近吸收频率发生的峰简并，导致傅立叶变换红外光谱（FTIR）谱图上吸收峰加宽，因此在 FTIR 中，应用谱带表示一段频率范围内的吸收。

根据式（1-4）和式（1-5），基团的特征频率和键力常数成正比，与折合质量成反比。通过这一关系，可以计算得到各种基团的特征频率。如大多数聚合物含有 C、H、O、N 原子，其特征频率大致存在以下的规律：

C、N 和 O 的相对原子质量接近，因此它们之间的伸缩振动差异主要取决于键力常数。

三键的键力常数最大，因此振动频率最大，在 2400~2100cm^{-1} 处产生吸收峰；如聚丙烯腈（PAN）在 2240cm^{-1} 处存在 C≡N 吸收。其次是双键，在 1900~1500cm^{-1} 处产生吸收峰。如 C═O、C═C、C═N 及 N═O 等的伸缩振动及苯环的骨架振动。单键的键力常数最小，吸收峰出现在 1300cm^{-1} 以下。

在红外光谱中，通常划分成两个主要的区域，在 4000~1300cm^{-1} 内，基团和频率的对应关系比较明确，对确定官能团很有帮助，称为官能团区；在 1300~400cm^{-1} 内，谱图上会出现许多的谱带，其特征归属不完全符合规律，但是一些同系物或者结构相近的聚合物，在这个区域的谱带往往存在特定位置，可以加以区别，如同人的指纹，因此被形象地称为指纹区。表 1-1 中列出了聚合物中常见的官能团的特征峰位置。

表 1-1　　红外光谱中各种键的特征频率

光谱区域/cm^{-1}	引起吸收的主要基团
4000~3000	O—H，N—H 伸缩振动
3300~2700	C—H 伸缩振动
2500~1900	—C≡C—、—C≡N、—C═C═C—、>C═C═O、—N═C═O 伸缩振动
1900~1650	>C═O 伸缩振动及芳烃中 C—H 弯曲振动的倍频和合频
1675~1500	芳环、>C═C<、>C═N—伸缩振动
1500~1300	C—H 面内弯曲振动
1300~1000	C—O、C—F、Si—O 伸缩振动、C—C 骨架振动
1000~650	C—H 面外弯曲振动、C—Cl 伸缩振动

聚合物分子结构的特点是分子链长，每个分子包括的原子数目相当大，如果按照计

算，应该产生相当数量的简正振动，从而使聚合物的IR谱图变得极为复杂，但是实际情况并非如此。聚合物链是由许多重复单元构成，各个重复单元的键力常数大致相同，其振动频率接近，而且并不是所有的分子振动形式都会产生红外吸收，对于没有红外活性的分子运动形式，在IR谱图上反映不出来。因此很多聚合物的IR谱图中吸收峰数量及位置相对固定，便于从谱图上加以识别。

IR谱图中能够反映出聚合物结构单元的化学组成、单体之间的连接方式等。一些特殊结构如支化、交联及序列分布，以及构象规整性、立构规整性、分子链结构和聚集态结构（如结晶和取向）等信息也可以通过一些特征吸收峰反映出来。

1.2 制样方法

红外光谱图是进行分子组成结构定性和定量分析的依据基础。因此记录一张好的谱图非常重要。谱图的质量与制样的操作有直接关系。一般要求谱图中最强吸收带的透过率在0%~10%，使弱吸收峰也可以看清楚，并能与噪声区别开，与标准谱图比对时才能提供有价值的信息。制样方法包括溶液流延薄膜法、热压薄膜法、溴化钾粉末压片法、切片法、溶液法及石蜡糊法等，具体的制样方法根据样品实际状态加以选择。

1.2.1 溶液流延薄膜法

将聚合物溶解在某种挥发性好的良溶剂中，把聚合物溶液均匀涂在光滑表面（如载玻片）上，通常在真空干燥条件下使溶剂充分挥发，得到厚度为10~30μm的薄膜，直接放入样品架中采集FTIR谱图。该方法的优点是谱图质量较高，存在的问题是聚合物的分子链在某些溶剂中会产生分子链重排取向，导致对应的特征峰的强度及位置发生改变。同一种聚合物在不同的溶剂中溶解成膜，由于聚合物与溶质之间的相互作用不同，得到的谱图会存在差异。

共混聚合物在溶解过程中，溶剂会对其相容性产生影响，导致某些吸收谱带的位置发生移动。

1.2.2 热压成膜法

对于某些不容易溶解的热塑性树脂材料，如PE及α-烯烃聚合物等，热压成膜法是一种方便快捷的制备方法。

具体制样方法：在热压机上，升温使聚合物熔融，在一定压力下成膜。需要注意温度控制，达到熔融温度后立即停止升温，快速压制成膜，避免氧化及热压时产生取向，导致某些吸收谱带的位置发生移动。

1.2.3 溴化钾（KBr）压片法

对于粉末状的物质，应该首选KBr压片法。这种方法使用的样品量少，制样过程中没有溶剂和温度等因素的影响，信息可靠。具体方法：取被测样品和KBr粉末按质量比1∶100在研钵中充分研磨并混合均匀，转入模具中并在压机上压制成片。

通常KBr粉末在室温条件下保存很容易吸潮，处理不当时会在谱图中带进明显的羟基（—OH）峰，因此被测样品和 KBr 粉末需要严格去除水分。KBr 粉末需要干燥保存，在使用前高温烘烤去除水分。压好的样片也需要在红外烤灯下烘烤一定时间去除水分。

有些橡胶状的样品，在溶剂中仅仅能溶胀，无法利用流延成膜法，加热也不能成膜。这时可以考虑将溶剂溶胀的样品混合 KBr 在研钵中充分研磨，压成片后再烘烤去除溶剂，作图。另外一个途径是使用衰减全反射（ATR）的方法。

具体操作中需要注意以下几个问题。

① 一般使用光谱纯 KBr，避免由 KBr 带进来的杂质产生红外吸收信息，影响判断。

② 需要充分研磨，使粉末颗粒尽可能小且尺寸均匀。颗粒粒度越大，在红外谱图上表现出来的噪声信号越明显，基线升高，峰型加宽，强度降低。随着颗粒粒度减小，基线下降，峰强度提高，吸收峰变窄。

③ 在可以成型的基础上，尽量降低样片的厚度，厚度增加导致吸收峰加宽，分辨率降低，影响谱图质量。

1.2.4 溴化钾晶体涂膜法

黏稠的低聚物或者黏合剂类的物质，可以将其涂在 KBr 晶体片上。注意被测样品中尽量不含有水分，操作过程须快速，避免操作过程中吸收水分。

1.2.5 液体池法

对于黏度和沸点较低的液体样品，可以使用专用的液体吸收池进行测定。

1.2.6 气体样品分析

可将气体样品直接充入已抽成真空的样品池内，常用样品池长度约在 10cm 以上，采用多次反射使光程折叠，从而使光束通过样品池全长的次数达到 10 次以上，使信号增强。

1.3 影响吸收谱带位移和谱图质量的因素

1.3.1 影响谱带位移的因素

分子基团一般在一个固定的吸收范围内产生红外吸收，但是不同分子中同一基团的特征吸收频率总是在一定范围内有所偏移。掌握吸收谱带的移动规律对谱图分析非常重要。一般影响吸收谱带发生位移的因素是多方面的，归纳为内部和外部两方面的因素影响。

（1）外部因素

外部因素主要指制样方法、环境条件等产生的影响。一种物质在气、液、固等不同的相态下，得到的谱图有时会发生非常明显的差异，这与分子间相互作用力有关。

气态分子之间的距离比较远，基本上可以认为是独立的分子，不受其他分子的影响。

液态分子之间的相互作用力较强，许多含有羰基（C═O）或羟基（—OH）的液体分子会由于氢键作用很容易形成二聚体或者多聚体，导致对应吸收频率下降。

（2）内部因素

由于分子结构引起的变化。主要有诱导效应、共轭效应、氢键效应及偶合效应等。

① 诱导效应。在极性共价键中，由于相邻的基团或者取代基的电负性不同，会产生不同程度的静电诱导作用，引起分子中电荷分布情况的变化，从而导致键力常数的变化，基团对应的吸收频率随之变化，即谱带位置发生移动，称为诱导效应。相邻的基团或者取代基的电负性越大，诱导效应越明显。如羰基（C ═O）在不同的结构中的谱带位置有明显差异。

R—C(═O)—R （$1715cm^{-1}$）　　R—C(═O)—Cl （$1780cm^{-1}$）

图 1-5　羰基（C ═O）在不同结构中的谱带位置

② 共轭效应。在两个双键邻近时，π 电子云会在更大的区域内运动，从而使分子中连接两个 π 键的单键具有一定程度的双键性，使原来的双键性质减弱，键能降低，整体结构的稳定性增加，即共轭效应，吸收频率降低。如：

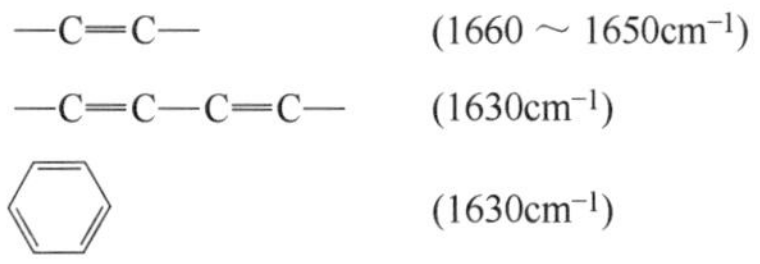

—C═C—	（1660 ~ $1650cm^{-1}$）
—C═C—C═C—	（$1630cm^{-1}$）
苯环	（$1630cm^{-1}$）

图 1-6　双键、共轭双键及苯环的特征峰位置

③ 氢键效应。氢键是一个分子（R—X—H）与另一个分子（R′—Y）相互作用，形成 R—X—H···Y—R′。X 一般为电负性强的原子，Y 为具有孤对电子的原子。

可以形成氢键的原子有电负性较强的 O、N、F、S、P。虽然 Cl 原子的电负性很强，但是由于其自身体积较大，因此一般不容易形成氢键。

对于伸缩振动，形成氢键后基团的吸收频率下降；谱带变宽。氢键作用越强，谱带变宽越明显。对于弯曲振动，形成氢键后基团的吸收频率升高；谱带变窄。

氢键有分子内和分子间两种形式。分子内氢键取决于分子的内在性质，不受溶剂种类等外界因素的影响；分子间的氢键受外界条件影响比较明显。如果把样品溶液稀释到很低的浓度，这时分子与分子间的距离较大，分子之间呈游离状态，不能形成分子间氢键。通过这个方法可以区分分子内与分子间氢键。

当两种聚合物共混时，如果只是简单的物理共混，不产生分子间作用力，那么共混物的 FTIR 谱图只是各自基团产生的吸收峰的简单叠加；如果两种材料的结构中存在可以产生分子间相互作用力（如氢键）的基团，会使两种材料的相容性增加，这时在共混物的 FTIR 谱图上，吸收峰不再是简单的叠加，产生氢键吸引的基团对应的吸收峰会发生位置移动及峰形不对称加宽。通过观察聚合物共混物的 FTIR 谱图中峰位置及峰形的变化可以判断相容性。

④ 偶合效应。分子内的两个基团位置邻近，振动频率也相近时，就会发生振动偶合，使谱带分成两个，在原谱带高频和低频一侧各出现一个谱带。

聚烯烃中的 α-H 被非极性基团取代时，发生振动偶合，谱带位置产生移动。如聚异丁烯（PIB）可以看成是等规聚丙烯（PP）上的 α-H 被非极性基团甲基（$—CH_3$）取代，在这种情况下，如图 1-7 所示，$—CH_3$ 基团在 $1378cm^{-1}$ 和 $969cm^{-1}$ 处的面内和面外弯曲振动，分裂成两个谱带，而 PP

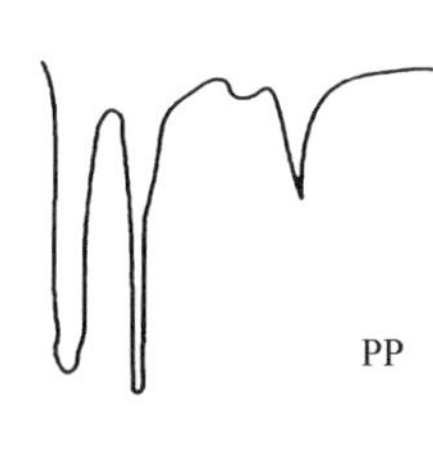

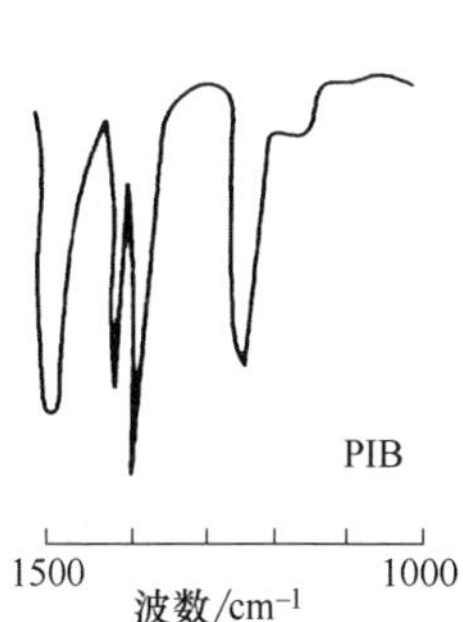

图 1-7　PP 和 PIB 在 1500~$1000cm^{-1}$ 的 FTIR 谱图

在 1158cm^{-1} 处的骨架振动峰在 PIB 中移动到 1227cm^{-1}。

芳香族聚合物中的 α-H 被取代时会产生电子偶合。如图 1-8 所示为聚苯乙烯（PS）和 α-甲基苯乙烯（α-MPS）的 FTIR 谱图，发现除了由于 α-MPS 中增加了甲基而产生的—CH_3 的特征吸收（2960，2980，470，1380 和 940cm^{-1}）的谱带以外，在 PS 中的 1027cm^{-1} 处的环内氢原子的内弯曲振动带的强度在 α-MPS 中明显增加。

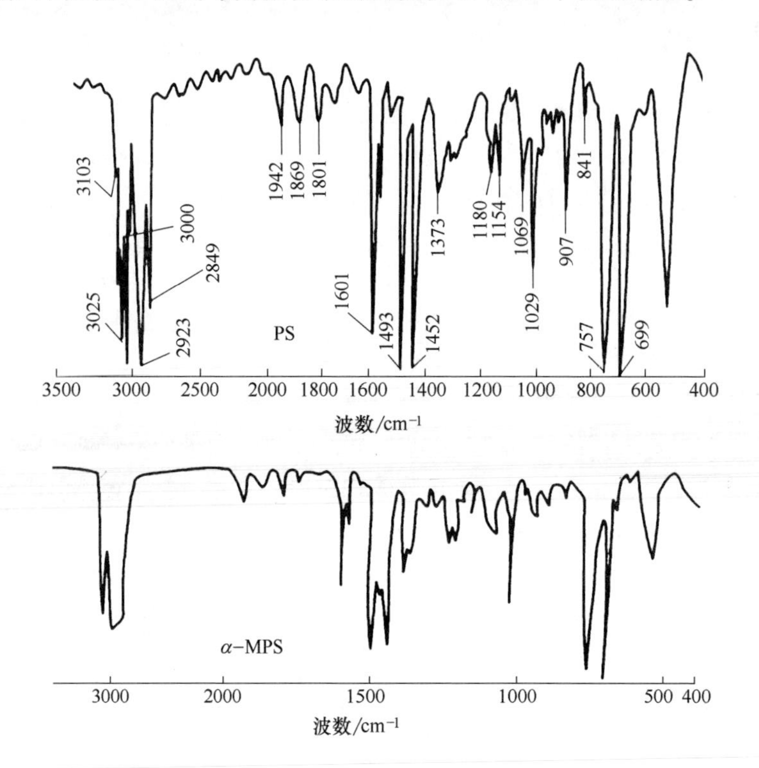

图 1-8　聚苯乙烯（PS）和 α-甲基苯乙烯（α-MPS）的 FTIR 谱图

1.3.2　影响谱图质量的因素

（1）仪器参数

光通量的强度、光的增益、扫描次数等因素直接影响信噪比，要根据不同的附件及测试要求及时进行调整，保证谱图质量。

仪器需要经常用标准样品进行峰位置校准，一般使用随机附带的标准样品——PS 薄膜，定期对仪器进行校准检测，确保仪器的吸收峰位置准确。

（2）环境因素

在 FTIR 谱图中出现的吸收峰并不都是由被测物质引起，环境条件也会对谱图产生影响。最明显的是环境中的水和 CO_2 吸收峰的强度变化。潮湿空气带来的水汽、玻璃研钵和玻璃器皿带入的 SiO_2，操作者触摸样品表面及溴化钾片上留下的杂质等都会在谱图上反映出来，因此需要保持环境清洁，温度和湿度条件恒定。

一般的操作都是先对空白背景做一次扫描，然后再进行被测样品的扫描，第二次的结果扣减掉第一次的背景信息，得到样品的 FTIR 谱图。

1.4 解析 FTIR 谱图的基本要素

在 FTIR 谱图解析中，需要从谱带的位置、形状和强度入手，综合展开分析。

1.4.1 谱带的位置

吸收谱带的位置（谱带）对应的是基团的特征振动频率，是对官能团进行定性分析的基础，依照特征谱带的位置可以判断存在哪些基团。

以 C═O 为例，一般出现在 1650～1900cm^{-1}，且强度较高的。不同的分子结构中，C═O 出现的位置不同，根据谱带位置可以判断基团的类别。如表 1-2 所示。

表 1-2　C═O 在不同分子中对应的 FTIR 吸收谱带位置

类别	吸收谱带的位置	类别	吸收谱带的位置
醛	1715～1730cm^{-1}	酯	1725～1740cm^{-1}
酮	1705～1725cm^{-1}	酰胺	1640～1720cm^{-1}
酸	1700cm^{-1}	酸酐	1800～1870cm^{-1}， 1740～1800cm^{-1}（2 个吸收谱带）

图 1-9 为聚合物材料中各种官能团对应的主要吸收谱带出现的位置。表 1-3 为常见聚合物中官能团的最强谱带和特征谱带位置。

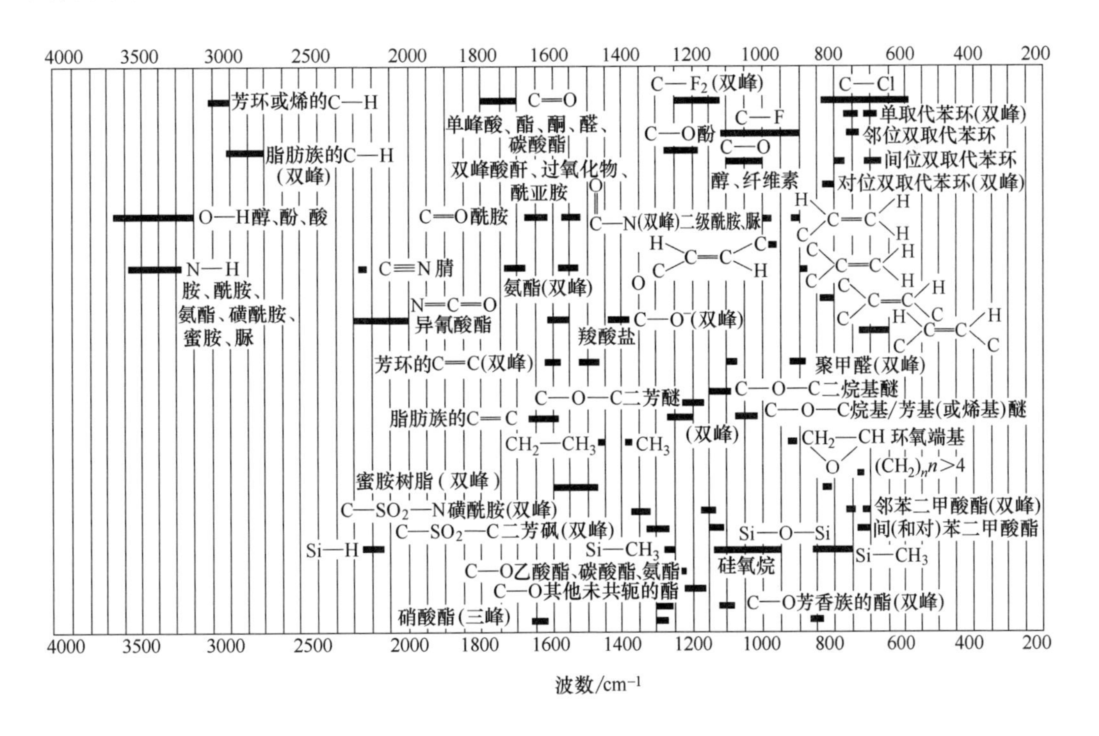

图 1-9　FTIR 中主要谱带的波数与结构的关系

表 1-3　　常见聚合物的特征谱带位置

(1)含有羰基的聚合物($1800 \sim 1650cm^{-1}$)

聚合物名称	谱带位置及对应基团振动/cm^{-1}	
	最强谱带	特征谱带
聚乙酸乙烯酯	1740 $\nu_{C=O}$	1240　1020（ν_{C-O}）　1375（δ_{CH_3}）
聚丙烯酸甲酯	1730 $\nu_{C=O}$	1170　1200　1260 ν_{C-O}
聚丙烯酸丁酯	1730 $\nu_{C=O}$	1165　1245（ν_{C-O}）　940　960（丁酯特征）
聚甲基丙烯酸甲酯	1730 $\nu_{C=O}$	1150　1190（ν_{C-O}）　1240　1268（一对双峰）
聚甲基丙烯酸乙酯	1725 $\nu_{C=O}$	1150　1180（ν_{C-O}）　1240　1268（一对双峰）　1022（乙酯特征）
聚甲基丙烯酸丁酯	1730 $\nu_{C=O}$	1150　1180（ν_{C-O}）　1240　1268（一对双峰）　950　970（乙酯特征）
聚邻苯二甲酸乙二醇酯	1740 $\nu_{C=O}$	1280　1125（ν_{C-O}）　1070（δ_{C-H}）　745　710（γ_{C-H}）
聚对苯二甲酸乙二醇酯	1730 $\nu_{C=O}$	1265　1100（ν_{C-O}）　1020　730（γ_{C-H}）
聚间苯二甲酸乙二醇酯	1730 $\nu_{C=O}$	1230　1300（ν_{C-O}）　730（γ_{C-H}）
松香脂	1730 $\nu_{C=O}$	1240　1175（ν_{C-O}）　1130　1100（双峰）
聚酯型聚氨酯	1735 $\nu_{C=O}$	1540（$\delta_{N-H}+\nu_{C-N}$）其他特征同聚酯
聚酰亚胺	1725 $\nu_{C=O}$	1780 ν_{C-O}
聚丙烯酸	1700 $\nu_{C=O}$	1170　1250 ν_{C-O}
聚酰胺	1640 $\nu_{C=O}$	1550（ν_{C-N}）　3090（上面倍频）　3300（$\nu_{N-H}+\delta_{N-H}$）
聚丙烯酰胺	1650（$\nu_{C=O}$）　1600（δ_{NH_2}）	3300　3175　1020 ν_{NH_2}
聚乙烯吡咯烷酮	1665 $\nu_{C=O}$	1280　1410
聚 6-脲	1625（$\nu_{C=O}$）　1565（δ_{NH}）	1250 $\nu_{C-N}+\delta_{N-H}$
脲-甲醛树脂	1640 $\nu_{C=O}$	1540　1250 $\nu_{C-N}+\delta_{N-H}$

续表

(2)饱和聚烃和极性基团取代的聚烃(1500~1300cm^{-1})

聚合物名称	谱带位置及对应基团振动/cm^{-1}	
	最强谱带	特征谱带
聚乙烯	1470 δ_{CH_2}	731　720 γ_{CH_2}
等规聚丙烯	1376 δ_{CH_3}	1166　998　841　1304 与结晶有关
聚异丁烯	1365　1385 δ_{CH_3}	1230 ν_{C-C}
等规聚1-丁烯	1465 δ_{CH_2}	760 γ_{CH_2}
萜烯树脂	1465 δ_{CH_2}	1365　1385　3400　1700 δ_{CH_3}
天然橡胶	1450 δ_{CH_2}	835 γ_{CH}
氯丁橡胶	1440 δ_{CH_2}	1670　1100　820 $\nu_{C=C}$　ν_{C-C}　γ_{C-H}
氯磺化聚乙烯	1475 δ_{CH_2}	1250　1160　1316 ν_{C-H}　$\nu_{S=O}$
石油烷烃树脂	1475 δ_{CH_2}	750　700　1700 强度变化很大 $\nu_{C=O}$
聚丙烯腈	1440 δ_{CH_2}	2240 $\nu_{C\equiv N}$

(3)含有C—O键的聚合物(1300~1000cm^{-1})

聚合物名称	谱带位置及对应基团振动/cm^{-1}	
	最强谱带	特征谱带
双酚-A型环氧树脂	1250 ν_{C-O}	1510　1604　2980　830　1300　1188 苯环　ν_{CH_3}　γ_{CH}
酚醛树脂	1240 ν_{C-O}	1510　1610　1590　815　3300 苯环　γ_{CH}
双酚-A型聚碳酸酯	1240 ν_{C-O}	1780　1190　1165　830 $\nu_{C=O}$　γ_{CH}
二乙二醇双烯丙基聚碳酸酯	1250 ν_{C-O}	1780　790 $\nu_{C=O}$
双酚-A型聚砜	1250 ν_{C-O}	1310　1160　1110　830 $\nu_{S=O}$　γ_{CH}
聚氯乙烯	1250 ν_{C-H}	1420　1330　600~700 δ_{CH_2}　$\delta_{CH}+\gamma_{CH_2}$　ν_{C-Cl}

续表

聚合物名称	谱带位置及对应基团振动/cm^{-1}	
	最强谱带	特征谱带
聚苯醚	1204 $\nu_{C—O}$	1600　1500　1160　1020
硝化纤维素	1285 $\nu_{N—O}$	1660　845　1075 硝酸酯特征
三乙酸纤维素	1240 $\nu_{C—O}$	1740　1380　1050 乙酸酯特征
聚乙烯基醚类	1100 $\nu_{C—O}$	只有碳氢吸收
聚氧乙烯	1100 $\nu_{C—O}$	945
聚乙烯醇缩甲醛	1020 $\nu_{C—O}$	1060　1130　1175　1240 缩甲醛特征
聚乙烯醇缩乙醛	1140 $\nu_{C—O}$	940　1340 缩乙醛特征
聚乙烯醇缩丁醛	1124 $\nu_{C—O}$	995
纤维素	1050 $\nu_{C—OH}$	1158　1109　1025　1000　970 在主峰两侧的一系列突起
纤维素醚类	1100 $\nu_{C—O}$	1050　3400 残存 OH 吸收
聚醚型聚氨酯	1100 $\nu_{C—O}$	1540　1690　1730 $\delta_{N—H}$　$\nu_{C=O}$

(4)其他类型聚合物(1300~1000cm^{-1})

聚合物名称	谱带位置及对应基团振动/cm^{-1}	
	最强谱带	特征谱带
甲基有机硅树脂	1100　1020 $\nu_{Si—O—Si}$	1260　800 δ_{CH_3}　$\nu_{C—Si—C}$
甲基苯基硅树脂	1100　1020 $\nu_{Si—O—Si}$	1260　3066　3030　1440 δ_{CH_3}　苯环特征
聚偏氯乙烯	1070　1045 $\nu_{C—C}$　$\nu_{C—C}+2\times\nu_{C—Cl}$	1405 δ_{CH_2}
聚四氟乙烯	1250~1100 $\nu_{C—F}$	770　638　554 非晶带　晶带
聚三氟氯乙烯	1198　1130 $\nu_{C—F}$	970　1285 $\nu_{C—Cl}$
聚偏氟乙烯	1175 $\nu_{C—F}$	875　1395　1070

续表

聚合物名称	谱带位置及对应基团振动/cm^{-1}	
	最强谱带	特征谱带
聚苯乙烯	760　700 单取代苯特征	3000　3022　3060　3080　3100 五条尖锐谱带
聚茚	750 $\gamma_{C—H}$	1250~850 很多弱的尖锐谱带
聚对-甲基苯乙烯	815 $\gamma_{C—H}$	720
1,2-聚丁二烯	910 $\gamma_{=CH_2}$	990　1640　700 $\gamma_{=CH_2}$　$\nu_{C=C}$
反式-1,4-聚丁二烯	967 $\gamma_{=C—H}$	1660 $\nu_{C=C}$
顺式-1,4-聚丁二烯	738 $\gamma_{=C—H}$	1650 $\nu_{C=C}$
聚甲醛	935　900 $\nu_{C—O}$	1100　1240
(高)氯化聚乙烯	670 $\nu_{C—Cl}$	760　790　1266 $\nu_{C—Cl}$　$\delta_{C—H}$
氯化橡胶	790 $\nu_{C—Cl}$	760　736　1280　1250 $\nu_{C—Cl}$　$\delta_{C—H}$

注：ν 表示伸缩振动；δ 表示弯曲振动；γ 表示面外弯曲振动。

1.4.2　谱带的形状

谱带的形状包括吸收峰的宽窄，谱带是否发生裂分等信息。通过谱带的形状可以判断基团的种类，还可以提供关于分子内部结构的信息。如是否存在分子间缔合以及分子的对称性、旋转异构、互变异构等信息。

例如碳碳双键的伸缩振动（$\nu_{C=C}$）和酰胺基团中羰基的伸缩振动（$\nu_{C=O}$）均在 1660~1650cm^{-1} 产生吸收，但是酰胺基团的 C═O 大都形成氢键，其谱带较宽，而烯类双键的吸收峰窄且尖，可以通过峰形加以区别。

1.4.3　谱带的强度

谱带的强度是与分子振动时偶极距的变化有关，但同时也与分子的含量成正比，因此可以作为定量分析的基础。依据某些特征谱带强度随反应条件（如时间，温度，压力等）的变化规律可以进行反应动力学跟踪研究，在后面应用一节中会介绍。

1.5　傅立叶变换红外光谱仪

1.5.1　红外光谱仪的进展

第一代红外光谱仪为镜式色散型红外光谱仪，分光器为 NaCl 晶体，波数范围在

4000~600cm^{-1}，由于 NaCl 在环境中容易吸收水分，因此对仪器的使用条件有非常苛刻的要求，对温度、湿度的要求都非常高。

到 20 世纪 60 年代，出现了光栅色散型红外光谱仪，由光栅作为分光元件，代替了棱镜，分辨率得到了提高，降低了对使用环境的要求。测量的波数范围扩展到 4000~400cm^{-1}。

前面介绍的两种类型的红外光谱仪的分光元件都属于色散型，其原理是将复合频率的入射光分成单色光，这样就使通过狭缝到达检测器的光强度大幅度衰减，响应时间也比较长。而且由于分辨率和灵敏度在整个波段范围内是变化的，所以限制了红外光谱仪在即时跟踪反应过程的研究，及色谱-红外光谱联用方面的发展。色散型和干涉型红外光谱仪器的基本组成如图 1-10 所示。

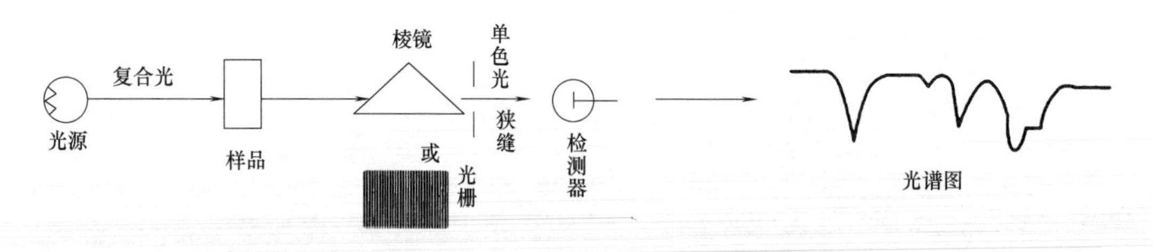

图 1-10　色散型红外光谱仪原理

从 20 世纪 60 年代末期开始，出现了傅立叶变换红外光谱仪 FTIR，它的分光器件基于光的干涉原理，具有光通量大、速度快、灵敏度高等特点，因此得到了迅速发展。目前通用的红外光谱仪仍然沿用此工作原理。傅立叶变换红外光谱仪中的一个主要部件是迈克尔逊干涉仪，由它测得时域图，其原理如图 1-11 所示。干涉仪由光源、动镜（M_1）、定镜（M_2）、分束器、检测器等主要部分组成。当光源发出一束光后，首先到达分束器，把光分成两束；一束透射到定镜，随后反射回分束器，再反射入样品池后到检测器；另一束经过分束器，反射到动镜，再反射回分束器透过分束器与定镜的光合在一起，形成干涉光透过样品池进入检测器。

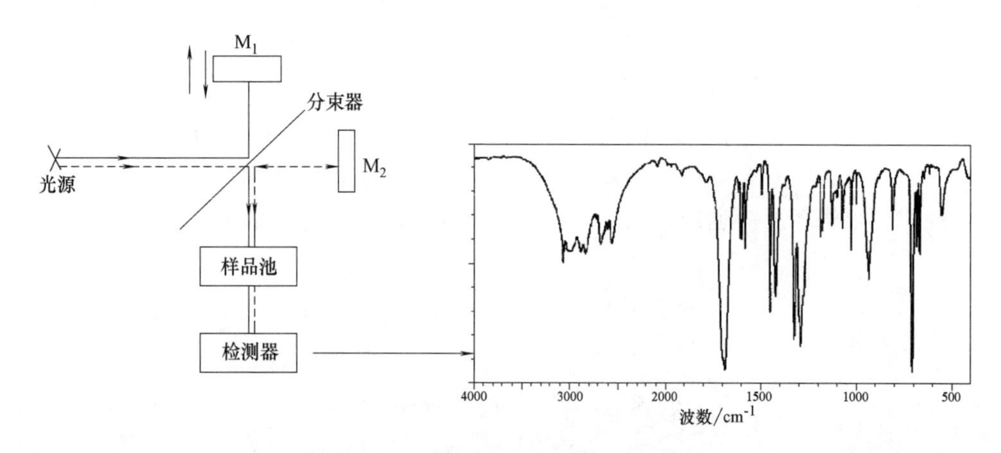

图 1-11　干涉型红外光谱仪原理

1.5.2　傅立叶变换红外光谱仪工作原理

动镜不断运动，使两束光线的光程差随动镜移动距离的不同，呈周期性变化。因此在检测器上所接收的信号是以 $\lambda/2$ 为周期变化的，如图 1-12（a）所示。

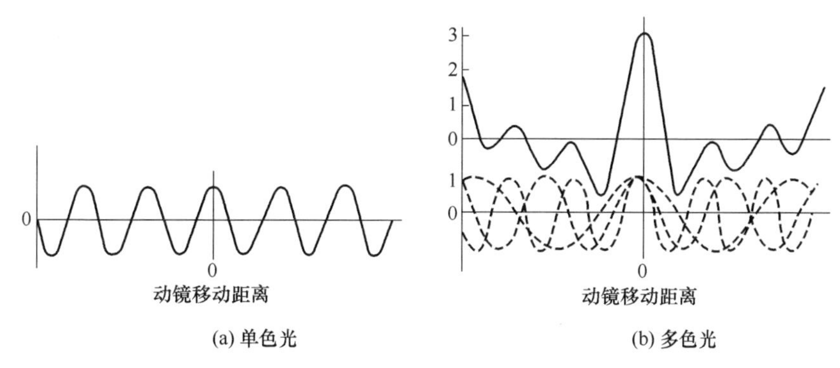

(a) 单色光　　(b) 多色光

图 1-12　光源干涉图

干涉光的信号强度的变化可用余弦函数表示：

$$I(x)=B(\nu)\cos(2\pi\nu x) \tag{1-6}$$

式中　$I(x)$——干涉光强度，I 是光程差 x 的函数；

$B(\nu)$——入射光强度，B 是频率 ν 的函数。

干涉光的变化频率 f_ν 和光源频率 ν 和动镜移动速度 u 的关系如式（1-7）。

$$f_\nu=2u\nu \tag{1-7}$$

当光源发出的是多色光，干涉光强度应是各单色光的叠加，如图 1-12（b）所示，可用式（1-6）的积分形式来表示：

$$I(x)=\int_{-\infty}^{+\infty}B(\nu)\cos(2\pi\nu x)\mathrm{d}\nu \tag{1-8}$$

把样品放在检测器前，样品对某些频率的红外光吸收，使检测器接收到的干涉光强度随动镜移动距离 x 变化，得到干涉图。为了得到光强随频率变化的频域图借助傅立叶变换函数，式（1-8）转换成式（1-9）。最后得到光强度随频率变化的 FTIR 谱图。

$$B(\nu)=\int_{-\infty}^{+\infty}I(x)\cos(2\pi\nu x)\mathrm{d}x \tag{1-9}$$

1.6　红外光谱在聚合物结构分析中的应用

红外光谱在聚合物结构分析中是一种非常有用的手段。下面介绍相关应用。

1.6.1　定性分析与鉴别聚合物种类

因为红外光谱制样方法简单，谱图的特征性强，目前积累的标准谱图丰富，因此是一种鉴别聚合物种类非常理想的方法。

在进行聚合物种类鉴别时，并不是仅通过红外谱图进行分析，还需要结合样品的外观、颜色、气味、使用领域等信息。传统的燃烧法和溶剂溶解法也是必要的判别手段，在许多书上都有介绍。红外光谱分析时要求被分析的成分尽可能单一。对于混合物，需要采用加热、萃取、色谱等手段将样品有效分离。在分离后的各个组分做 FTIR 谱图，从特征峰入手，判断基团结构；结构相近的聚合物通过指纹区确定基团的结合方式；对照标准谱图库展开检索，有时还需要结合其他分析方法来分析。

聚酰胺类聚合物（PA）具有相同的官能团。如图 1-13 所示，PA6、PA8 和 PA11 的 FTIR 谱图比较接近，ν_{N-H} 位置在 3300cm^{-1}，酰胺Ⅰ和酰胺Ⅱ谱带的位置分别在 1635cm^{-1} 和 1540cm^{-1}。这三种聚合物的区别是 $(CH_2)_n$ 基团的长度不同（即 n 的数目不同），在 1400~800cm^{-1} 的指纹区有微小差异。单独依据 FTIR 谱图区分这三种聚合物较为牵强，应结合其他的分析手段进行准确区分，如核磁共振或结合 DSC 测定熔点的方法进一步准确判断。

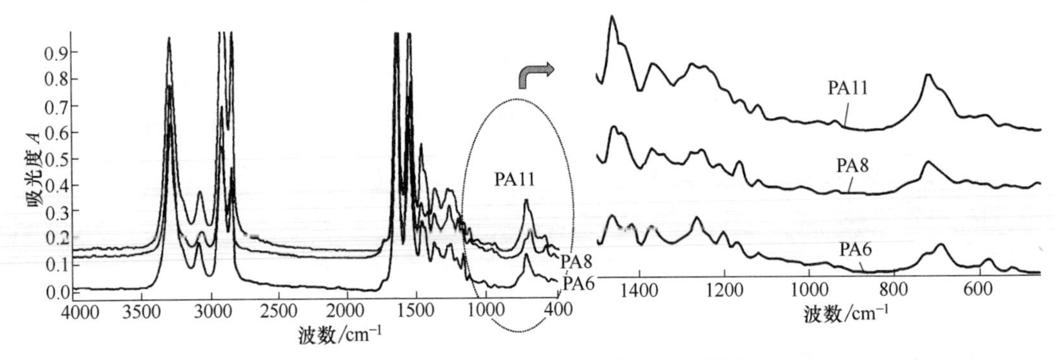

图 1-13　PA6，PA8，PA11 的 FTIR 谱图

经过多年的积累，目前的红外光谱库中已经收集很多聚合物的谱图。使用比较多的是 Aldrich、Sadtler 等公司建立的谱图库，以及 Flummel 和 Saholl 编著的《Atlas of Polymer and Plastics Analysis》。按照单体、聚合物、纤维、增塑剂、聚合物添加剂、黏合剂、有机金属化合物及无机物等进行分类。市场上销售的很多涂料、黏合剂通常为多组分体系，很难分离，谱图库中根据商品牌号建立了谱图库。制样条件不同得到的谱图也存在差异，通常在标准谱图中对每一张谱图都会标注制样方法，在比对时要考虑到这些因素的影响。

检索的方式也非常方便，有根据分子式或者字母顺序索引的；对于已知大概类型和可能的官能团，可以按照化学分类索引查找；对于未知物，可以在谱库中搜索比对，根据指纹区的匹配程度寻找最有可能的结构。

1.6.2　定量测定高聚物的链结构

定量分析的基础是光的吸收定律——朗伯比尔定律：

$$A = kcd = \lg \frac{1}{T} \tag{1-10}$$

式中　A——吸光度（在 FTIR 谱图中使用吸收峰面积表示）；

T——透过率；

k——摩尔消光系数，L/(mol · cm)；

c——样品浓度，mol/L；

d——样品池厚度，cm。

(1) 聚丁二烯（PB）中不同结构所占比例的确定

PB是以1，3-丁二烯为单体聚合而得到的一种通用合成橡胶，其产量和消耗量仅次于丁苯橡胶，居世界第二。由不同的聚合方法制成不同的PB，有顺1,4、反1,4和反1,2结构。各种结构有其各自的特点。

高顺式PB（顺式结构的含量达96%~98%）是一种弹性好，耐磨性能好，耐低温性能优异的橡胶，$T_g=-105℃$。主要用于轮胎、胶带及胶鞋的制造。缺点是抗张强度和抗撕裂强度均低于天然橡胶和丁苯橡胶，加工性和黏着性能较差，不易包辊。所以近年来针对其特点进行了一些改进，比如顺式结构90%和反式结构占10%的PB材料，不仅拉伸强度、抗撕裂强度有所提高，且包辊性、压延性、冷流性也有所改善。可以通过FTIR定量分析PB中各种结构的含量。具体步骤如图1-14所示，在PB的FTIR谱图上分别测定顺-1,4（c）和反-1,4（v）及反-1,2（t）结构的特征峰738cm^{-1}、967cm^{-1}和910cm^{-1}的吸收峰面积（A）。

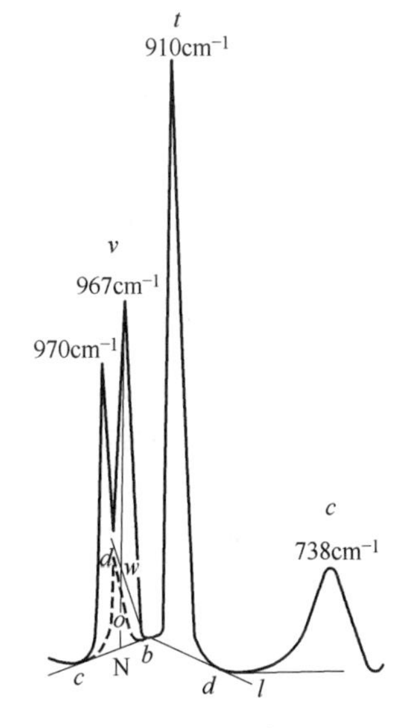

图1-14 聚丁二烯（PB）指纹区吸收峰

分别使用顺-1,4（c），反-1,4（v）和反-1,2（t）结构PB的纯物质，分别测定各自的k。

顺-1,4（c）　$k_{c,738cm^{-1}}=31.4L/(mol\cdot cm)$

反-1,4（v）　$k_{v,967cm^{-1}}=117.0L/(mol\cdot cm)$

反-1,2（t）　$k_{t,910cm^{-1}}=151.0L/(mol\cdot cm)$

则各结构相应的浓度为：

顺-1,4（c）
$$c_c=\frac{A_{c,738}}{k_{c,738}} \tag{1-11}$$

反-1,4（v）
$$c_v=\frac{A_{v,967}}{k_{v,967}} \tag{1-12}$$

反-1,2（t）
$$c_t=\frac{A_{t,910}}{k_{t,910}} \tag{1-13}$$

样品中三种结构的相对含量为：

顺-1,4（c）
$$c_c=\frac{c_t}{c_c+c_v+c_t}\times 100\% \tag{1-14}$$

反-1,4（v）
$$c_v=\frac{c_t}{c_c+c_v+c_t}\times 100\% \tag{1-15}$$

反-1,2（t）
$$c_t=\frac{c_t}{c_c+c_v+c_t}\times 100\% \tag{1-16}$$

(2) 苯乙烯-马来酸酐接枝共聚物（PS-g-MAH）接枝率的测定

PP为典型的非极性聚合物，与极性聚合物或其他无机物的相容性存在差异。尼龙是极性聚合物，为改善PP及尼龙的相容性，需要加入相容剂。在非极性的PS上通过接枝引入极性的马来酸酐（MAH），得到的聚苯乙烯接枝马来酸酐（PS-g-MAH）是一种应用广泛的相容剂。接枝率可以通过FTIR定量研究。

接枝聚合物和含量比例相同的均聚物的共混物的FTIR基本类似，可以用共混物来模拟接枝共聚物。具体步骤是将PP和MAH按不同配比混合，分别做FTIR谱图，选一参与反应的特征峰（$650cm^{-1}$）与不参加反应的基准峰（$1460cm^{-1}$），根据峰面积之比$\left(\frac{A_{650cm^{-1}}}{A_{1460cm^{-1}}}\right)$与原料含量比例作图，得到一条工作曲线。将提纯的 PS-g-MAH 接枝物做 FTIR 谱图，求出$\frac{A_{650cm^{-1}}}{A_{1460cm^{-1}}}$，再到工作曲线上对应求得 PP 的含量。

1.6.3 红外光谱在聚合反应研究中的应用

利用 FTIR 对聚合物反应进行原位跟踪，研究聚合反应的动力学，包括对聚合反应动力学、固化、降解和老化过程的反应机理研究是目前非常活跃的一个研究领域。

首先需要选择合适的样品池，既能保证聚合反应按照一定的条件进行，而且还可以进行实时数据采集。目前许多反应池中使用光纤探头读取数据来实现对反应过程的实时跟踪。

（1）多元胺固化环氧树脂反应机理的研究

环氧单体与含有活泼氢的多元胺发生固化反应，得到网状交联高聚物。固化后的环氧树脂的性能与交联网络的均匀性、交联密度密切相关。在固化反应过程中，实时监测参与反应的特征峰的吸收强度变化，可以推断反应的机理、并跟踪反应速度的变化。见表 1-4，环氧树脂固化过程中是环氧键打开，由多元胺上的活泼 H 与之发生交联反应。

表 1-4　多元胺固化环氧树脂反应中的 FTIR 谱图中几个特征吸收峰的变化情况

反应进行过程中 FTIR 谱图中谱带变化情况	反应进行程度说明
$913cm^{-1}$ 处环氧基特征吸收峰逐渐减小	环氧环被打开
$3410cm^{-1}$ 处仲胺吸收峰逐渐减小	N 上的 H 原子脱离
$3500cm^{-1}$ 处羟基吸收峰逐渐增加	有—OH 生成
$1100cm^{-1}$ 附近的醚键吸收峰基本不变	非醚化反应

（2）多元胺固化环氧树脂反应动力学的研究

利用 FTIR 进行聚合反应动力学的基本原理是前面介绍的朗伯-比尔定律。在定量过程中一般都采用内标法，即选择一个在没有参与反应的基团对应的吸收峰为参比峰，并选择一个在随着反应的进行，强度发生相应变化的吸收峰为特征峰。选择参比峰和特征峰时除了满足上面的基本要求，还要求其位置尽可能与其他吸收峰独立，不受其他吸收峰的影响。用特征峰与参比峰的强度（通常为吸光度峰面积 A）的比值进行定量。

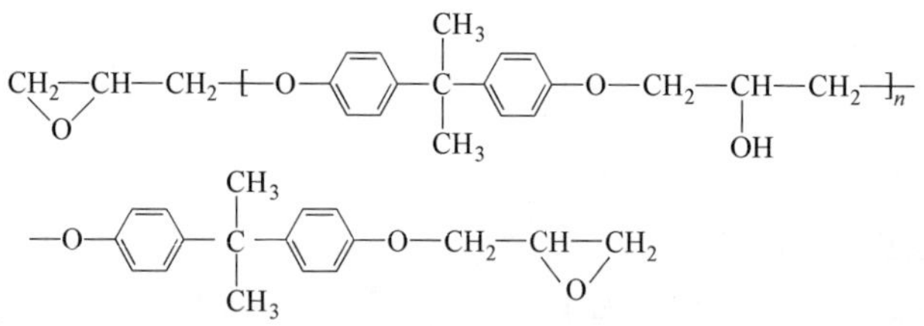

图 1-15　双醚 A 型环氧单体的分子式

典型的双酚 A 型环氧单体的分子结构如图 1-15 所示。

环氧单体上的苯环不参与固化反应，其 $1508cm^{-1}$ 处的吸收峰作为参比峰；环氧基团参与反应，如图 1-16（a）所示，其 $915cm^{-1}$ 特征峰的强度在反应进行强度逐渐降低。

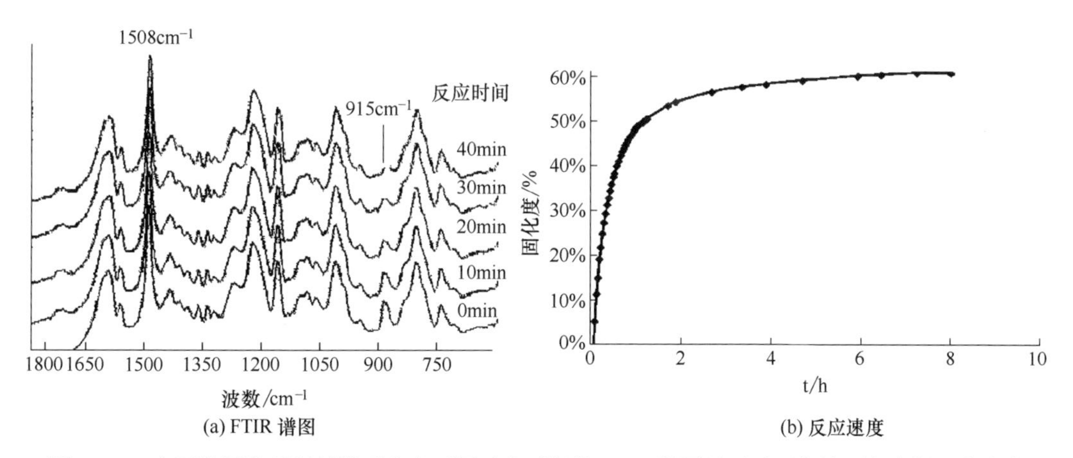

图 1-16 多元胺固化环氧树脂反应中不同反应时间的 FTIR 谱图及通过吸收峰面积表征反应速度

以$\frac{A_{915cm^{-1}}}{A_{1580cm^{-1}}}$来表征固化反应程度

$$x=1-\frac{\left[\frac{A_{915cm^{-1}}}{A_{1580cm^{-1}}}\right]_{固化}}{\left[\frac{A_{915cm^{-1}}}{A_{1580cm^{-1}}}\right]_{未固化}} \tag{1-17}$$

式中　　x——固化度；

$A_{915cm^{-1}}$ 和 $A_{1508cm^{-1}}$——$915cm^{-1}$ 和 $1508cm^{-1}$ 的峰面积。

（3）聚丙烯（PP）光老化程度的研究

PP 的侧甲基（$—CH_3$）在紫外线照射下被氧化成羰基（C ═O），进一步引发主链发生断裂，导致 PP 的使用寿命缩短。可以用羰基指数（*CI*）来表示 PP 的 UV 老化进程。*CI* 由 FTIR 谱图中 $1750cm^{-1}$ 处 C═O 基团的峰面积与 $2722\sim2749cm^{-1}$ 处的$—CH_2$（参比峰）的比值确定。其值由式（1-18）可得。

$$CI=\frac{A_{C=O}}{A_{CH_2}} \tag{1-18}$$

如图 1-17 所示，PP 在 UV 辐照 10h 后 *CI*=5.95；辐射时间 60h 后达到 26.1。光稳定剂 HALS770 的引入显著延缓了 PP 的老化，*CI* 增长速度明显降低。阻燃剂 APP 与 HALS770 之间存在拮抗效应，降低了 HALS770 对 PP 的紫外防护效果。使用硅烷包覆处理 APP 后，Si-APP 与 HALS770 之间的拮抗效应得到消除，样品 PP/Si-APP/HALS 的 *CI* 降低，延缓了 PP 的光老化进程。

1.6.4 红外光谱中附件的应用

近年来各种红外附件的迅速发展更加拓宽了红外光谱的应用范围，使红外光谱在分子表面结构研究、结晶取向结构研究等方面发挥出显著的作用。目前应用比较多的有偏振红外、衰减全反射、漫反射、光声光谱、发射光谱等。下面介绍几种红外附件的原理及应用。

（1）偏振红外光谱——聚合物取向结构的研究

在红外光谱仪的测量光路中加入一个偏振器形成偏振红外光，可以研究高分子链的取

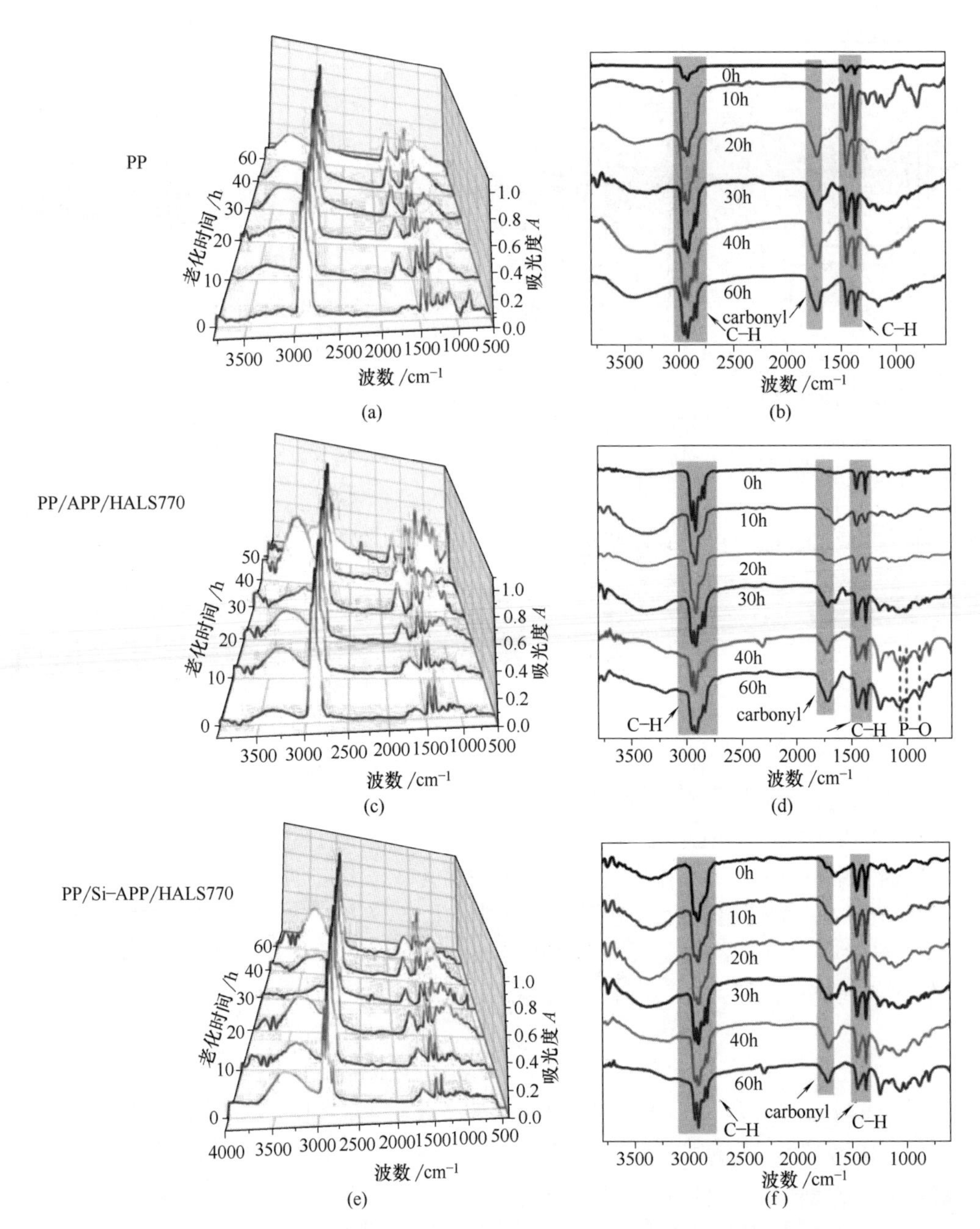

图 1-17　添加不同光稳定剂的 PP 在 UV 辐射中的 2D/3D-FTIR 谱图

向。广泛地用于研究聚合物薄膜和纤维的取向程度、变形机理以及取向态聚合物的弛豫过程，也可以用于研究聚合物分子链的化学或几何结构。偏振器的结构示意图如图 1-18 所示。

图 1-19 所示为偏振光形成的原理，当红外光通过偏振器后，得到电矢量只有一个方向上的偏振光。这束光入射到取向的聚合物上，当基团振动的偶极矩变化的方向与偏振光电矢量方向平行时，产生最强的吸收强度；反之如果二者垂直，则产生最小的吸收（几乎不产生吸收），这种现象称为红外二向色性。

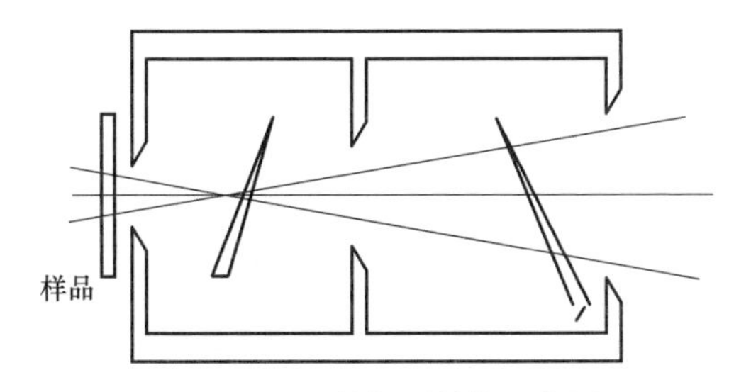

图1-18　硒偏振器结构示意图

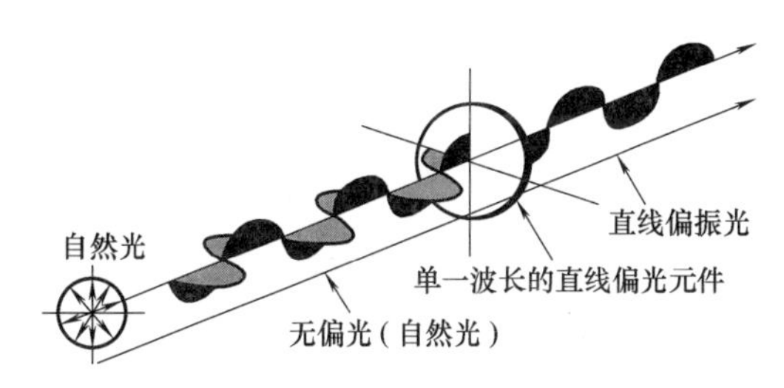

图1-19　偏振光形成的原理图

如图1-20所示，单向拉伸的聚对苯二甲酸乙二醇酯（PET）薄膜，沿拉伸方向部分取向，将样品放入测试光路中，转动偏振器，使偏振光的电矢量方向先后与样品的拉伸方向平行和垂直，然后分别测出C═O在这两种情况下的吸光度，用 $A_{/\!/}$（平行）和 $A_{\perp}$（垂直）表示，二者的比值称为红外二向色比 R。

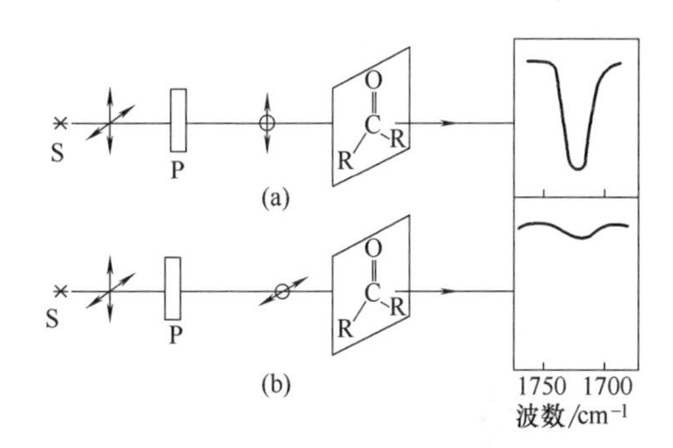

图1-20　C═O的伸缩振动红外二向色性的示意图

$$R=\frac{A_{/\!/}}{A_{\perp}} \tag{1-19}$$

理论上 R 的范围是0~∞，但是由于样品不可能完全取向，R 一般是0.1~10.0。

对于双向拉伸薄膜，取向不会只发生在一个方向，这时需要测量谱带在 x、y 和 z 三个轴向上的吸收强度。这样二向色比的表达方式如下：

$$R_{xy}=\frac{1}{R_{xy}}\frac{A_X}{A_y} \tag{1-20}$$

$$R_{yz}=\frac{1}{R_{zy}}\frac{A_y}{A_z} \tag{1-21}$$

$$R_{zx}=\frac{1}{R_{xz}}\frac{A_z}{A_x} \tag{1-22}$$

（2）衰减全反射

当光线由折射率高的晶体（光密介质）入射到折射率低的晶体（光疏介质）时，如果入射角大于临界角，光线在界面上穿透一定的深度反射回来，如果界面上的物质对入射的光线有吸收，则反射的光能量就会发生衰减，这种现象被称为衰减全反射（Attenuated Total Reflectance，ATR），如图1-21所示。在ATR中经常使用的光密介质如氯化银（折射率 $n=2$），溴化铊-碘化铊（KRS-5，$n=2.4$）或者锗（$n=4$）晶体做棱镜，背部贴紧被测样品，通过调整入射的角度（θ）使入射光进入样品界面的不同深度，以此探知材料表面不同深度的结构信息。光线透射到样品的深度可以用贯穿深度（d_{p}）表示。

$$d_{\mathrm{p}}=\frac{\lambda}{2\pi\left[\sin^2\theta-\left(\frac{n_2}{n_1}\right)^2\right]^{\frac{1}{2}}} \tag{1-23}$$

式中　d_{p}——光线贯穿样品表面的深度；

θ——光线的入射角；

λ——光在内反射晶体中的波长；

n_1——内反射晶体的折射率；

n_2——样品的折射率。

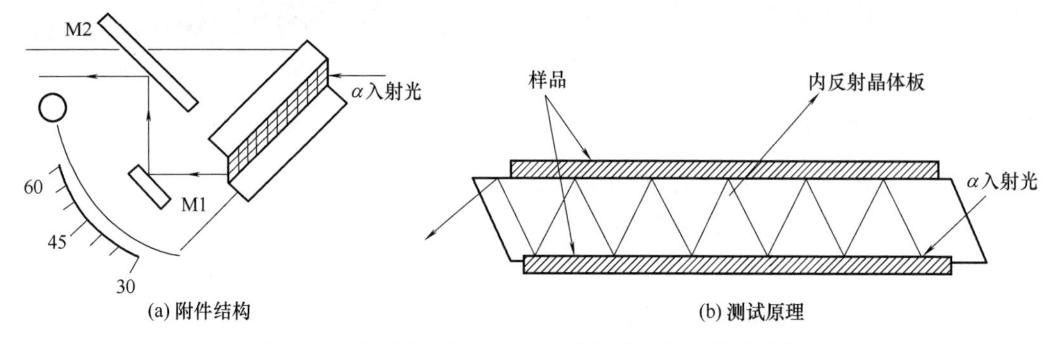

图 1-21　衰减全反射（ATR）附件的结构与测试原理

ATR-FTIR 谱图是以多次反射光强度的叠加和波数为坐标记录的谱图，同一个样品的普通吸收 FTIR 谱图和 ATR 谱图的峰型和峰位置会有少许差异，但不影响分析。

ATR 与普通的红外吸收光谱不同，它不穿透样品，只在样品表面进行反射吸收，一次反射吸收的光强度是非常小的，谱图的噪声信号过高，通过增加反射的次数（30～50次），将多次反射吸收的光谱图叠加，就可以得到质量比较好的谱图。

根据所选用的内反射晶体的材料种类不同和入射角度的变化，可以使透射深度达到几百纳米到几个微米，从而可以研究不同表面深度的结构信息。

ATR 技术属于一种无损检测方法，对于用传统制样方法不好处理的样品如多层复合膜，难溶解、难熔融的橡胶类柔软制品等进行分析是一个快捷的分析手段。

从上面介绍的 ATR 的原理可以知道，ATR 是用于材料表面性能研究的一种手段。材料的表面具有与基材不相同的特点从而反映出不同于体相的特征，因此材料表面研究已经成为一个重要的研究方向。研究领域包括材料表面涂层的研究，单分子层，界面聚合反应研究，聚合物表面在外界条件作用下发生氧化，降解及其他反应的原理及反应动力学研究，表面污染，表面改性，材料本体中添加物在表面的迁移，扩散及吸附的研究等。人们非常重视材料表面分析表征手段的开发。ATR 技术的不断改进及化学计量学的发展，使 ATR 在聚合物材料表面研究中的应用越来越多。使用可变角度的 ATR-FTIR 技术，可以对样品表层不同深度的区域结构进行研究。

① 多层复合膜的成分分析。现在许多食品和药品的外包装都是高分子一次性包装膜材料，对这些包装材料的功能需求较多，如接触食品和药品的一侧卫生无毒，外层有利于印刷，中间层还要满足防水、阻氧、避光等要求，单一材料是很难满足。通常使用的包装膜多为几种材料的复合膜，中间需要使用黏合剂层。

以一种咖啡包装膜为例。将膜用热压方法制样做普通吸收 FTIR 谱图，如图 1-22（a）所示，出现聚对苯二甲酸乙二醇酯（PET）的特征峰（$1720cm^{-1}$ 处的 C ═O，及 $1266cm^{-1}$、$1110cm^{-1}$、$870cm^{-1}$、$730cm^{-1}$），但是不能完全吻合，说明还存在其他成分。

不对样品做任何处理，将膜的内外两侧分别做 ATR-FTIR 谱图，图 1-22（b）和

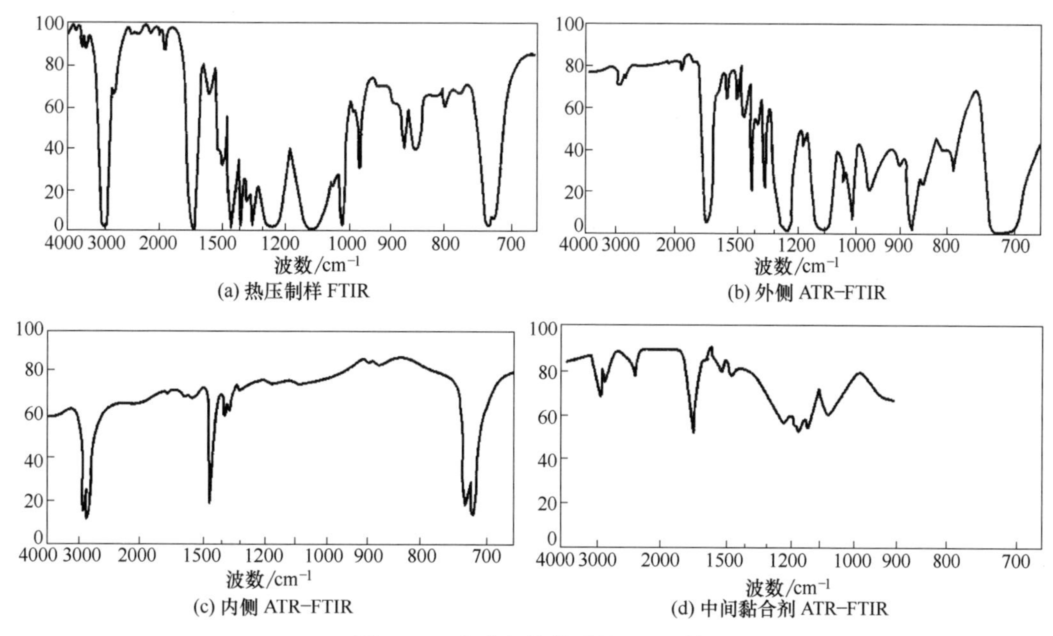

图 1-22 咖啡包装薄膜的 FTIR 谱

图 1-22（c）分别为膜的外侧和内侧的 ATR-FTIR 谱图，可以看出，外包装层是 PET，而内侧的成分是 PE。将膜的两层小心分开，中间存在黏合剂层，图 1-22（d）所示谱图可以鉴别其为聚氨酯类黏合剂。

② 聚丙烯（PP）表面接枝改性反应研究。PP 属于疏水性材料，在 PP 膜表面通过光引发聚合的方法接枝上亲水性基团是改善其疏水性的一种方法。如图 1-23 所示，通过 ATR 观察 PP 膜表面进行的光接枝反应，发现随着反应的进行，1740cm^{-1} 处的 C ═O 吸收峰强度逐渐增加。通过考察 C ═O 吸收峰强度与照射的紫外光的强度、照射时间、光引发

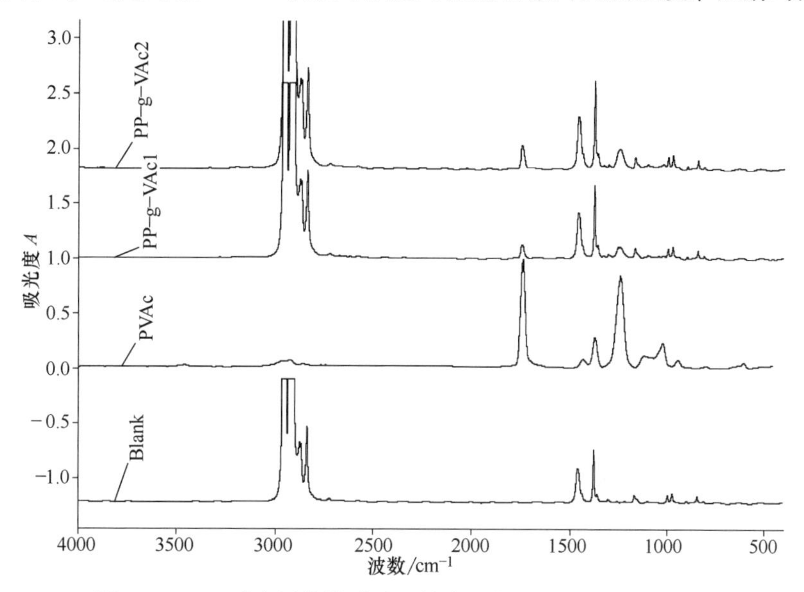

图 1-23 PP 膜表层接枝醋酸乙烯酯反应过程中的 FTIR 谱图

剂种类之间的关系，可以研究各种实验因素对反应的影响，即进行反应动力学的研究。

③ 氢氧化镁（MH）颗粒表面包覆处理。在聚合物阻燃处理中，MH 是应用广泛的一种阻燃剂，但填充量通常在 50%以上才能发挥有效的阻燃作用。但是使用无机阻燃剂 MH 会显著降低聚合物基体的弹性及强度。使用一种带有阻燃功效的双-[γ-(三乙氧基硅)丙基]四硫化物（Si69）包覆 MH，可以改善 MH 与基体树脂相容性。由于包覆层的含量非常低，普通透射型 FTIR 只能反映基体树脂的基团。使用 ATR 可以记录包覆层的基团信息。图 1-24 所示为 Si69 包覆 MH 的 ATR-FTIR 谱图。

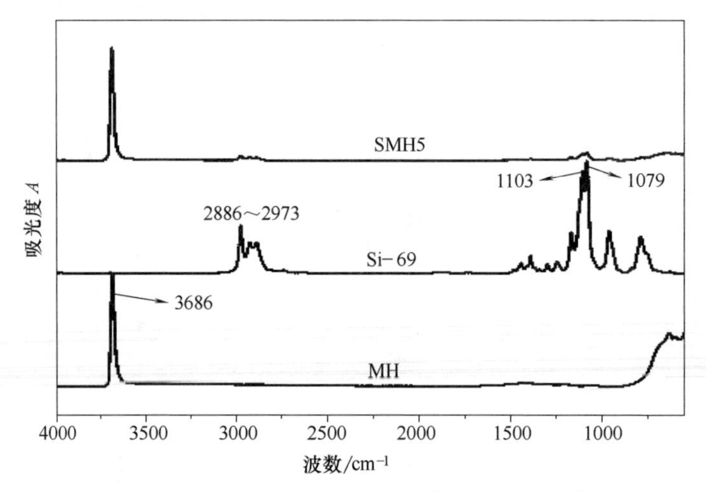

图 1-24　MH，Si69 及 Si69@MH 的 ATR-FTIR 谱图

（3）红外光声光谱法（Photoacoustic Spectroscopy，PAS）

光声探测器和红外光谱技术结合即为红外声光谱技术。光声光谱是基于光声效应的一种光谱技术。物质吸收一定频率的光能后，由激发态通过非辐射过程跃迁到低能态时，会产生同频率的声波（光声信号），这种效应即为光声效应。1880 年，Bell 发现了光声效应。到 20 世纪 70 年代，Robin 和 Roscencwaig 提出可以将光声光谱技术应用到传统光谱技术中。

仪器结构如图 1-25 所示。虚线内为 FTIR 光谱仪的结构图，虚线外为光声探测器。

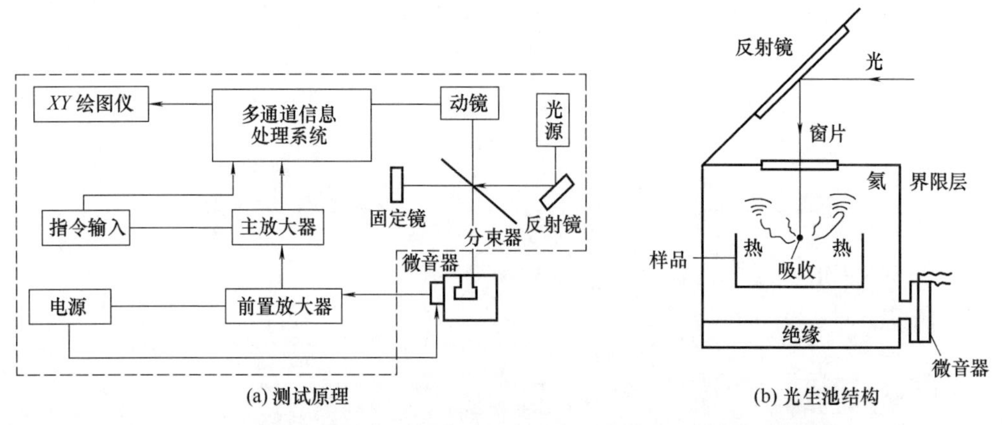

图 1-25　傅立叶红外光声光谱（FTIR-PAS）测试原理及光生池结构

光声光谱的测试原理是当红外光束通过池腔窗口辐照在光声池中的样品上，样品吸收辐射的能量后经非辐射的能量转化为与调制频率同步的热涨落。此热涨落传递给封于池腔中的空气，引起空气的压力变化，并由光声池中的微音器感受而产生电信号，此信号经前置放大器放大后输入 FTIR 的主放大器及电子信号处理系统，傅立叶变换后得到红外光声光谱图。

红外光声光谱不需要对样品进行特殊制备。对于难熔融或难溶解的样品，如工程塑料、橡胶制品、高散射及高吸收的样品，较为适用。将样品剪成小块放入光声池中直接测定，得到质量较好的谱图。

1.6.5 傅立叶变换红外联用技术

近年来，FTIR 联用技术的研究非常活跃，出现热失重-红外光谱（Thermal Analyzer-Fourier Transform Infrared Spectroscopy，TG-IR），气相色谱-傅立叶变换红外光谱（Gas Chromatography-Fourier Transform Infrared Spectroscopy，GC-FTIR），液相色谱-傅立叶变换红外光谱（Liquid Chromatography-Fourier Transform Infrared Spectroscopy，LC-FTIR）等技术。

（1）热失重-傅立叶变换红外联用技术

热失重（TG）是指在程序控制温度下测量样品质量随温度变化的一种热分析技术。TG-IR 技术于 20 世纪 60 年代首次提出并在 1987 年于美国 Nieolet 仪器公司商业化后，得到了广泛的应用。TG-IR 是利用某种特定吹扫气（通常为氮气、空气或氦气）将热失重过程中产生的挥发分或分解产物，通过恒定高温的金属管道及玻璃气体池，引入到红外光谱仪的光路中，判定逸出气组分结构的一种技术。TG-IR 用于热稳定性、分解过程、氧化与还原、吸附与解吸、水分与挥发物测定及热分解机理方面研究。

在 TG 分析中发现，聚苯乙烯（PS）的热分解发生在 300~500℃。对不同温度的基材和逸出气体分别进行 FTIR 测试，如图 1-26 所示，升温过程中，基体在 310℃还可以发现 PS 的主要特征峰。随着温度升高，PS 的特征峰逐渐减少。随着温度升高，逸出气体成分从 CO_2 逐渐变成苯乙烯单体。即 PS 热分解过程中，毒性气体浓度随着温度升高而增加。

（2）热失重-傅立叶红外光谱-质谱联用技术

热失重-傅立叶红外光谱-质谱联用（Thermal Analyzer-Fourier Transform Infrared Spectroscopy-Mass Spectrometer，TG-FTIR-MS）的装置如图 1-27 所示。测试原理是在热分析仪中样品受热分解的逸出气体通过石英毛细管进入离子源，气体分子经高能电子束轰击得到正电荷分子离子，形成带有正电荷的不同碎片离子，释放出的气体被输送到红外光谱仪和质谱仪中进行分析。TG-FTIR-MS 可以实时、直观监测样品在整个温度平台中的热效应和基团结构与含量变化，适用于对复杂及混合样品的化学组成及热分解过程进行详细分析。TG-FTIR-MS 技术已被广泛应用于聚合物高温裂解、燃烧过程中气体和颗粒物等产物的测量研究，对了解聚合物裂解机制、阻燃机理等具有重要意义。

（3）色谱-傅立叶红外光谱联用技术

色谱技术以其高灵敏度和高分离效率成为理想的分离和定量分析工具。将色谱与红外光谱联用，是对多组分混合物进行结构分析的有力手段。

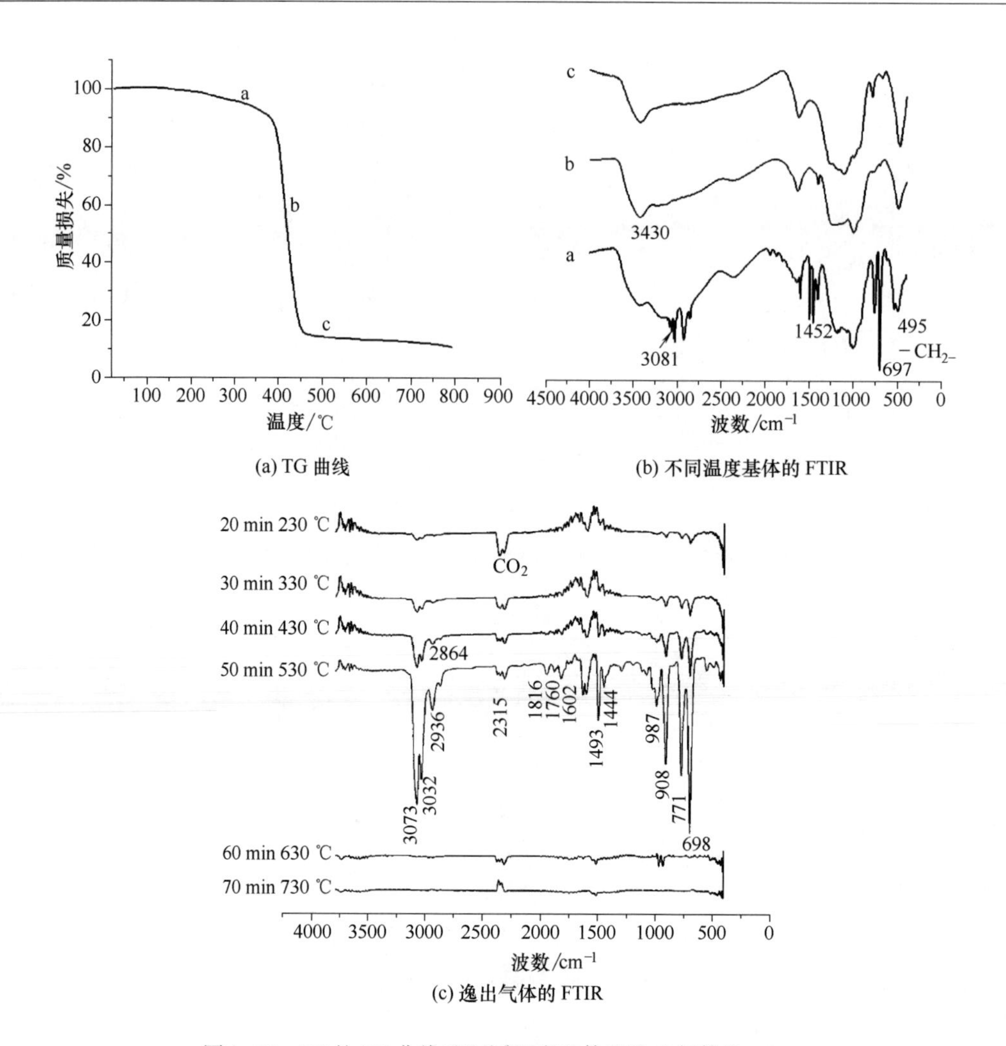

(a) TG 曲线

(b) 不同温度基体的 FTIR

(c) 逸出气体的 FTIR

图 1-26　PS 的 TG 曲线及不同温度基体和逸出气体的 FTIR

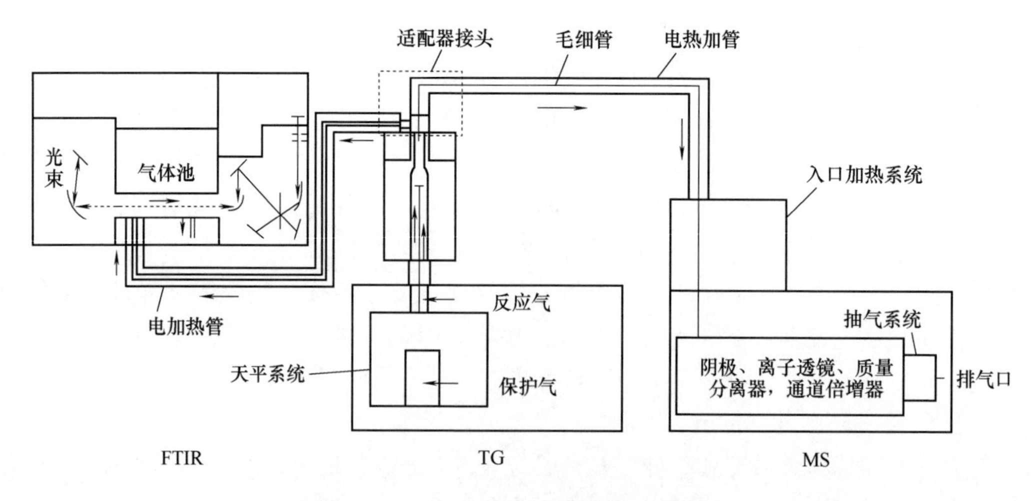

图 1-27　TG-FTIR-MS 实验装置示意图

图1-28为气相色谱-傅立叶红外光谱（GC-FTIR）联用的基本结构示意图。其工作原理是多组分混合物样品经过气相色谱柱分离，按保留时间顺序逐一进入红外光谱测量区进行检测，经快速扫描后，给出各单一组分的相应FTIR谱图。可以对这些单一组分进行定性分析。GC-FTIR在石油化工分析、环境污染分析（包括废水、农药、毒物及空气污染物分析）、燃料分析等领域广泛应用。

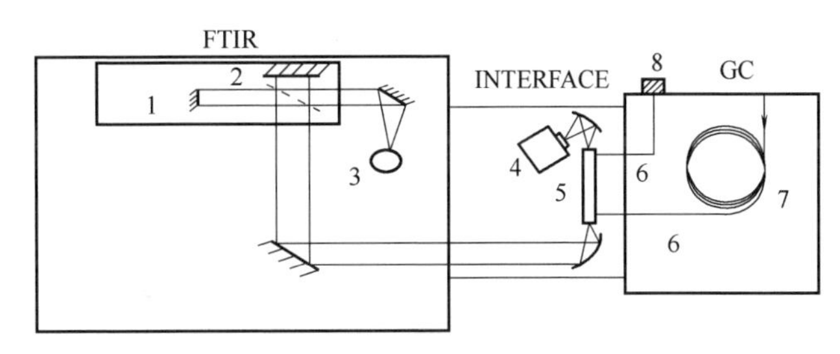

图1-28 GC-FTIR联用仪的基本结构示意图

高效液相色谱（High Performance Liquid Chromatography，HPLC）源于经典液相色谱发展而来的一种新型的现代高效色谱分离方法。与GC相比，HPLC不会受样品挥发度和热稳定性的限制，因而特别适用于沸点高、极性强、热稳定性差的物质的分析。然而HPLC中应用的许多溶剂在FTIR中都有很强的吸收谱带，这会造成低浓度分析物的吸收峰被掩盖。需要将溶剂蒸发去除，将分离的产物沉积在不溶于溶剂的介质上，记录其FTIR谱图。

第2章　激光拉曼散射光谱法

一束光照射到样品后，一部分从样品中透射过去；一部分被样品吸收；还有一部分被散射。前一章介绍的红外光谱就属于吸收光谱。本章介绍的就是拉曼光谱就属于散射光谱。在20世纪30年代，拉曼散射光谱曾是研究分子结构的主要手段。随着红外光谱的迅速发展，由于拉曼效应过弱，对一些特征基团的判断没有红外光谱直接准确，拉曼光谱的地位随之下降。

自1960年激光问世，并将这种新型光源引入拉曼光谱后，拉曼光谱出现了新的局面，已广泛应用于有机、无机、高分子、生物、环保等领域，成为重要的分析工具。而且由于拉曼光谱一些特点，如水和玻璃的散射光谱极弱，因而在水溶液、气体、同位素、单晶等方面的应用具有突出的优势。近几年又发展了傅立叶变换拉曼光谱仪，在高分子结构研究中的作用日益显著。

2.1　基本概念

2.1.1　拉曼散射及拉曼位移

当一束频率为 ν_0 的入射光照射到气体、液体或透明晶体样品上，绝大部分入射光可以透过，大约有0.1%的入射光与样品分子之间发生非弹性碰撞，在碰撞时产生能量交换，这种光散射称为拉曼散射；反之，若发生弹性碰撞，两者之间没有能量交换，这种光散射称为瑞利散射。

在拉曼散射中，若光子把一部分能量给样品分子，得到的散射光能量减少，在垂直方向测量到的散射光中，可以检测频率为 $\left(\nu_0-\dfrac{\Delta E}{h}\right)$ 的线，称为斯托克斯（Stokes）线，如图2-1所示。如果它具有红外活性，$\dfrac{\Delta E}{h}$ 的测量值与激发该振动的红外频率一致。相反如果光子从样品分子中获得能量，在大于入射光频率处接收到散射光线，则称为反斯托克斯线。

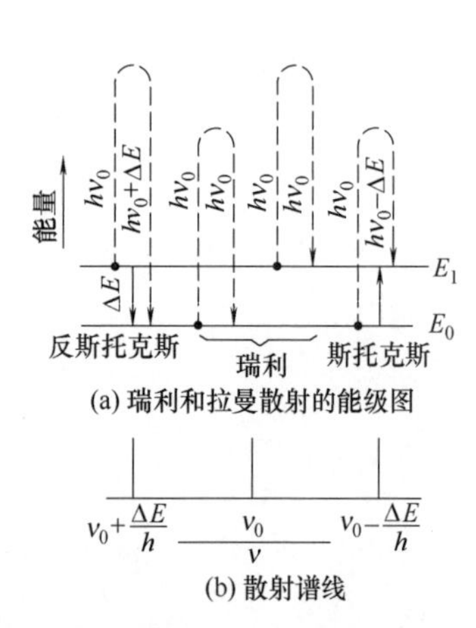

(a) 瑞利和拉曼散射的能级图

(b) 散射谱线

图2-1　散射效应图

处于基态的分子与光子发生非弹性碰撞，获得能量到激发态可得到斯托克斯线；反之，如果分子处于激发态，与光子发生非弹性碰撞就会释放能量而回到基态，得到反斯托克斯线。

斯托克斯线或反斯托克斯线与入射光频率之差称为拉曼位移。拉曼位移的大小和分子的跃迁能级差一样。因此，对应于同一分子能级，斯托克斯线与反斯托克斯线的拉曼位移应该相等，而且跃迁的概率也应相等。但在正常情况下，由于分子大多数是处于基态，测量到的斯托克斯线强度比反斯托克斯线强得多，所以在一般都采用斯托克斯线研究拉曼位移。

拉曼位移的大小与入射光的频率无关，只与分子的能级有关，其范围为 25 ~ 4000cm^{-1}，因此入射光的能量应大于分子振动跃迁所需能量，小于电子能级跃迁的能量。

只有伴随分子偶极矩发生变化的分子振动才能产生红外吸收。同样在拉曼光谱中，只有伴随分子极化度（a）发生变化的分子振动模式才能具有拉曼活性，产生拉曼散射。极化度是指分子改变其电子云分布的难易程度，因此只有分子极化度发生变化的振动才能与入射光的电场（E）相互作用，产生诱导偶极矩（u），如式（2-1）。

$$u=aE \tag{2-1}$$

与红外吸收光谱相似，拉曼散射谱线的强度与诱导偶极矩成正比。

在多数的吸收光谱中，只具有两个基本参数——频率和强度，但在激光拉曼光谱中还有一个重要的参数即退偏振比，也可称为去偏振度。

由于激光是线偏振光，而大多数的有机分子是各向异性，在不同方向上的分子被入射光电场极化程度不同。在红外中只有单晶和取向的高聚物才能测量出偏振，而在激光拉曼光谱中，完全自由取向的分子所散射的光也可能是偏振光，因此一般在拉曼光谱中用退偏振比或称去偏振度（ρ）表征分了对称性振动模式的高低。

$$\rho=\frac{I_{\perp}}{I_{/\!/}} \tag{2-2}$$

式中　$I_{\perp}$ 和 $I_{/\!/}$——与激光电矢量相垂直和相平行的谱线的强度。

$\rho<\frac{3}{4}$的谱带称为偏振谱带，表示分子有较高的对称振动模式；$\rho=\frac{3}{4}$的谱带称为退偏振谱带，表示分子的对称振动模式较低。

2.1.2　激光拉曼光谱与红外光谱比较

拉曼效应产生于入射光子与分子振动能级的能量交换。在许多情况下，拉曼频率位移的程度正好相当于红外吸收频率。因此红外测量能够得到的信息同样也出现在拉曼光谱中，红外光谱解析中的三个要素——吸收频率、强度和峰形，对拉曼光谱解析也适用。但由于这两种光谱的分析机理不同，在提供信息上存在差异。一般来说，分子的对称性越高，红外与拉曼光谱的区别就越大，非极性官能团的拉曼散射谱带较为强烈，极性官能团的红外谱带较为强烈。例如，C═C 伸缩振动的拉曼谱带比相应的红外谱带较为强烈，而 C═O 的伸缩振动的红外谱带比相应的拉曼谱带更为显著。聚合物分子链上的取代基用红外光谱较易检测出来，而分子链的振动用拉曼光谱表征更为清晰。

图 2-2 为三种典型的聚合物：线型聚乙烯（HDPE）、对苯二甲酸乙二醇酯（PET）和聚甲基丙烯酸甲酯（PMMA）的红外光谱及拉曼光谱的对照。可以看出，由于 HDPE 具有对称的分子中心，红外光谱与拉曼光谱应当呈现完全不同的振动模式。在红外光谱中，—CH_2 振动为最显著的谱带。而拉曼光谱中，C—C 振动有明显的吸收。在 PET 的谱图中，拉曼光谱中呈现了明显的芳环中 C—C 伸缩振动模式，而红外光谱中最强谱带为 C═O 及 C—O 振动模式。在 PMMA 拉曼光谱的低频率区，出现了较为丰富的谱带信号，

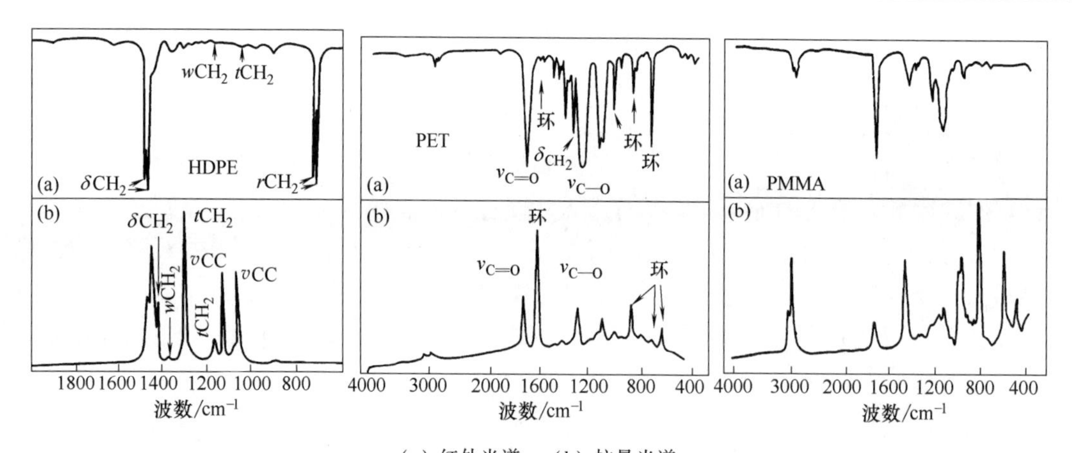

（a）红外光谱　（b）拉曼光谱

图 2-2　三种典型聚合物的红外光谱及拉曼光谱

而其红外光谱的同一区域中的谱带信息却很弱。与 PET 光谱类似，PMMA 红外光谱中的 C═O 及 C—O 振动模式有强烈的吸收，而 C—C 振动模式在拉曼谱中较为明显。

与红外光谱相比，拉曼散射光谱具有下述优点：

① 拉曼光谱是一个散射过程，任何尺寸、形状、透明度的样品，只要能被激光照射到，就可直接用来测量。由于激光束的直径较小，且可进一步聚焦，因而极微量样品都可测量。

② 水是极性很强的分子，其红外吸收非常强烈。但水的拉曼散射却极微弱，水溶液样品可直接进行测量，这对生物大分子的研究非常有利。玻璃的拉曼散射也较弱，玻璃可作为理想的窗口材料，液体或粉末固体样品可放于玻璃毛细管中测量。

③ 对于聚合物及其他分子，拉曼散射的选择定则的限制较小，可得到更为丰富的谱带。S—S、C—C、C═C 及 N ═N 等红外较弱的官能团，在拉曼光谱中信号较为强烈。

拉曼光谱研究高分子样品的最大缺点是由样品中的杂质引发的荧光散射会干扰测试结果，采用傅立叶变换拉曼光谱仪，谱图质量可以得到显著改善。

2.2 实验方法

2.2.1 仪器组成

激光拉曼光谱仪由激光光源、样品室、单色器、检测和计算机几个系统组成。

拉曼光谱仪中最常用的是 He-Ne 气体激光器，较为稳定，输出激光波长为 633nm，功率在 100mW 以下。受激辐射时发生于 Ne 原子的两个能态之间，He 原子的作用是使 Ne 原子处于最低激发态的粒子数与基态粒子数发生反转，这时候粒子发生受激辐射，发出激光的基本条件。Ar^+激光器是拉曼光谱仪中另一个常用的光源。

2.2.2 样品的放置方法

为了提高散射强度，对不同的样品需要选择合适的放置方式。气体样品采用内腔放置，即把样品放在激光器的共振腔内。液体和固体样品放在激光器的外面，如图 2-3 所示。在一般情况下，气体样品采用多路反射气槽。液体样品可用毛细管、多重反射槽。粉末样品可装在玻璃管内，也可压片测量。

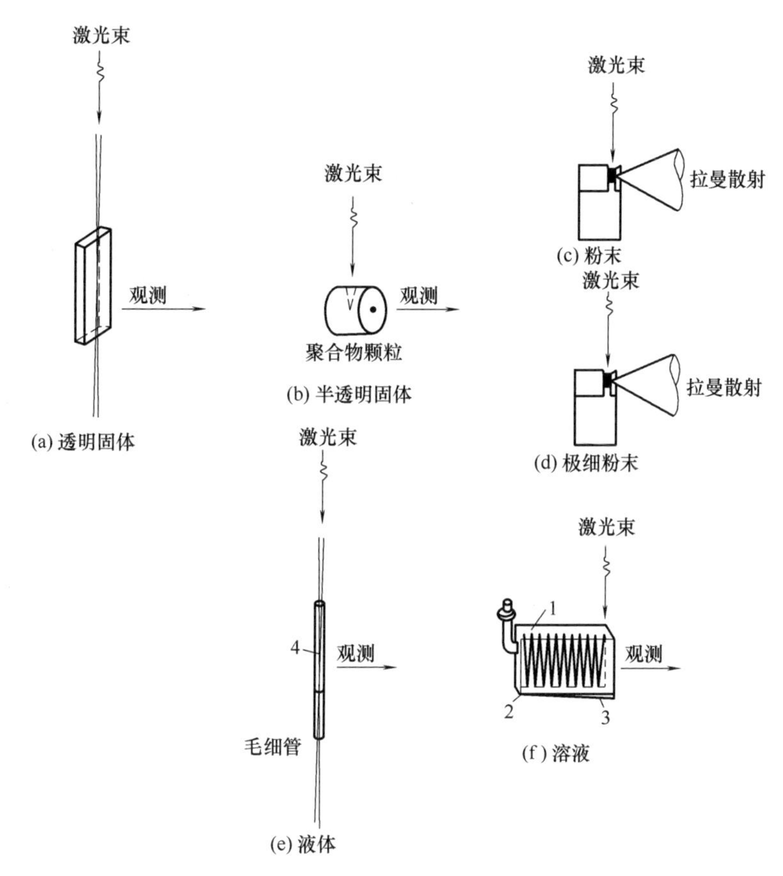

图 2-3　各种形态样品在拉曼光谱仪中放置方法

1—反射镜　2—多通道池　3—楔形镜　4—液体

2.3　拉曼光谱在聚合物结构研究中的应用

2.3.1　拉曼光谱的选择定则与高分子构象

由于拉曼与红外光谱具有互补性，因而二者结合使用能够得到更丰富的信息。凡具有对称中心的分子，它们的红外光谱与拉曼散射光谱没有频率相同的谱带，这就是所谓的“互相排斥定则”。例如 PE 具有对称中心，所以它的红外光谱与拉曼光谱没有相同的谱带。

上述原理可以帮助推测聚合物的构象。例如聚硫化乙烯（PES）的分子链的重复单元为（$CH_2CH_2SCH_2CH_2$—S），与 C—S、S—C、C—C 及 S—C 有关的构象会有很多种。如果 PES 具有对称中心，从理论上可以预测 PES 的红外及拉曼光谱中没有频率相同的谱带。如果 PES 采取像聚氧化乙烯（PEO）那样的螺旋结构，就不存在对称中心，红外及拉曼光谱中就有频率相同的谱带。测试结果发现，PEO 的红外及拉曼光谱有 20 条频率相同的谱带。而 PES 的两种光谱中仅有两条谱带的频率比较接近。可以推测 PES 具有与 PEO 不同的构象：在 PEO 中，C—C 键是旁式构象，C—O 为反式构象；而在 PES 中，C—C 键是反式构象，C—S 为旁式构象。

分子结构模型的对称因素决定了选择原则。比较理论结果与实际测量的光谱，可以判别所提出的结构模型是否准确。这种方法在研究小分子的结构及大分子的构象方面起着很重要的作用。

2.3.2 高分子的红外二向色性及拉曼去偏振度

图 2-4 所示为拉伸 250%的聚酰胺 6（PA6）薄膜的红外偏振光谱。图 2-5 为拉伸 400%的 PA6 薄膜的偏振拉曼散射光谱。在 PA6 的红外光谱中，某些谱带显示了明显的二向色性特性。它们是—NH 伸缩振动（$3300cm^{-1}$）、—CH_2 伸缩振动（$3000 \sim 2800cm^{-1}$）、酰胺Ⅰ（$1640cm^{-1}$）及酰胺Ⅱ（$1550cm^{-1}$）和酰胺Ⅲ（$1260cm^{-1}$ 和 $1201cm^{-1}$）的谱带。其中—NH、—CH_2 及酰胺Ⅰ谱带的二向色性比清楚地反映了这些振动的跃迁是在样品被拉伸后向垂直于拉伸方向取向。酰胺Ⅱ及酰胺Ⅲ谱带的二向色性显示了 C—N 伸缩振动在拉伸方向发生取向。图 2-5 所示 PA6 的拉曼光谱的去偏振度研究结果与红外二向色性完

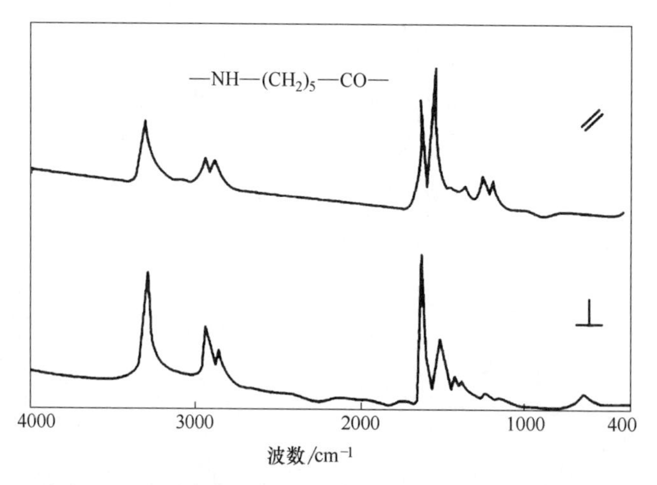

图 2-4 聚酰胺 6 薄膜被拉伸 250%后的红外偏振光谱

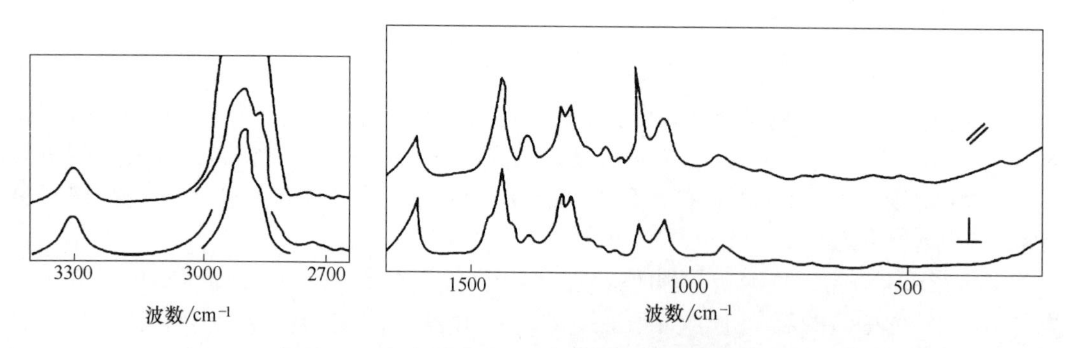

图 2-5 PA6 薄膜拉伸 400%后的激光拉曼散射光谱

（//表示偏振激光电场矢量与拉伸方向平行；⊥表示偏振激光电场矢量与拉伸方向垂直）

全一致。拉曼光谱中 C—N 伸缩振动（$1081cm^{-1}$）谱带及 C—C 伸缩振动（$1126cm^{-1}$）谱带的偏振度显示了聚合物骨架经拉伸后的取向。

2.3.3　聚合物形变的拉曼光谱研究

纤维状聚合物在拉伸形变过程中，链段与链段之间的相对位置发生了移动，从而使拉曼线发生变化。用纤维增强热塑性或热固性树脂能得到高强度的复合材料。树脂与纤维之间的应力转移效果，是决定复合材料机械性能的关键因素。将聚丁二炔单晶纤维埋于环氧树脂之中，固化后生成性能优良的结构材料。对环氧树脂施加应力进行拉伸，使其产生形变。此时外加应力通过界面传递给聚丁二炔单晶纤维，使纤维产生拉伸形变。丁二炔单晶纤维的形变可以用共振拉曼光谱加以观察。图 2-6 所示为丁二炔单体分子及聚合物链的排列示意图。图 2-7 所示为聚丁二炔纤维的共振拉曼光谱。

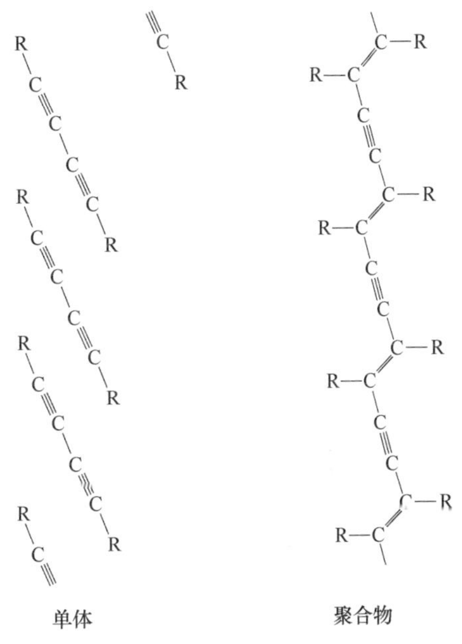

图 2-6　丁二炔衍生物单体及聚合物链的结构示意图（R 代表取代基官能团）

当聚丁二炔单晶纤维发生伸长形变时，$2085cm^{-1}$ 谱带向低频区移动。纤维每伸长 1%，向低频区移动约 $20cm^{-1}$。由于拉曼线测量精度通常可达 $2cm^{-1}$，因而拉曼测量纤维形变程度的精确度可达±0. 1%。激光可以穿透环氧树脂，因此可以用激光拉曼对复合材料中的聚丁二炔纤维的形变进行测量。

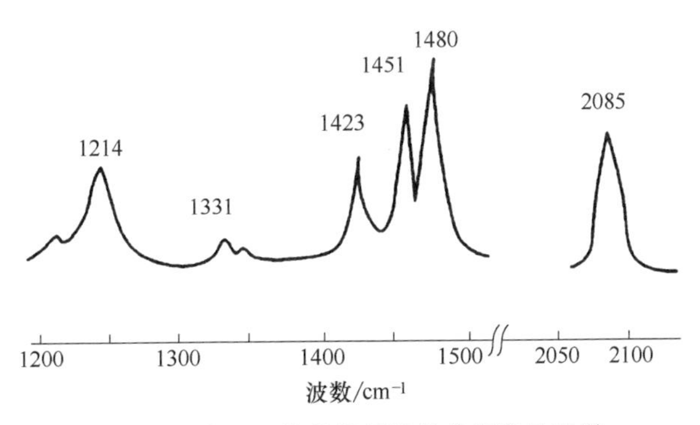

图 2-7　聚丁二炔单晶纤维的共振拉曼光谱

图 2-8 所示为拉曼光谱测得的由环氧树脂与聚丁二炔单晶纤维（直径 25μm，长度 70mm）组成复合材料在外力拉伸下聚丁二炔单晶纤维形变的分布。可以清晰地反映出当材料整体形变分别为 0. 00%、0. 50%和 1. 00%时，其中纤维的形变及其分布。形变在纤维两端较小，逐渐向中间部分增大，最后达到恒定值。在中间部分的形变与材料整体的形变相等。由纤维端点到达形变恒定值处的距离，为临界长度的一半。拉曼光谱法测定纤维临界长度的优点在于不需要破坏纤维。

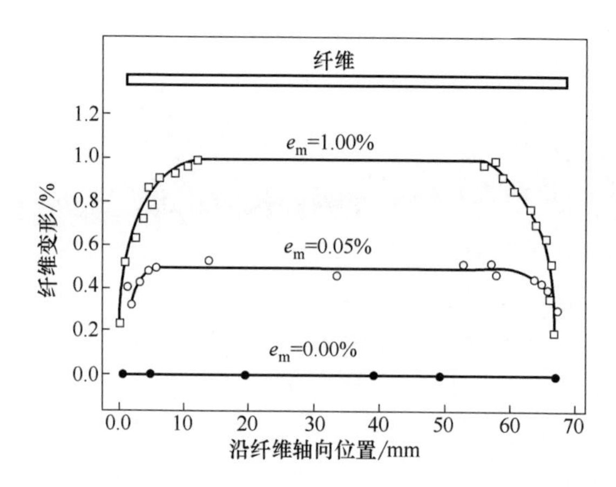

图 2-8　复合材料中聚丁二炔单晶纤维形变分布（e_m 复合材料的伸长形变）

2.3.4　生物大分子的拉曼光谱研究

生物大分子中，蛋白质、核酸、磷脂等是重要的生命基础物质，研究它们的结构、构象等化学问题以阐明生命的奥秘是当今极为重要的研究课题。应用激光拉曼光谱除能获得有关组分的信息外，更主要的是它能反映与正常生理条件（如水溶液、温度、酸碱度等）相似的情况下的生物大分子的结构变化信息，同时还能比较在各相中的结构差异，这是用其他仪器难以得到的成果。

第3章 紫外光谱

分子中的电子，一般是共轭体系的 π 电子运动吸收紫外光，发生轨道跃迁，产生紫外光谱。紫外光谱用于聚合物结构分析，可以提供多重键和芳香共轭结构的相关信息，并包括那些能使共轭结构中的氧、氮、硫原子上非键合电子的信息。对某些添加剂（如稳定剂、增塑剂）或杂质（如残留单体、催化剂）的测定，是一种比较有效的方法。另外与红外光谱区比较，紫外光区的吸收率可以高出一个数量级，因此紫外光谱可用测试的样品厚度大于红外光谱的样品，也可以用于含量很低的微量化合物的成分分析。

3.1 概　　述

紫外光谱是电子吸收光谱，通常所说的紫外光谱的波长范围是 200～400nm，常用的紫外光谱仪的测试范围可扩展到可见光区域，包括 400～800nm 的波长区域。当样品分子或原子吸收光子后，外层电子由基态跃迁到激发态，不同结构的样品分子，其电子的跃迁方式是不同的，因而吸收光的波长范围及能量不同。根据波长范围、吸光度来鉴别不同的物质结构。

3.1.1 电子跃迁的方式

有机物在紫外和可见光区域内电子跃迁的方式有 $\sigma\to\sigma^*$、$n\to\sigma^*$、$\pi\to\pi^*$、$n\to\pi^*$ 四种类型，如图 3-1 所示。这些跃迁所需要能量比较如下：

$$\sigma\to\sigma^* > n\to\sigma^* > \pi\to\pi^* > n\to\pi^*$$

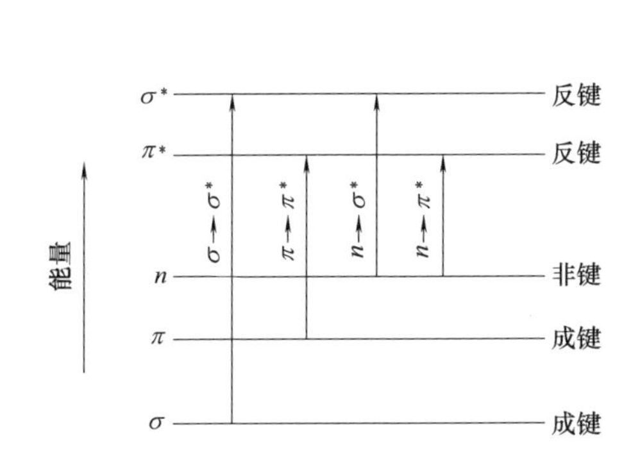

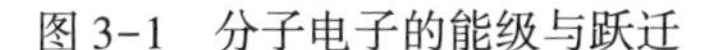
图 3-1　分子电子的能级与跃迁

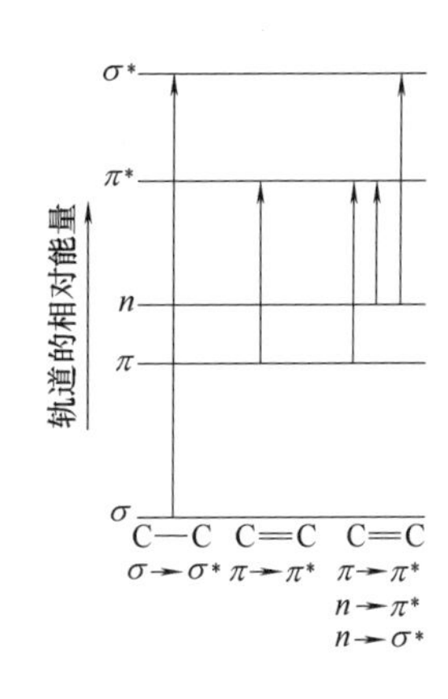

图 3-2　不同类型分子结构的电子跃迁

① $\sigma\to\sigma^*$ 跃迁。饱和烃中的 C—C 键是 σ 键。产生跃迁的能量大，吸收波长小于 150nm 的光子，所以在真空紫外光谱区有吸收，但在紫外光谱区观察不到。

② $n\to\sigma^*$ 跃迁。含有非键合电子（即 n 电子）的杂原子（如 O、N、S、卤素等）的

饱和烃衍生物都可发生 $n \to \sigma^*$ 跃迁。它的能量小于 $\sigma \to \sigma^*$ 跃迁。吸收波长为 150~250nm，只有一部分在紫外区域内，同时吸收系数（ε）较低，所以也不易在紫外区观察到。

③ $\pi \to \pi^*$ 跃迁。不饱和烃、共轭烯烃和芳香烃类可发生此类跃迁，所需要能量较小，吸收波长大多在紫外区（其中孤立的双键的最大吸收波长小于 200nm），ε 很高。

④ $n \to \pi^*$ 跃迁。当分子中孤对电子和 π 键同时存在时，会发生 $n \to \pi^*$ 跃迁，所需能量小，吸收波长>200nm，ε 很小，一般为 10~100。

如图 3-2 所示，不同类型的分子结构的电子跃迁方式不同，有的基团可有几种跃迁方式。在紫外光谱区有吸收的是 $\pi \to \pi^*$ 和 $n \to \pi^*$ 两种。除上述四种跃迁外，还有两种较特殊的跃迁方式即 $d \to d$ 跃迁和电荷转移跃迁。

⑤ $d \to d$ 跃迁。在过渡金属络合物溶液中易发生这种跃迁。其吸收波长一般在可见光区域。有机物和高分子的过渡金属络合物也会发生这种跃迁。

⑥ 电荷转移跃迁。在同时具备电子给体和电子受体的条件下，离子间、离子与分子间以及分子内均会发生电荷转移。电荷转移的吸收谱带的强度大，ε 一般大于 10000。在交替共聚合反应的研究中更多用到。

3.1.2 吸收带的类型

在紫外光谱带分析中，往往将谱带分成四种类型，即 *R*、*K*、*B* 和 *E* 吸收带。

① *R* 吸收带。在—NH_2、—NR_2、—OR 的卤代烷烃中可产生这类谱带。它由 $n \to \pi^*$ 跃迁形成，由于 ε 很小，吸收谱带较弱，易被强吸收谱带掩盖，且易受极性溶剂的影响而发生偏移。

② *K* 吸收带。共轭烯烃及取代芳香化合物中可产生这类谱带。由 $n \to \pi^*$ 跃迁形成，ε_{max}>10000，因此吸收谱带较强。

③ *B* 吸收带。是芳香化合物及杂芳香化合物的特征谱带。可以反映出一些精细结构差异。溶剂的极性，酸碱性等对吸收峰的影响较大。苯和甲苯在环己烷溶剂中的 *B* 吸收峰在 270~280nm，如图 3-3 所示。苯酚在非极性溶剂庚烷中的 *B* 吸收带呈精细结构，而在极性溶剂乙醇中观察不到精细结构，如图 3-4 所示。

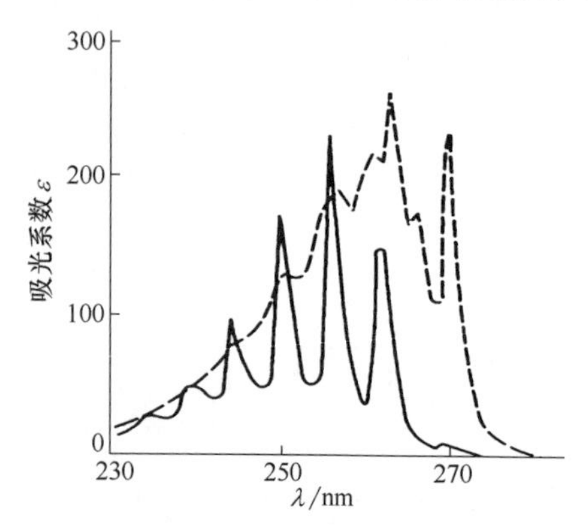

图 3-3 在环己烷中苯和甲苯的 B 吸收图

——苯 -----甲苯

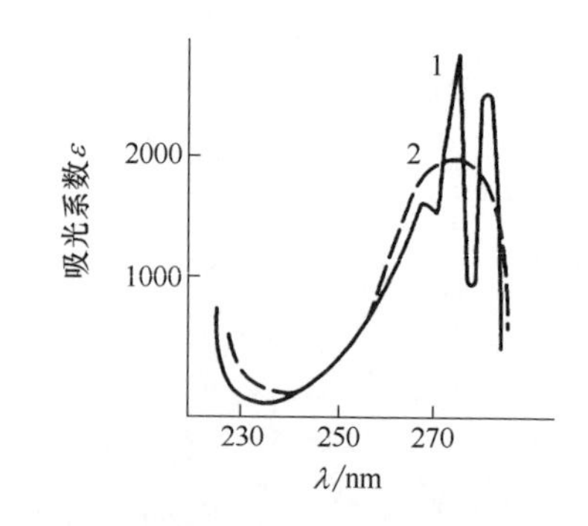

图 3-4 苯酚中庚烷及乙醇的 B 吸收图

1—庚烷溶液 2—乙醇溶液

④ *E* 吸收带。也是芳香族化合物的特征谱带之一，吸收强度大，ε 为 2000~14000，

吸收波长偏向紫外的低波长部分，有的在真空紫外区。

可见不同类型分子结构的紫外吸收谱带也不同，有的分子可有几种吸收谱带，如乙酰苯，其正庚烷溶液的紫外光谱中，分别在 240nm（$\varepsilon>10000$）、278nm（$\varepsilon=1000$）和 319nm（$\varepsilon=50$）观察到 K、B、R 三种谱带，强度依次降低。其中 B 和 R 吸收带分别对应苯环和羰基的吸收带，而苯环和羰基的共轭效应导致产生很强的 K 吸收带。图 3-5 所示甲基 α-丙烯基酮在甲醇中的紫外光谱中存在两种跃迁：$\pi\rightarrow\pi^*$ 跃迁在低波长区是烯基与羰基共轭效应所致，属 K 吸收带，$\varepsilon_{max}>10000$；$n\rightarrow\pi^*$ 跃迁在高波长区是羰基的电子跃迁所致，为 R 吸收带，$\varepsilon_{max}<100$。

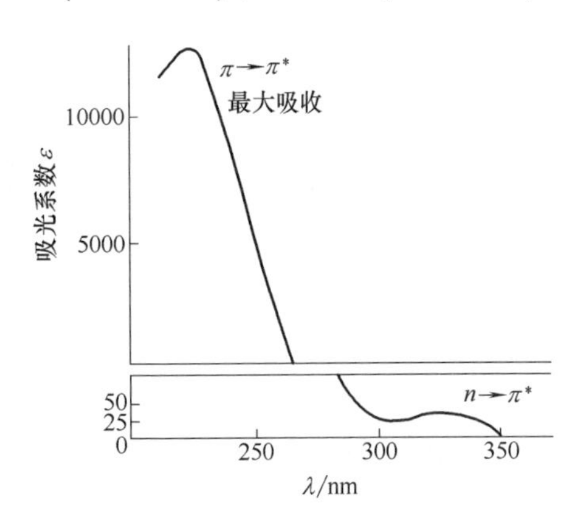

图 3-5　甲基 α-丙烯基酮在甲醇中的紫外光谱

综上可知，在有机和高分子的紫外吸收光谱中，R、K、B、E 吸收带的分类不仅考虑到各基团的跃迁方式，而且还考虑到分子结构中各基团相互作用的效应。

3.1.3　生色基与助色基

由前述电子跃迁与谱带分类可知，具有双键结构的基团对紫外或可见光有吸收作用，具有这种吸收作用的基团统称为生色基。生色基可是 C═C 及共轭双键或芳环等，也可以是其他的双键如 C═O、C═S、—N═N—等，还可以是—NO_2、—NO_3、—COOH、—$CONH_2$ 等基团。总之，可以产生 $\pi\rightarrow\pi^*$ 和 $n\rightarrow\pi^*$ 跃迁的基团都属于生色基。表 3-1 中列出了聚合物中常见基团的紫外吸收特征波长与摩尔吸收系数。

表 3-1　聚合物中常见基团的紫外吸收特征波长与摩尔吸收系数

生色基	λ_{max}/nm	ε_{max}
C═C	175 185	14000 8000
C≡C	175 195 223	10000 2000 150
C═O	160 185 280	18000 5000 15
C═C—C═C	217	20000
（苯环）	184 200 255	60000 4400 204

另有一些基团虽然本身不具有生色基作用，但与生色基相连时，通过非键电子的分配，扩展了生色基的共轭效应，会影响生色基的吸收波长，增大吸收系数，这些基团统称

为助色基，如—NH_2、—NR_2、—SH、—SR、—OH、—OR、—Cl、—Br、—I 等。

3.1.4 谱图解析步骤

紫外光谱是由于电子跃迁产生的光谱，在电子跃迁过程中，会伴随着分子、原子的振动和转动能级的跃迁，与电子跃迁叠加在一起，使得紫外吸收谱带一般比较宽，所以在分析紫外谱时，除注意谱带的数目、波长及强度外，还注意其形状、最大值和最小值。

一般来讲，单靠紫外吸收光谱，无法推定官能团，但对测定共轭结构的判断还是有帮助的，与其他仪器配合使用，可以发挥更为显著的作用。

在解析谱图时可以从下面几方面加以判别：

① 从谱带的分类、电子跃迁方式来判别。重点是吸收带的波长范围、吸收系数以及是否存在精细结构等。

② 从溶剂极性大小引起谱带移动的方向判别。

③ 从溶剂的酸碱性的变化引起谱带移动的方向来判别。

3.2 紫外光谱仪

3.2.1 结　　构

紫外光谱仪有单光束和双光束两种。这里简单介绍一下双光束型的紫外光谱仪。其结构如图 3-6 所示。

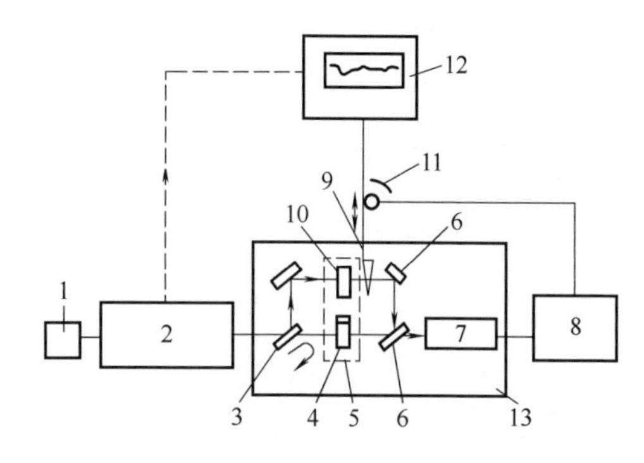

图 3-6　紫外可见分光光度计结构图

1—光源　2—单色器　3—斩波器　4—试样液槽　5—试样室　6—镜子　7—检测器　8—放大器　9—衰减器　10—参比液槽　11—伺服马达　12—X-Y 记录仪　13—光度计

3.2.2 测试原理

通过试样光束和参考光束的强度比值，反映样品的吸收率。通过斩波器分割而得到的两束光交替地落在检测器上，经过放大后如果两束光强有差别（即试样室光束被试样部分吸收）则衰减器可移动调节两光束相等，衰减器的位置则是试样的相对吸收量度，记录连续变化波长范围内参考光束和试样光束的强度比（I_0/I），即得到紫外光谱图。

3.2.3 谱图的表示方法

紫外光谱图中纵坐标可以有几种不同的选取方式。图 3-7 所示为在同样条件下测得的同一化合物的以不同纵坐标单位得到的紫外光谱图。横坐标位置可作为分子结构的表征，是定性分析的主要依据。纵坐标可给出分子结构的信息，可作为定量分析的依据。

$$\varepsilon = Acd \tag{3-1}$$

式中　ε——吸光系数；

A——吸光度；

c——溶液的物质的浓度，mol/L；

d——样品槽厚度，mm。

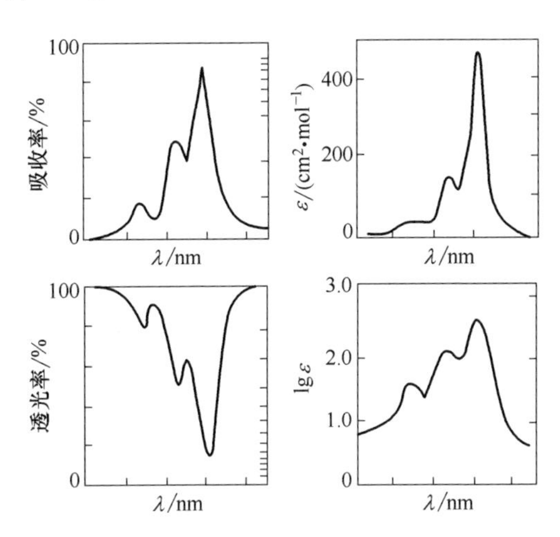

图 3-7　同一化合物的紫外吸收曲线的各种表示方法谱图

3.3　紫外光谱在高分子结构研究中的应用

3.3.1　定性分析

由于聚合物的紫外吸收峰通常只有2~3个，且峰形平稳，因此它的选择性远不如红外光谱。而且紫外光谱主要决定于分子中发色和助色基团的特性，而不是整个分子的特性。由于只有具有重键和芳香共轭体系的高分子才有紫外活性，所以紫外光谱能测定出的聚合物种类受到很大局限。紫外吸收光谱用于定性分析不如红外光谱准确。

一些聚合物的紫外特征数据列于表3-2中。图3-8是两种典型的聚合物——聚乙烯咔唑和聚苯乙烯的紫外吸收光谱。

表 3-2　　某些聚合物的紫外特征

高分子	发色团	最长的吸收波长/nm
聚苯乙烯	苯基	270,280(吸收边界)
聚对苯二甲酸乙二醇酯	对苯二甲酸酯基	290(吸收尾部),300
聚甲基丙烯酸甲酯	脂肪族酯基	250~260(吸收边界)
聚醋酸乙烯	脂肪族酯基	210(最大值处)
聚乙烯基咔唑	咔唑基	345

在作定性分析时，如果没有相应高分子的标准谱图参考，可以根据以下有机化合物中发色团的出峰规律来分析。

在200~800nm无明显吸收，它可能是脂肪族碳氢化合物，胺、腈、醇、醚、羧酸的二缔体、氯代烃和氟代烃，不含直链或环状的共轭体系，没有醛基、酮基、Br或I。

在210~250nm具有强吸收带（$\varepsilon=10000$），可能是含有两个不饱和单体的共轭体系。

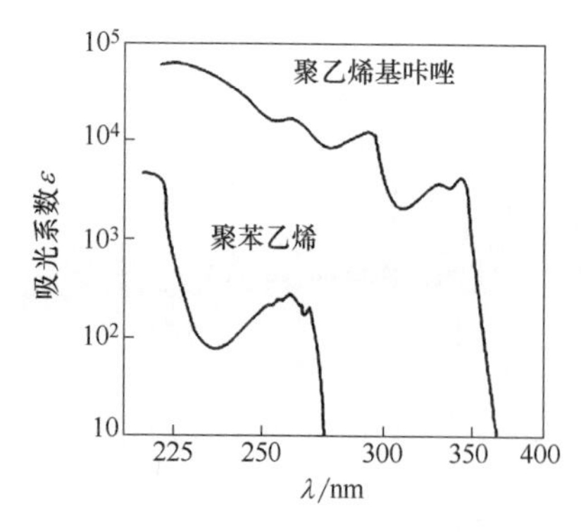

图 3-8　聚苯乙烯和聚乙烯基咔唑的紫外吸收光谱图

强吸收带分别落在 260、300 或 330nm 左右，则可能相应地具有 3、4 或 5 个不饱和单位的共轭体系。

在 260 ~ 300nm 存在中等吸收峰（$\varepsilon \approx 200 \sim 1000$）并有精细结构，则表示有苯环存在。

在 250~300nm 有弱吸收（$\varepsilon \approx 20 \sim 100$），表示羰基存在。

如果化合物有颜色，则分子中所含共轭的发色团和助色团总数将大于 5。

尽管只有有限的特征官能团才能发色，使紫外谱图过于简单而不利于定性，但利用紫外光谱可以将具有特征官能团与不具有的高分子区别开，比如聚二甲基硅氧烷（硅树脂或硅橡胶）就易于与含有苯基的硅树脂或硅橡胶区分。首先用碱溶液破坏这类含硅高分子，配适当浓度的溶液进行测定，含有苯基的在紫外区有 *B* 吸收带，不含苯基的则没有吸收。

3.3.2　定量分析

紫外光谱的吸收强度及测量准确度均高于红外光谱法；同时由于紫外光谱仪的结构更加简单，操作方便。所以紫外光谱法在共聚组成、微量物质（单体中的杂质、聚合物中的残留单体或少量添加剂等）和聚合反应动力学的定量分析上存在一定优势。

（1）含有苯胺类防老剂的丁二烯-苯乙烯共聚物（SBR）中苯乙烯（St）的含量测定

将 SBR 溶解在氯仿中，苯乙烯（St）在 260nm 产生最大吸收，此处丁二烯的吸收很弱，消光系数是 St 的 1/50，可以忽略。SBR 中的苯胺类防老剂的特征峰在 275nm。为此，选定 260nm 和 275nm 两个波长，得到 $\Delta\varepsilon=\varepsilon_{260}-\varepsilon_{275}$，以消除防老剂特征吸收的干扰。$\Delta\varepsilon$ 为样品中 St 是吸收峰值，

将聚苯乙烯（PS）和聚丁二烯（PB）两种均聚物以不同比例物理混合，以氯仿为溶剂测得一系列已知苯乙烯含量所对应的 $\Delta\varepsilon$ 值，作出工作曲线如图 3-9 所示。对于未知物的 $\Delta\varepsilon$ 值可从工作曲线上查出 SBR 中 St 的含量。

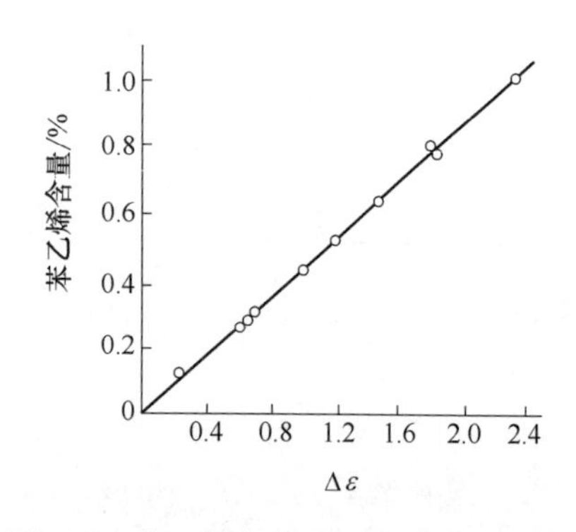

图 3-9　苯乙烯含量对于 $\Delta\varepsilon$ 的工作曲线

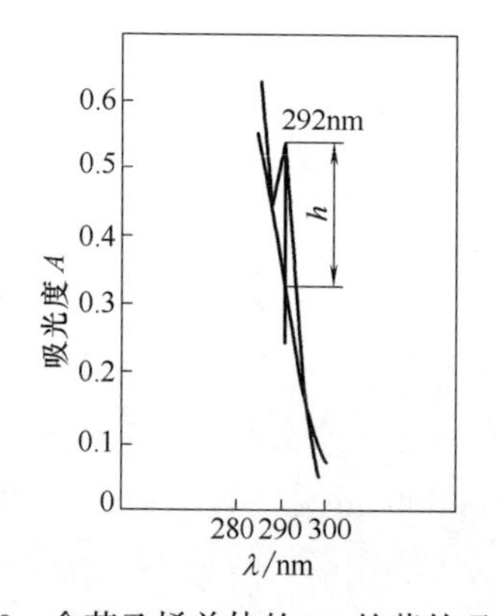

图 3-10　含苯乙烯单体的 PS 的紫外吸收光谱

（2）弹性体中防老剂含量的测定

弹性体中需要添加防老剂以保障材料使用阶段性能的稳定。防老剂第一步的生胶及后续的制品成型阶段均需要添加，添加总量固定，因此需要确定生胶中的添加量，以确定第二部加工中防老剂的添加量。

防老剂的分子结构中一般含有苯环结构，在近紫外区产生特征的吸收峰，确定生胶的紫外吸收值，确定生胶中的防老剂添加量，可以指导第二步成型防老剂的添加量。

（3）高分子单体纯度的检测

高分子的合成反应中，对所用单体的纯度要求很高，如聚酰胺的单体 1,6-己二胺和 1,4-己二酸，如含有微量的不饱和或芳香性杂质，即可干扰直链高分子的生成，从而影响产物质量。可以通过紫外光谱检查检测反应单体的纯度。

（4）PS 中 St 残留单体含量的测定

PS 在 270nm 有一个吸收峰，在 292nm 为 St 单体的特征峰，含有抗氧剂或润滑剂的 PS 在这一波长范围也也会产生吸收。因此如果直接用 292nm 峰的吸收值计算 St 单体的含量会产生很大误差。需要采用基线修正法来排除背景吸收的干扰，如图 3-10 所示。在 288nm 和 295~300nm 两个吸收极小值之间作曲线的切线，以此为基线，然后从 292nm 峰顶垂线与基线相交。所得的 h 更为真实地反映 St 单体的吸收值。

3.3.3　聚合物反应动力学

对于反应物（单体）或产物中具有紫外特征吸收基团的单体参与地聚合反应，可以利用紫外光谱进行聚合反应动力学的定量跟踪研究。采用定时取样或在线监测装置等附件，通过实时测量反应物和产物的光谱变化率，跟踪反应进行，得到一系列反应动力学数据。

紫外光谱也可以用于某些特定结构的分析，例如，聚乙烯醇的连接方式中头-尾结构与头-头结构的紫外吸收不同，可用于判定其连接形式。有规立构的芳香族高分子在 UV 区有时会产生减色效应（即紫外吸收强度降低）。结晶可使紫外光谱发生的变化是谱带的位移和分裂。

总体来说，紫外光谱在高分子领域的应用是以固定结构基团的定量分析为主。

第 4 章　核磁共振谱

核磁共振谱（Nuclear Magnetic Resonance，NMR）与红外和紫外光谱均属于吸收光谱。红外光谱来源于分子振动-转动能级间的跃迁，紫外-可见吸收光谱来源于分子的电子能级间的跃迁，而 NMR 来源于原子核磁能级的跃迁。核磁共振所吸收的电磁辐射为兆赫级，置于强磁场的原子核可以通过吸收电磁辐射发生能级跃迁，即发生能级分裂。当吸收的辐射能量与原子核的磁能级差相等时，会发生能级跃迁，从而产生核磁共振的信号。

一般按照测定的原子核种类进行分类。测定氢核的称为氢谱（^{1}H-NMR）；测定碳-13 的称为碳谱（^{13}C-NMR），常用的还有硅谱（^{29}Si-NMR），磷谱（^{31}P-NMR）和氟谱（^{19}F -NMR）。NMR 不仅可以给出基团的种类，而且能够提供基团在分子中的位置，并用于精确定量分析。高分辨^{1}H-NMR 还能根据磁偶合规律确定核及电子所处环境的细小差别，从而成为研究高分子构型和共聚序列分布等结构问题的有力手段。而^{13}C-NMR 主要提供高分子 C—C 骨架的结构信息。

4.1　概　　述

4.1.1　原子核的磁矩和自旋角动量

原子核是带正电荷的粒子，多数原子核的电荷能绕核轴自旋，形成一定的自旋角动量 p。这种自旋现象就像电流流过线圈一样能产生磁场，具有磁矩 μ。其关系可用下式表示：

$$\mu = rp \tag{4-1}$$

式中　μ——磁矩，以核磁子 β 为单位，$\beta = 5.05\times10^{-27}$ J/T；

r——磁旋比，核的特征常数。

NMR 中一些常见原子核的磁性质如表 4-1 所示。

表 4-1　一些常见原子核的磁性质

核	磁矩/β	磁旋比/[rad/(T · s)]	在 1.409T 磁场下 NMR 频率/MHz
^{1}H	2.7927	26.753×10^{4}	60.000
^{13}C	0.7022	6.723×10^{4}	15.086
^{19}F	2.6273	25.179×10^{4}	56.444
^{31}P	1.1305	10.840×10^{4}	24.288

依据量子力学的观点，自旋角动量是量子化的，其状态是由核的自旋量子数 I 所决定。I 的取值可为 0、1/2、1、3/2 等。p 的绝对值可由式（4-2）表示：

$$|p| = \sqrt{I(I+1)} \cdot \frac{h}{2\pi} \tag{4-2}$$

式中　h——普朗克常数，6.626×10^{-34} J · s。

产生核磁共振的首要条件是核自旋时要有磁矩产生，只有当核的自旋量子数 $I\neq0$ 时，核自旋才能具有一定的自旋角动量，产生磁矩。因此 $I=0$ 的原子核如^{12}C 和^{16}O 等没有磁矩，所以没有核磁共振现象。在表 4-2 中给出了核自旋量子数、质量数和原子序数的关系。

表 4-2　　核自旋量子数、质量数和原子序数的关系

质量数	原子序数	自旋量子数	举例	NMR 信号
奇数	奇数或偶数	半整数	^{1}H、^{13}C、^{31}P、^{19}F	有
偶数	奇数	整数	^{14}N、$^{2}H(D)$	有
偶数	偶数	0	^{16}O、^{12}C	无

4.1.2　核磁矩在磁场中的运动——拉莫尔进动

在磁场中，通电线圈产生的磁矩与外磁场之间相互作用，使线圈受到力矩作用而偏转。同样在磁场中，自转核的赤道平面也因受到力矩作用而发生偏转，其结果是核磁矩绕着磁场方向转动，如图 4-1 所示，这就称为拉莫尔进动。

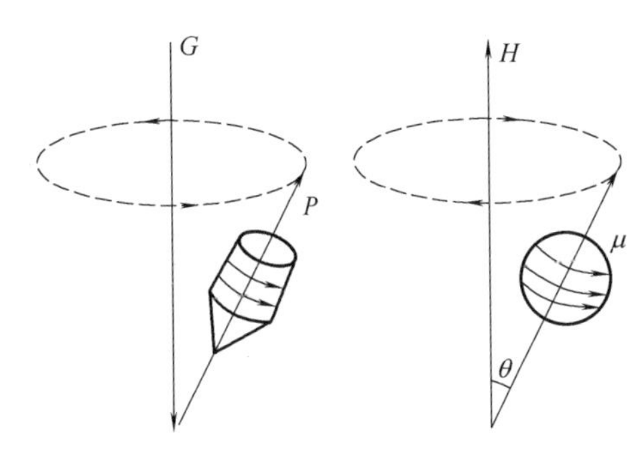

图 4-1　陀螺的进动与核磁矩的拉莫尔进动

4.1.3　核 磁 共 振

处于静磁场中的核自旋体系，当其拉莫尔进动频率与作用于该体系的射频场频率相等时，所发生的吸收电磁波的现象称为核磁共振。

4.2　核磁共振仪

通常核磁共振仪由五部分组成，其结构简图如图 4-2 所示。

① 磁铁。磁铁形成均匀性和稳定性良好的高频磁场，其性能决定了仪器的灵敏度和分辨率。

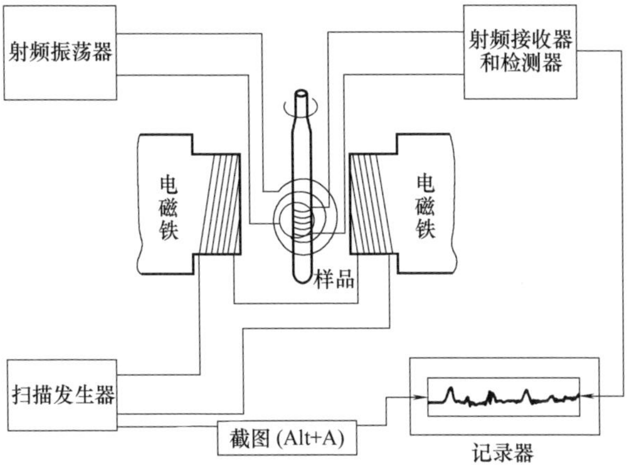

图 4-2　核磁共振仪结构简图

② 扫描发生器。沿着外磁场的方向绕上扫描线圈，它可以在小范围内精确、连续地调节外加磁场强度进行扫描，扫描速度为 3～10mGs/min。

③ 射频接受器和检测器。沿着样品管轴的方向绕上接受线圈，通过射频接受线圈接受共振信号，经放大记录下来，NMR 谱图上纵坐标是共振峰的强度，横坐标是磁场强度（或共振频率）。

④ 射频振荡器。在样品管外与扫描线圈和接受线圈相垂直的方向上绕上射频发射线圈，可以发射频率与磁场强度相适应的无线电波。

⑤ 样品支架。装在磁铁间的一个探头上，支架连同样品管用压缩空气使之旋转，目的是为了提高作用于其上的磁场的均匀性。

核磁共振仪可以固定磁场进行频率扫描，也可以固定频率进行磁场扫描。

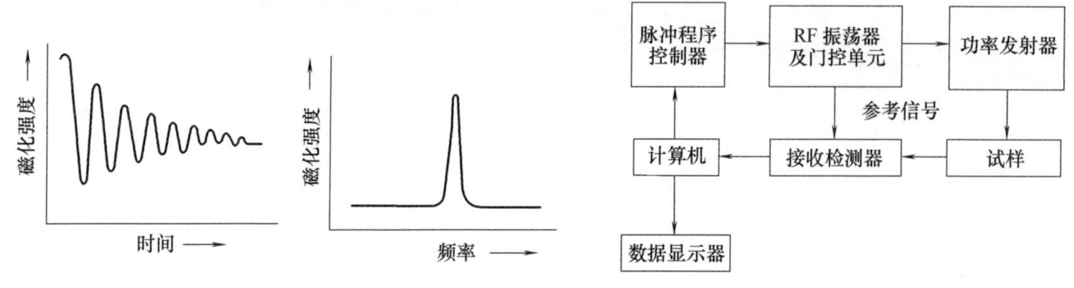

图 4-3　NMR 的时域和频域谱图　　　图 4-4　傅立叶变换核磁共振仪的结构图

傅立叶变换 NMR 仪的特点是照射到样品上的射频电磁波是短而强的脉冲辐射，并可进行调制，从而获得使各种原子核共振所需频率的谐波，可使各种原子核同时共振。而在脉冲间隙（即无脉冲作用）时信号随时间衰减，称为自由感应衰减信号。接受器得到的信号是时间域的函数，而希望获得的信号是随频率变化的曲线，通过傅立叶函数变化得到 NMR 谱图，如图 4-3 所示。傅立叶核磁共振仪的结构如图 4-4 所示。

4.3　氢-核磁共振波谱（^{1}H-NMR）

氢-核磁共振（^{1}H-NMR）也称为质子核磁共振，可提供化合物分子中 H 原子核所处的不同化学环境，依据这些信息可确定分子的组成、连接方式及其空间结构。

4.3.1　屏蔽作用与化学位移

由于^{1}H 核的磁旋比一定，当外加磁场频率固定，所有质子的共振频率应该相同，但在实际测定中发现，处于不同化学环境中的质子的共振频率存在差异。产生这一现象的主要原因是由于原子核周围存在电子云，在不同的化学环境中，核周围电子云密度不同。如图 4-5 所示，当原子核处于外磁场中时，核外电子运动会产生感应磁场，称为核外电子对原子核的屏蔽作用。

实际作用在原子核上的磁场为 H_0（$1-\sigma$），σ 为屏蔽常数。在外磁场 H_0 的作用下核的共振频率为：

$$\nu=\frac{\gamma H_0(1-\sigma)}{2\pi} \tag{4-3}$$

式中　ν——共振频率；

H_0——磁场发射频率，MHz；

σ——屏蔽常数。

当共振频率发生变化，在谱图上反映出谱峰位置的移动，称为化学位移（δ）。图 4-6

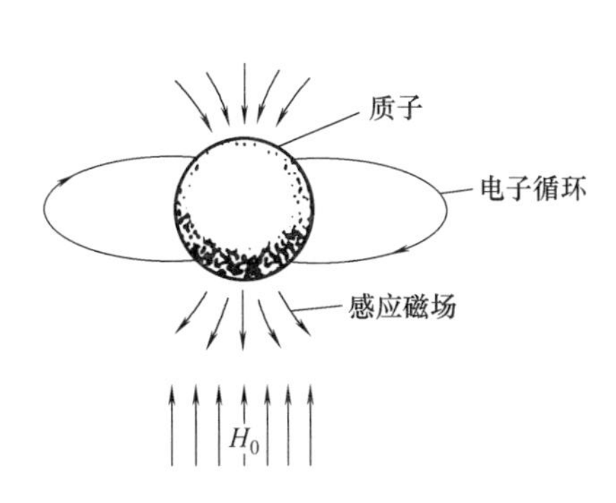

图 4-5　电子对质子的屏蔽作用

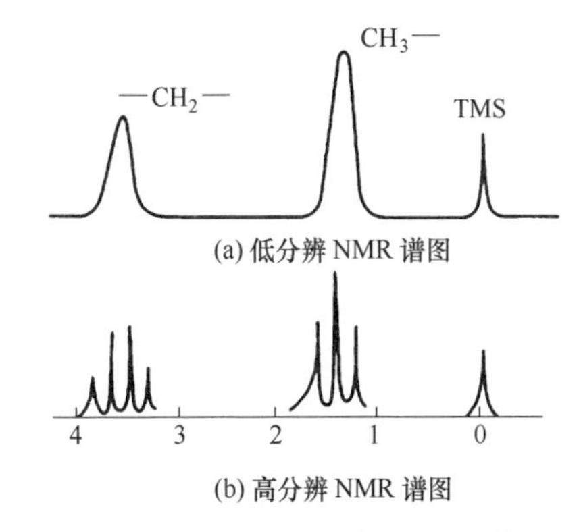

图 4-6　CH_3CH_2Cl 的^1H-NMR 谱图

所示为 CH_3CH_2Cl 的^1H-NMR 谱图。由于—CH_3 和—CH_2 中的质子所处的化学环境不同，σ 值也不同，在谱图的不同位置上出现了两个峰，可用 δ 来测定化合物的结构。

4.3.2　耦合常数

提高仪器的分辨率，有利于观察到更精细的结构，如图 4-6（b）所示，谱峰发生分裂，这种现象称为自旋-自旋分裂。这是由于在分子内部相邻碳原子上氢核自旋也会相互干扰。通过成键电子之间的传递，形成相邻质子之间的自旋-自旋耦合，而导致自旋-自旋分裂。分裂峰之间的距离称为耦合常数（J），单位为 Hz，是核之间耦合强弱的标志，说明其相互之间作用的能量，因此是化合物结构的属性，与磁场强度的大小无关。在^1H-NMR 谱中，一般为 1~20Hz。

分裂峰的数量，由相邻碳原子上的 H 原子数量决定，若相邻碳原子上的 H 原子数为 n，则分裂峰数为 $n+1$。

4.3.3　谱图的表示方法

在 NMR 分析中，δ 和 J 是非常重要的两个信息。δ 与外加磁场强度有关，场强越大，δ 越大；而 J 与场强无关，只和化合物结构有关。在 NMR 谱图上，可以用吸收峰在横坐标上的位置来表示 δ 和 J，而纵坐标是表示吸收峰的强度。

仪器由于屏蔽效应而引起质子共振频率的变化极小，很难分辨，因此采用相对变化量来表示化学位移的大小。在一般情况下选用四甲基硅烷（TMS）为标准物，把 TMS 峰在横坐标的位置定为横坐标的原点（一般在谱图右端），如图 4-7

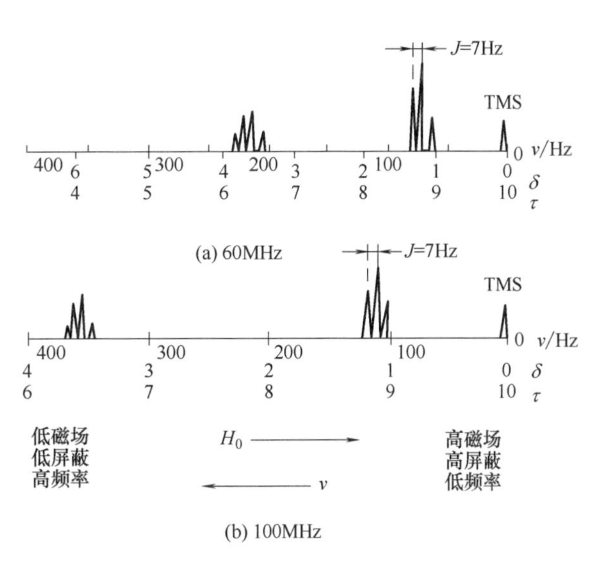

图 4-7　核磁共振波谱图的表示方法

所示。其他各种吸收峰的化学位移可用 δ 值来表示，δ 的定义：

$$\delta=\frac{\text{各吸收峰与 TMS 吸收峰之间的共振频率差值}}{\text{振荡器的工作频率}} \tag{4-4}$$

δ 与磁场强度无关，不同仪器上测定的数值应一致，单位为 ppm。

^{1}H-NMR 谱图可以提供的主要信息是：

① 化学位移（δ）——确认氢原子所处的化学环境，即属于何种基团。

② 耦合常数（J）——推断相邻氢原子的关系与结构。

③ 吸收峰的面积——确定分子中各类氢原子的数量比。

这三个信息是解析 NMR 谱图的关键数据信息。由于处于同一种基团中的 ^{1}H 具有相似的 δ，分子结构和 δ 之间的规律。图 4-8 中给出了在高分子常见基团中 ^{1}H 的 δ。

由于分子结构包括其空间结构影响 J，因此通过 J 的值可以推测分子结构，在表 4-3 中给出了 J 与分子结构类型的关系。

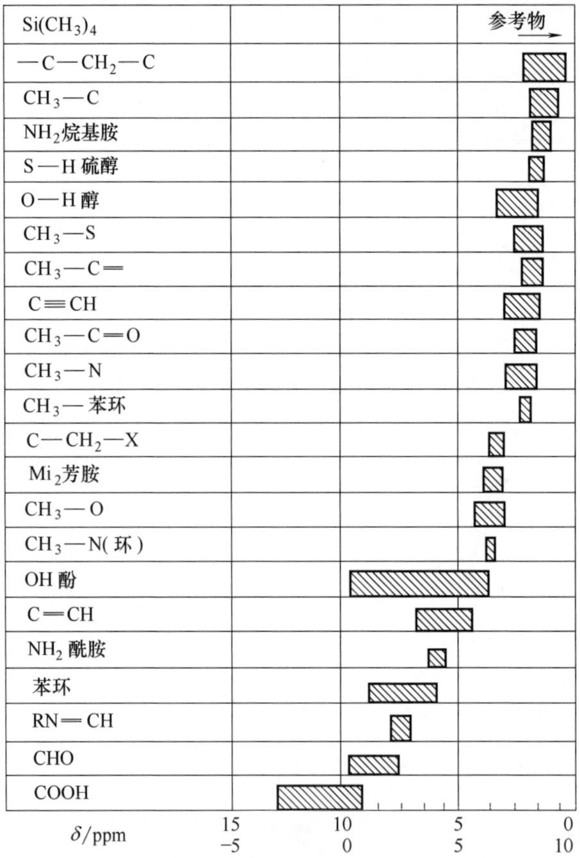

图 4-8　聚合物中常见基团质子的化学位移

4.3.4　影响化学位移的主要因素

（1）电负性

在外磁场中，绕核旋转的电子产生的感应磁场与外磁场方向相反，因此质子周围的电

表 4-3　　　　　　　　各种结构类型对耦合常数的影响

结构类型	J/Hz	结构类型	J/Hz
H—H	280	H—C═C═C—H	5~6
$>$C(H)H（同碳）	>20	H—C—C═C═C—H	2~3
H—C—C—C—H	0~7	苯环 间位	2~3
H—C—(C)$_n$—C—H ($n>1$)	0	苯环 对位	0.5~1
═C(H)H	1~35	苯环 邻位	7~10
HC═CH（顺式）	6~14	五元杂环 X=O，$H_1=H_2$	1~2
HC═CH（反式）	11~18	五元杂环 X=N，$H_1=H_2$	2~3
C═C（C—H，H）	4~10	五元杂环 X=S，$H_1=H_2$	5.5
H（C═C）C—H	0.5~3.0	H—C—C(═O)H	1~3
H—C—C═C—C—H	0~1.6	H—C—C═C—H	2~4
—C═C(H)—C(H)═C	10~13	H—C—C═C—C—H	2~3

子云密度越高，屏蔽效应就越大，核磁共振就发生在较高场，δ 值减小；反之 δ 增大。在长链烷烃中—CH_3 基团质子的 $\delta=0.9$，而在甲氧基中质子的 $\delta=3.24\sim4.02$，这是由于氧的电负性强，使质子周围的电子云密度减弱，使吸收峰移向低场。同样卤素取代基也可使屏蔽减弱，使 δ 增大，如表 4-4 所示。一般常见的有机基团电负性均大于 H 原子，因此一般的规律是：

$$\delta_{—CH}>\delta_{—CH_2}>\delta_{—CH_3}$$

由电负性基团而引发的诱导效应，随间隔键数的增多而减弱。

（2）电子环流效应

实际发现的有些现象用电负性的影响来解释并不合理，例如乙炔基团中质子的 $\delta=2.35$，小于乙烯中的质子（$\delta=4.60$），而乙醛中的质子的 δ 却达到 9.79，这需要由邻近基

表 4-4　　卤素取代基对化学位移（δ）的影响　　单位：ppm

X	F	Cl	Br	I
CH_3X	4.10	3.05	2.68	2.16
CH_2X_2	5.45	5.33	2.94	3.90
CHX_3	6.49	7.00	6.82	4.00

团电子环流所引起的屏蔽效应来解释，其强度比电负性原子与质子相连所产生的诱导效应弱，但由于对质子是附加了各向异性的磁场，因此可提供空间立构的信息。

如图 4-9 所示，增强外磁场的区域称屏蔽区，处于该区的质子移向高场用“→”表示；减弱外磁场的称去屏蔽区，质子移向低场用“←”表示。在 C ═C 键中，π 电子云绕分子轴旋转，当分子与外磁场平行时，质子处于屏蔽区，因此移向高场；醛基中的质子处于屏蔽区，移向低场；在苯环中，由于 π 电子的环流所产生的感应磁场；使环上和环下的质子处于屏蔽区，而环周围的质子处于去屏蔽区，所以苯环中的氢在低场出峰（$\delta\approx7$）。

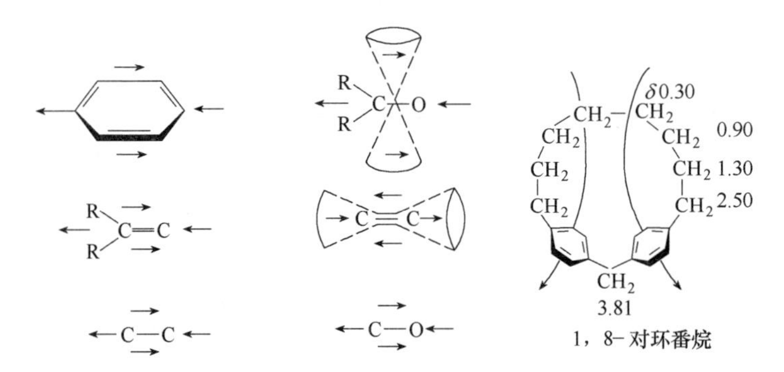

图 4-9　各种基团的各向异性

（3）其他影响因素

氢键能使质子在较低场发生共振，例如酚和酸类的质子，$\delta\geqslant10$。当提高温度或使溶液稀释时，具有氢键的质子的峰就会向 δ 减小的方向移动。若加入少量的 D_2O，活泼氢的吸收峰就会消失。这些方法可用来检验氢键的存在。

在溶液中，质子受到溶剂的影响，δ 发生改变，称为溶剂效应。因此在测定时应注意溶剂的影响。在^1H 谱测定中不能用带氢的溶剂，必须使用氘代试剂。

4.3.5　高分子结构研究中的应用

通过 NMR 谱图可以分析高分子材料的细微结构。在解析 NMR 谱图的关键点有：

① 首先通过观察 TMS 基准峰与谱图基线是否正常，来判断谱图采集的正确性。

② 计算各峰信号的相对面积，求出不同基团间的原子数之比。

③ 确定峰位可能对应的基团，在^1H-NMR 中注意孤立的单峰，然后再解析偶合峰。

④ 对于复杂的谱图，仅仅靠 NMR 来确定结构会有困难，需要配合其他分析手段。

（1）结构相似物的鉴别

图 4-10 中是聚丙烯（PP）、聚异丁烯（PIB）和聚异戊二烯（PIP）三种材料的

^{1}H NMR 谱。

聚酰胺（PA）材料由于基本组成的结构单元基本重合，在 FTIR 上很难做出准确区分，但是其 NMR 谱图差异明显，如图 4-11 所示。PA11 的（CH_2）$_8$ 峰很尖锐，PA6 中出现（CH_2）$_3$ 较宽的单峰，PA66 中出现和两个峰，结合分子结构组成，各峰面积比例列于表 4-5。

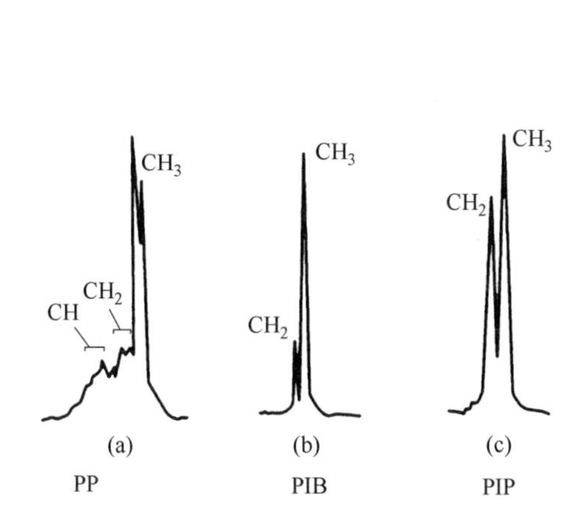

图 4-10　不同聚烯烃的^{1}H-NMR 谱

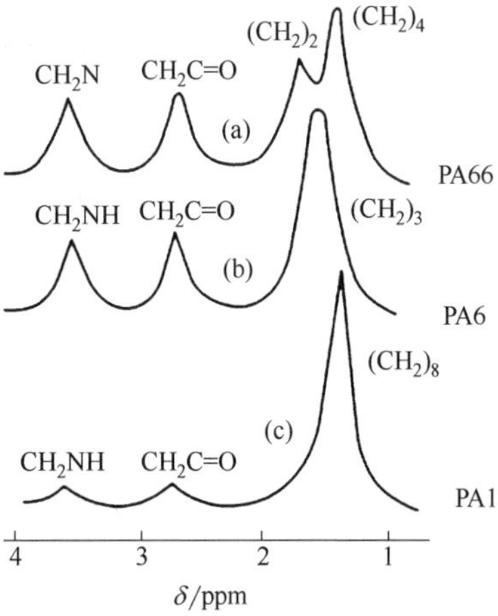

图 4-11　聚酰胺系列聚合物的^{1}H-NMR 谱

表 4-5　　三种聚酰胺的 NMR 峰面积之比

名称	$—CH_2N$	$CH_2C=O$	$—(CH_2)_n$	单元组成
PA66	1	1	3	$—NH—CH_2—(CH_2)_4CH_2—NH—\overset{O}{\overset{\Vert}{C}}—CH_2—(CH_2)_2CH_2—\overset{O}{\overset{\Vert}{C}}—$
PA6	1	1	3	$—NH—CH_2—(CH_2)_3CH_2—\overset{O}{\overset{\Vert}{C}}—$
PA11	1	1	8	$—NH—CH_2—(CH_2)_8CH_2—\overset{O}{\overset{\Vert}{C}}—$

（2）定性鉴别

聚合物的 NMR 标准谱图主要有萨特勒标准谱图集。需要结合测定条件，主要有溶剂、共振频率等因素。表 4-6 提供了较详细的化学位移值。

表 4-6　　各类质子的 δ 值

质子	δ/ppm	质子	δ/ppm
TMS	0	$CH_3—C—CO—R$	0.93~1.12
$—CH_2—$，环丙烷	0.22	$CH_3—C—N—CO—R$	1.20
CH_3CN	0.88~1.08	$—N—C—$（环，CH_2 桥接）	1.48
$CH_3—C—$（饱和）	0.85~0.95(0.7~1.3)		

续表

质子	δ/ppm
—CH_2—(饱和)	1.20~1.43
—CH_2—C—O—COR 和 CH_2—C—O—Ar	1.50
RSH	1.1~1.5
RNH_2	1.1~1.5
—CH_2—C—C═C—	1.13~1.60
—CH_2—CN	1.20~1.62
—C—H(饱和)	1.40~1.65
—CH_2—C—Ar	1.60~1.78
—CH_2—C—O—R	1.21~1.81
CH_3—C═NOH	1.81
—CH_2—C—1	1.65~1.86
—CH_2—C—CO—R	1.60~1.90
CH_3—C═C	1.6~1.9
CH_3—C(—O—CO—R)═C	1.87~1.91
—CH_2—C═C—OR	1.93
—CH_2—C—Cl	1.60~1.96
CH_3—C(—COOR 或 CN)═C—	1.94~2.03
—CH_2—C—Br	1.68~2.03
CH_3—C═C—CO—R	1.93~2.06
—CH_2—C—NO_2	2.07
—CH_2—C—SO_2—R	2.16
—C—O（环，—CH—）	2.29
—CH_2—C═C	1.88~2.31
CH_3—N—N—	2.31
—CH_2—CO—R	2.02~2.39
CH_3—SO—R	2.50
CH_3—Ar	2.25~2.50(2.1~2.5)
—CH_2—S—R	2.39~2.53
CH_3—CO—SR	2.33~2.54
—CH_2—C≡N	2.58
CH_3—C═O	2.1~2.6(1.9~2.6)
CH_3—S—C≡N	2.63

质子	δ/ppm
CH_3—CO—C═C 或 CH_3—CO—Ar	1.83~2.68
CH_3—CO—Cl 或 Br	2.66~2.81
CH_3—I	2.1~2.3
CH_3—N<	2.1~3
—C═C—C≡C—H	2.87
—CH_2—SO_2—R	2.92
—C≡C—H(非共轭)	2.45~2.65
—C≡C—H(共轭)	2.8~3.1
Ar—C═C—H	3.05
—CH_2(—C═C—)$_2$	2.90~3.05
—CH_2—Ar	2.53~3.06
—CH_2—I	3.03~3.20
—CH_2—SO_2	3.28
AR—CH_2—N<	3.32
—CH_3—N(—)—Ar	3.28~3.37
—CH_2—N(—)—Ar	3.28~3.37
Ar—CH_2—C═C—	3.18~3.38
—CH_2—N(—)(—)—	3.40
—CH_2—Cl	3.35~3.57
—CH_2—O—R	3.31~3.58
CH_3—O—	3.5~3.8(3.3~4)
—CH_2—Br	3.25~3.58
CH_3—O—SO—OR	3.58
—CH_2—N═C═S	3.61
CH_3—SO_2—Cl	3.61
Br—CH_2—C≡N	3.70
—C≡C—CH_2—Br	3.82
Ar—CH_2—Ar	3.81~3.92
Ar—NH_2,Ar—NHR 或 ArNHAr	3.40~4.00(3.3~4.3)
CH_3—O—SO_2—OR	3.94
—C═C—CH_2—O—R	3.90~3.97
—C═C—CH_2—Cl	3.96~4.04

续表

质子	δ/ppm	质子	δ/ppm
Cl—CH$_2$—C═N	4.07	H—C═C—（下方：H、COR）	6.30～6.40
—C≡C—C—CH$_2$—C═C	3.83～4.13	—C═CH—O—R	6.22～6.45
—C≡C—CH$_2$—Cl	4.09～4.16	Br—CH═C—	6.62～7.00
—C═C—CH$_2$—OR	4.18	—CH═C—CO—R	5.47～7.04
—CH$_2$—O—CO—R 或 —CH$_2$—O—Ar	3.98～4.29	—C═CH—O—CO—CH$_3$	7.25
—CH$_2$—NO$_2$	4.38	R—CO—NH	6.1～7.7(5.5～8.5)
Ar—CH$_2$—Br	4.41～4.43	Ar—CH—C—CO—R	7.38～7.72
Ar—CH$_2$—OR	4.36～4.49	ArH(苯环)	7.6～8.0(6.0～9.5)
Ar—CH$_2$—Cl	4.40	ArH(非苯环)	6.2～8.6(4.0～9.0)
—C═CH$_2$	4.63	H—C(═O)—N	7.9～8.1
—C═CH—(无环、非共轭)	5.1～5.7(5.1～5.9)	H—C(═O)—O—	8.0～8.2
—C═CH—(环状、非共轭)	5.2～5.7	—C═C—CHO(α, β-不饱和脂肪族)	9.43～9.68
—C═CH$_2$	5.3～5.7(5.2～6.25)	RCHO(脂肪族)	9.7～9.8(9.5～9.8)
—CH(OR)$_2$	4.80～5.20	ArCHO	9.7～10(9.5～10.9)
Ar—CH$_2$—O—CO—R	5.26	R—COOH	10.03～11.48
ROH	3.0～5.2	—SO$_3$H	11～12
Ar—C═CH—	5.28～5.40	—C═C—COOH	11.43～12.82
—CH═C—O—R	4.56～5.55	RCOOH(二聚)	11～12.8
—CH═C—O═N	5.75	ArOH(分子间氢键)	10.5～12.5(10.5～15.5)
—C═CH—CO—R	5.68～6.05	ArOH(多聚,缔合)	4.5～7.7
R—CO—CH═C—CO—R	6.03～6.13	烯醇	15～16
Ar—CH═C—	6.23～6.28		
—C═C—H(共轭)	5.5～6.7(5.3～7.8)		
—C═C—H(无环、共轭)	6.0～6.5(5.5～7.1)		

注：1. 其位移随浓度、温度和存在着其他能发生交换的质子而定，其中氨基质子的位移取决于 N 的碱度。
　　2. 在这些化合物中，R 代表 H、烷基、芳基、—OH、—OR 或—NH$_2$ 等。

（3）共聚物组成的测定

根据峰面积与共振核数目成比例的原则，就可以定量计算共聚组成。以苯乙烯-甲基丙烯酸甲酯共聚为例加以说明。

如果共聚物中有一个组分至少有一个可以准确分辨的峰，就可以用它来代表这个组分，推算出组成比。一个实例是苯乙烯-甲基丙烯酸甲酯二元共聚物，在 $\delta=8$ 附近的一个孤立的峰归属于苯环上的质子（图 4-12），用该峰可计算 St 的摩尔分数 x：

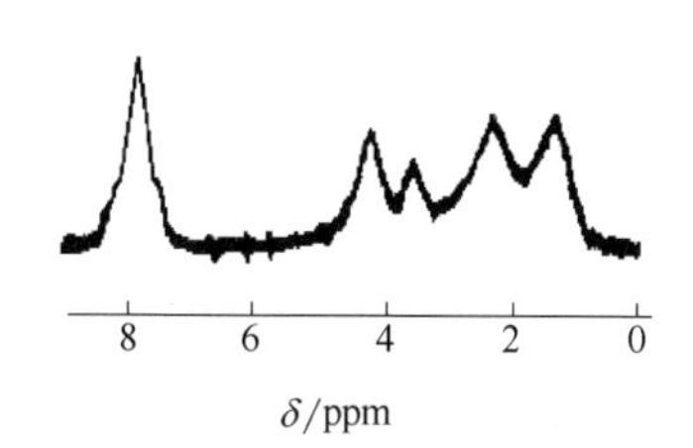

图 4-12　苯乙烯-甲基丙烯酸甲酯（St-MMA）无规共聚物的^{1}H-NMR 谱图（60MHz，35℃，10%CDCl$_3$ 溶液）

$$x=\frac{8}{5}\cdot\frac{A_{苯}}{A_{总}}$$

式中 $A_{苯}$——$\delta=8$ 附近峰的面积；

$A_{总}$——所有峰的总面积；

$\frac{8}{5}\cdot A_{苯}$——苯乙烯对应的峰面积。

（4）几何异构体的测定

双烯类高分子的几何异构体大多有不同的化学位移，可用于定性和定量分析。聚异戊二烯（PIP）可能有以下四种不同的加成方式或几何异构体：

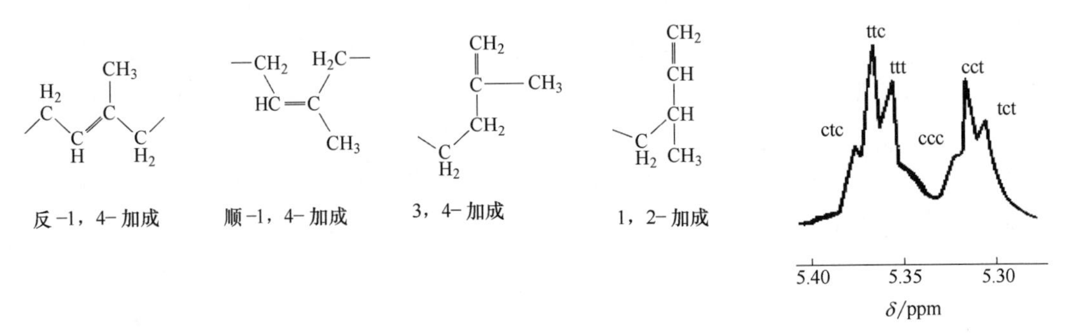

图 4-13 PIP 中顺-1,4 和反-1,4 结构及其各种结构在[1]H-NMR 谱图上的归属

由双键上的质子的 δ 可以测定 1,4-和 3,4-（或 1,2-）加成的比例。对 1,4-加成（包括顺式和反式）的 C ═CH—C，$\delta=5.08$；对 3,4-(或 1,2-）加成的 C ═CH_2，$\delta=4.67$。用此法已测得 PIP 中 3,4-或 1,2-加成的含量仅为 0.3%。

由—CH_3 的 δ 可以测定顺-1,4 和反-1,4 结构的比例。它们的吸收均出现在高场，顺-1,4 加成异构体，$\delta=1.67$；反-1,4-加成异构体，$\delta=1.60$。通过面积积分计算得到 PIP 中含有 1%的反-1,4 结构。

NMR 还可用于研究沿高分子链的几何异构单元的分布，从图 4-13 可以看出，在 PIP 中由顺-1,4（c）和反-1,4（t）组成的三单元即 ccc、cct、tct、ctc、ttc 和 ttt，分别在不同 δ 值处出峰，从而提供了几何异构序列分布的信息。

（5）共聚物序列结构的研究

上面介绍了利用 NMR 测定共聚组成，NMR 还可以测定共聚序列分布。以偏氯乙烯-异丁烯共聚物的序列结构的研究，偏氯乙烯（M_1）和异丁烯（M_2）的单体结构如图 4-14 所示。

均聚的聚二氯乙烯在 $\delta=4.0$ 附近出现—CH_2 的峰，聚异丁烯在 $\delta=1.3$ 和 1.0 附近分别出现—CH_2 和—CH_3 的峰。从图 4-14 的 1H-NMR 谱图可以看出，a 区和 c 区分别出现一些特征峰，应该分别归属于 M_1M_1 和 M_2M_2 两种二单元组；而 b 区对应于交杂的 M_1M_2 二单元组。

a 区对应：$M_1M_1M_1M_1$($\delta=3.86$)，$M_1M_1M_1M_2$($\delta=3.66$) 和 $M_2M_1M_1M_2$($\delta=3.47$)。

b 区对应：$M_1M_1M_2M_1$($\delta=2.89$)，$M_2M_1M_2M_1$($\delta=2.68$)、$M_1M_1M_2M_2$($\delta=2.54$) 和 $M_2M_1M_2M_2$($\delta=2.37$)。

c 区对应：$M_2M_2M_1$($\delta=1.56$)、$M_1M_2M_2$($\delta=1.33$) 和 $M_2M_2M_2$($\delta=1.10$)，从 c 区还可

能分辨出基于 $M_1M_2M_1$ 的三个点于五单元组的峰。

从 a 区的放大图上，a_1 峰发生 3 个劈裂峰，可分辨出 3 种六单元组共振吸收。分别对应为：$M_1(M_1)_4M_1(\delta=3.88)$；$M_1(M_1)_4M_2(\delta=3.86)$；$M_2(M_1)_4M_2(\delta=3.84)$。

从图 4-15 进一步可以看到，a，b 和 c 区共振峰的相对强度随共聚物的组成而变，根据其相对吸收强度值可以计算共聚组成。

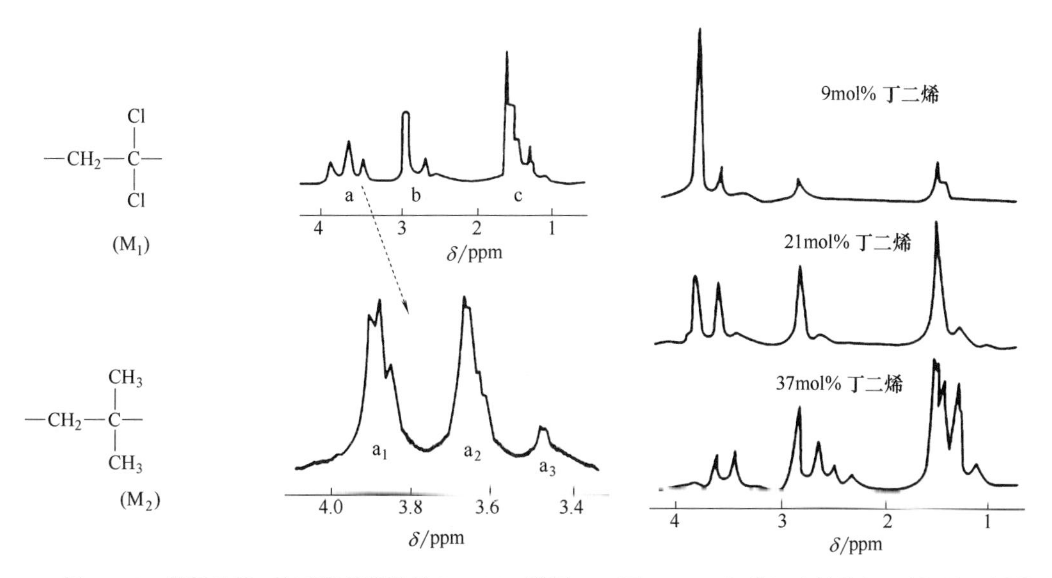

图 4-14　偏氯乙烯-异丁烯共聚物的 H-NMR 谱图（60MHz，130℃，S_2Cl_2 溶液）

图 4-15　各种组成的偏氯乙烯-异丁烯共聚物的氢谱（60MHz，130℃，S_2Cl_2 溶液）

根据上述谱图中峰的强度可以准确计算出二单元组、三单元组、四单元组的浓度以及序列的平均长度。

4.4　碳核磁共振波谱（^{13}C-NMR）

由于聚合物的主体结构主要是碳/氢为骨架的长链结构，^{13}C-NMR 研究化合物中 ^{13}C 核的核磁共振状况，可以针对性探究聚合物中 C 的归属及化学状态，是聚合物结构分析的有力手段。

4.4.1　^{13}C-NMR 与 ^{1}H-NMR 的比较

（1）灵敏度

^{13}C 和 ^{1}H 的自旋量子数（I）都为 1/2，但其磁旋比（r）差异明显，通过式（4-5）、式（4-6）计算得知 $r^{^1\mathrm{H}}$ 约为 $r^{^{13}\mathrm{C}}$ 的 4 倍，灵敏度与 r^3 成正比，而且 ^{13}C 天然同位素丰度仅为 1.1%左右，因此 ^{13}C-NMR 的灵敏度约为 ^{1}H-NMR 的 1/6000。傅立叶变换核磁共振仪使 ^{13}C 的精度及灵敏度大幅度提升。

$$r^{^{13}\mathrm{C}}=6.723\times10^4\mathrm{rad/(T\cdot s)} \tag{4-5}$$

$$r^{^{1}\mathrm{H}}=26.753\times10^4\mathrm{rad/(T\cdot s)} \tag{4-6}$$

（2）分辨率

^{13}C-NMR 的化学位移范围约为 0~250ppm，比^{1}H-NMR 大 20 倍，因此分辨率较高。

（3）测定对象

用^{13}C NMR 可直接测定分子骨架，获得 C ═O， C≡N 和季碳原子等信息，这些信息在^{1}H 谱中不能够体现。图 4-16 所示的双酚 A 型聚碳酸酯的^{1}H-NMR 和^{13}C-NMR 谱图的对照。

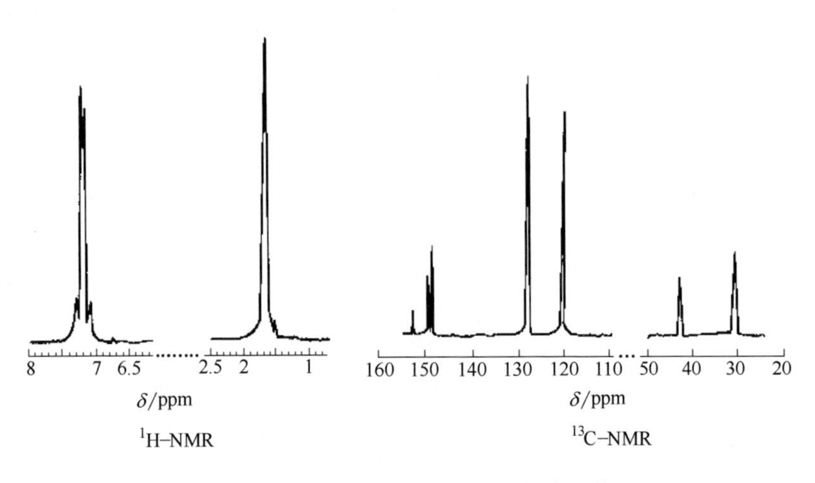

图 4-16 双酚 A 型聚碳酸酯的核磁共振谱图

（4）自旋耦合

在^{13}C-NMR 中，由于^{13}C 与^{13}C 之间耦合的概率很低，不可能实现，但直接与 C 相连的 H 和相邻 C 原子上的 H 都能与^{13}C 核发生自旋耦合，而且耦合常数很大。这样，在提供 C 和 H 之间结构信息的同时也使谱图复杂化，给谱图解析带来困难。可采用质子去耦技术使谱图简化。

4.4.2 ^{13}C-NMR 谱图解析

与^{1}H-NMR 的解析思路类似，^{13}C-NMR 也可以通过吸收峰在谱图中的强弱、位置（δ）和峰的自旋-自旋分裂及耦合常数来确定化合物结构。但由于采用了去耦技术，使峰面积受到一定的影响，因此与^{1}H-NMR 谱不同，通过峰面积不能准确确定碳原子的数量。

在^{13}C-NMR 中，δ 的范围扩展到 250ppm，因此其分辨率较高。由高场到低场各基团的 δ 顺序大体上按饱和烃、含杂原子饱和烃、双键不饱和烃、芳香烃、羧酸和酮的顺序排列，这与^{1}H-NMR 的顺序大体一致。^{13}C-NMR 中一些常用基团的 δ 如图 4-17 所示。

4.4.3 ^{13}C-NMR 在高分子结构研究中的应用

（1）高分子材料的定性鉴别

原理与^{1}H-NMR 相同，^{13}C-NMR 也可以通过峰的位置（δ）和峰的自旋-自旋劈裂（J），来确定高分子的结构。但由于质子去偶照射使各谱线增强的程度不一，因而靠峰面积准确判断 C 原子数目的准确性低于^{1}H-NMR。

（2）立构规整性的测定

① 聚丙烯异构体的研究。大多数均聚物中每个单体单元都有一个手性中心原子，如 PP、PVC 等的 CH，聚甲基丙烯酸甲酯的 C 等。每个手心中心的构型有 d 和 l 两种。构成高分子时，如链上相邻两个单体单元的取向相同时，即 dd 或 ll，则用 m（meso）表示，如不同，则用 r（racemic）表示，于是二（单体）单元组有 m 和 r 两种。按此类推，三单元组有 mm、rr 和 mr 三种。四单元组有 mmm、mmr、rmr、mrm、mrr 和 rrr 六种；……。如各单元组构型相同即 mmmm……称为全同；如相邻的单体构型都不相同即 rrr……，称为间同；如为不规则分布，则称为无规。某四单元组的结构示意如下（图 4-18）：

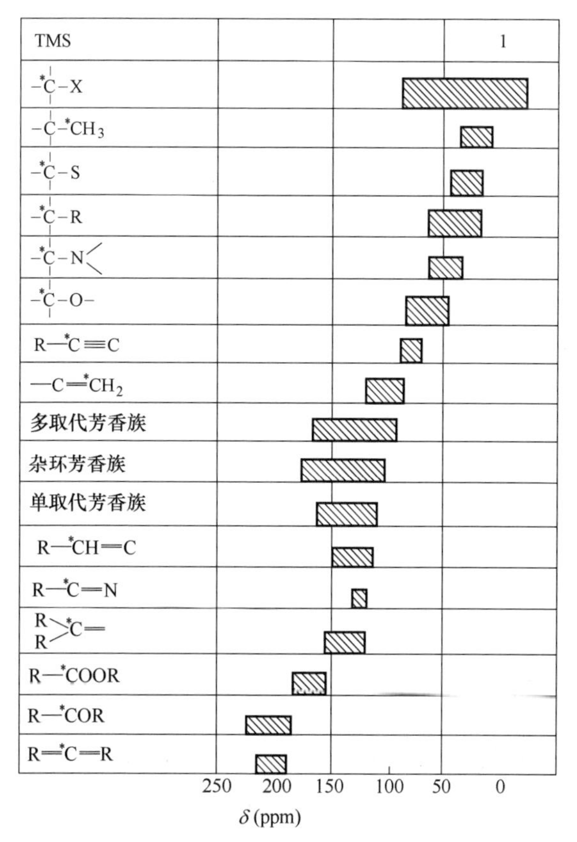

图 4-17　聚合物中常见基团的^{13}C-NMR 化学位移

全同聚丙烯的^{13}C-NMR 谱只有三个单峰，分属—CH_2、—CH 和—CH_3［图 4-19（a）］；间规聚丙烯也一样；无规聚丙烯的三个峰都较宽，而且分裂成多重峰［图 4-19（b）］。通过化学位移值（δ_C）可以分辨不同立构体（表 4-7）。

$$
\begin{array}{ccccccccc}
 & CH_3 & & H & & CH_3 & & CH_3 & \\
 & | & & | & & | & & | & \\
—CH_2— & C & —CH_2— & C & —CH_2— & C & —CH_2— & C & — \\
 & | & & | & & | & & | & \\
 & H & & CH_3 & & H & & H & \\
 & \xrightarrow{r} & & \xrightarrow{r} & & \xrightarrow{m} & & &
\end{array}
$$

图 4-18　某四单元组合的结构

表 4-7　　聚丙烯不同立构体的 δ_C 值　　单位：ppm

立构体	δ(—CH_3)	δ(—CH)	δ(—CH_2)
全同	21.8	28.5	46.5
间同	21.0	28.0	47.0
无规	20.0~22.0	21.0~29.0	44.0~47.0

无规聚丙烯的 α-甲基碳由于空间位置的不同，出现了 3 个峰，分则属 mm、mr 和 rr 三单元组，通过峰的面积可以求出全同度（m）。这个—CH_3 三重峰还有更精细的结构，如图 4-19（b）所示，从中可识别出五单元组。

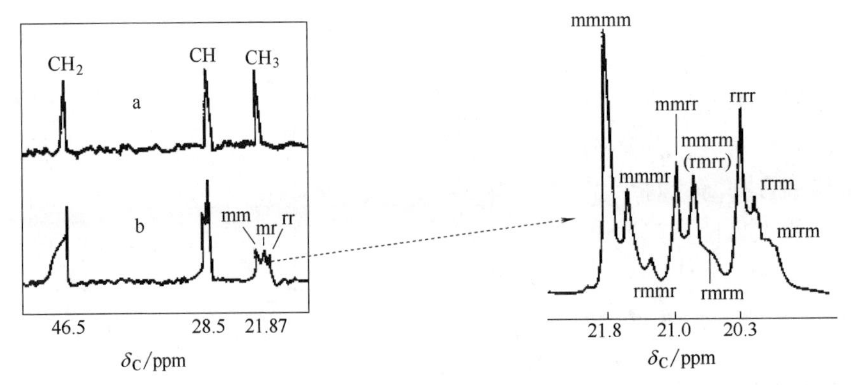

（a）浓度 5%的全同聚丙烯　（b）浓度 20%的无规聚丙烯

图 4-19　聚丙烯的^{13}C-NMR 谱（60℃，邻二氯苯溶液）

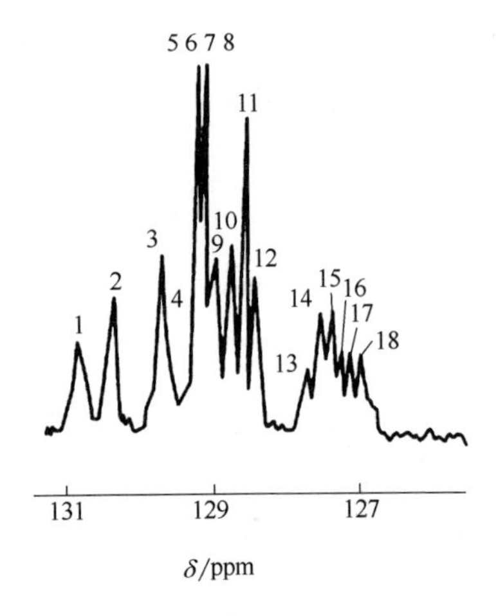

图 4-20　聚丁二烯的 ^{13}C-NMR 谱图（烯碳部分）

$$m=\frac{A_{mm}+\frac{1}{2}A_{mr}}{A_{mm}+A_{mr}+A_{rr}}\times 100\%$$

② 聚丁二烯异构体的研究。以正丁基锂作引发剂，在正庚烷/四氢呋喃中进行丁二烯阴离子聚合，得到的聚丁二烯含 34%的反-1,4 结构，24%的顺-1,4 结构及 42%的 1，2 结构，其^{13}C-NMR 的烯碳部分如图 4-20 所示。

各种三单元组烯碳的 δ_C 值及归属列于表 4-8。

③ 支化结构的研究。在^{13}C-NMR 中，支化和线型结构产生的 δ 不同，因此可用于支化结构的研究。例如低密度聚乙烯（LDPE），从理论上推测可能的结构为：

$$CH_3\leftarrow CH_2\rightarrow_n \overset{\gamma}{CH_2}-\overset{\beta}{CH_2}-\overset{\alpha}{CH_2}-\underset{\substack{|\\ 1CH_2\\ |\\ 2CH_2\\ |\\ 3CH_2\\ |\\ 4CH_3}}{C}-\overset{\alpha}{CH_2}-\overset{\beta}{CH_2}-\overset{\gamma}{CH_2}-$$

正丁基支链

表 4-8　**聚丁二烯的 δ_C**

谱线	烯碳	归属①	δ_C	谱线	烯碳	归属①	δ_C
1	—C═C—	vtv	131. 01	10		${}^{c}_{t}cc$	128. 91
2		${}^{c}_{t}tv$	130. 55	11		${}^{c}_{t}ct$	128. 73
3		vc	129. 87	12		${}^{c}_{t}cv$	128. 56
4		vc^{c}_{t}		13		vtv	127. 77
5		${}^{c}_{t}cv$		14		vtt	127. 64
6		ct^{c}_{t}	129. 41	15		vtv	127. 48
7		ct^{c}_{t}	129. 30	16		vcc	127. 33
8		tt^{c}_{t}		17		vct	127. 15
9	—C═C—	${}^{c}_{t}tv$	129. 11	18		vcv	126. 98

注：①c 代表顺-1,4；t 代表反-1,4；v 代表 1，2 聚合。

线型 PE 只在 $\delta=30$ 处有一个吸收峰；具有支化结构的 PE 的 $^{13}C-NMR$ 中，除了—CH_2 和—CH_3 外，它的支链还影响到链上 α、β、γ 位置上碳原子的化学位移，且支链的每一个碳原子也有不同的吸收，所以将出现一系列复杂的吸收峰，如图 4-21 所示。端甲基碳受到最大的屏蔽作用，吸收峰出现在 δ 更低的位置。

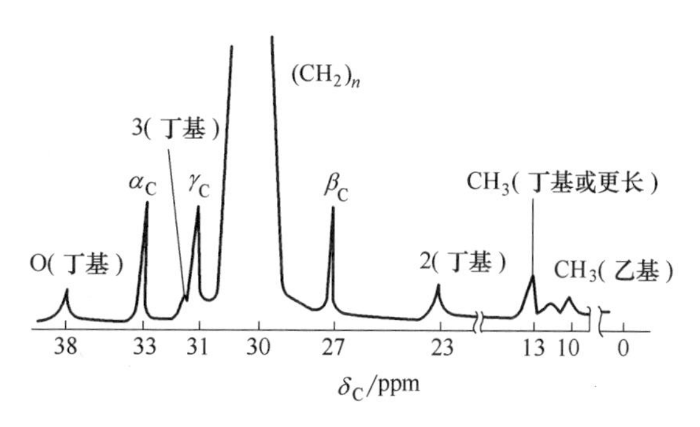

图 4-21　低密度聚乙烯（LDPE）的典型 $^{13}C-NMR$

支链长度不同，每个碳原子的 δ_C 也不同。在 LDPE 中，可能存在的各种支链结构及数目见表 4-9，LDPE 的支链主要是丁基。这进一步证实了有关乙烯聚合链转移机理：聚合时末端自由基“回咬”，形成假六元环过渡态，即在主链上主要形成丁基的侧链结构。

表 4-9　支化 PE 中各种支链出现的可能性

支链结构	支链数目/1000 个主链上碳原子
CH_3	0.0
$—CH_2—CH_3$	1.0
$—CH_2—CH_2—CH_3$	0.0
$—CH_2—CH_2—CH_3—CH_3$	9.6
$—CH_2—CH_2—$	3.6
更长支链	5.6

④ 键接方式的研究。从主要是头-尾相接的 1,4-聚氯丁二烯的 $^{13}C-NMR$ 上，可以清楚分辨出以头-头和尾-尾连接的顺-1,4 或反-1,4 单元。头-头键接的反-1,4 和顺-1,4 单元的吸收峰分别在 C_1 亚甲基共振区的 $\delta=38.6$ 和 31.4 处出现，而尾-尾连接的 1,4 单元（包括顺式和反式）的吸收峰出现在 $\delta=(28.4\sim28.8)$ 处的 C_4 亚甲基共振区。

第5章　质　　谱

质谱分析方法是通过对样品离子的质量和强度的测定来进行成分和结构分析的一种方法。被分析的样品首先经过离子化，利用离子在电场或磁场中的运动性质，将离子按质荷比（m/e）分开，记录并分析按质荷大小排列的谱称为质谱。根据质谱图的解析，可实现对样品成分、结构和相对分子质量的测定。

5.1　概　　述

5.1.1　质谱分析方法的特点

① 应用范围广：气、固、液状态的样品均可以进行分析。可以进行同位素分析，及有机结构分析。

② 灵敏度高，样品用量少，只需 5×10^{-11}g 样品即可得到质谱图并做分析。

③ 分析速度快，可实现多组分同时检测。

5.1.2　质谱中的离子

在有机化合物的质谱图中可以产生：分子离子、碎片离子、亚稳离子、同位素离子、络合离子和负离子等。对于判断结构和确定相对分子质量最有效的离子为分子离子。

① 分子离子：有机化合物中的分子，受到电子轰击或在其他能量作用下被离子化，形成带正电荷的奇电子离子，称为分子离子。

② 碎片离子：当分子离子能量较高时，会断裂原子间的一些键，产生质量数较低的碎片叫碎片电离子。

③ 同位素离子：有机化合物一般由 C、H、O、N、S、F、Cl、Br、I、Si、P 组成，其中有同位素的元素会产生同位素离子。

分子离子有同位素离子，碎片离子也有同位素离子。

5.1.3　判断分子离子峰的方法

$$M+e \longrightarrow M^{+}+2e$$

由于有机化合物（M）的分子都是偶数电子对，M 在电子 e 的作用下，失去一个电子 e 变成了自由基正离子 M^{+}，为分子离子；2e 中一个是作用的电子，另一个是分子失去的电子。

质谱的一个主要应用是可以化合物的相对分子质量，并得到分子式，一个化合物的相对分子质量就是从质谱的分子离子峰的 m/e 值获得，判断方法主要有以下四种。

① 寻找质谱中 m/e 强度最高的峰，为主要的分子离子峰。

② 判断与邻近碎片离子峰之间的质量差是否合理；比最高强度峰小 4～13 及 20～25

个质量单位处不应有离子峰出现，否则质量数最大的峰就不是分子离子峰，而是碎片离子峰或杂峰。因为一个化合物不可能失去4~13个H而不发生断链。如果断链，失去的最小碎片应为—CH_3，对应15个质量单位。失去14个质量单位为脱出—CH_2；19个质量单位为—F。

③ 氮规则的方法（图5-1）：

不含氮的化合物分子离子（$M\cdot^+$）的相对分子质量应该是偶数。

由于元素N的质量数是偶数，而化合价是奇数，因此有如下规律：

元素：	C	H	O	N	S	Si	F	P
质量数：	12	1	16	14	32	28	19	31
							35	
							79	
							127	
化合价数：	Ⅳ	Ⅰ	Ⅱ	Ⅲ	Ⅱ	Ⅳ	Ⅰ	Ⅲ

图5-1 氮规则方法

含偶数N原子的化合物，$M\cdot^+$的相对分子质量是偶数。

含奇数N原子的化合物，$M\cdot^+$的相对分子质量是奇数。

当知道了分子中含有的N原子数时，可以利用氮规则来核对相对分子质量，如果含N原子数与相对分子质量的奇偶数不符，则该离子不是分子离子，分子中含氮原子数可用元素分析仪等确定。

④ 如果分子离子峰太弱，或经过判断后认为分子离子峰没有出现，可通过降低轰击电子的能量，提高仪器的灵敏度，加大进料量等方法提高分子离子峰的强度。

5.2 质 谱 仪

5.2.1 质谱仪的结构

典型的质谱仪一般由进样系统、离子源、质量分析器、检测器和记录器组成，如图5-2所示。

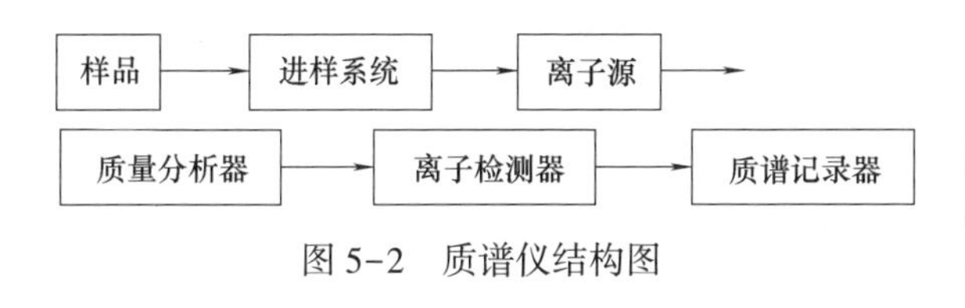

图5-2 质谱仪结构图

（1）离子源

质谱分析的对象是样品离子，因此首先要把样品分子或原子电离成离子，产生离子的装置叫离子源。离子源种类很多，常用的有电子轰击源，化学电离源和高频火花源。

（2）质量分析器

质谱仪中一个重要的组成部分，由它将离子源产生的离子按 m/e 分开。

（3）离子检测器的记录器

利用照相感版作为离子检测和记录的方法。优点是可以分析微量物质，且灵敏度较高，缺点是精度略低。除了照相感版法外，还有法拉第盒、电子倍增器等几种检测手段。记录器一般采用紫外线记录器。

质谱仪比较擅长定性分析，但对于复杂有机物的分离则非常繁琐，因此到20世纪60年代后期发展了色-质联用仪器，包括气相色谱-质谱联用仪（GC-MC）和液相色谱-质谱联用（LC-MC），并且与计算机联用，已经成为有机分析的重要工具。

5.2.2 测试原理

样品通过进样系统进入离子源，在离子源中样品分子或原子被电离成离子，带有样品信息的离子经过质量分析器按 m/e 分开，经检测、记录，即得到样品的质谱图。在质谱图中每个质谱峰表示一种质荷比的离子，质谱峰的强度表示该种离子峰的多少，因此根据质谱峰出现的位置可以进行定性分析，根据质谱峰的强度可以进行定量分析。对于有机化合物质谱，根据质谱峰的质荷比和相对强度可以进行结构分析。图 5-3 是一张空气的质谱图。

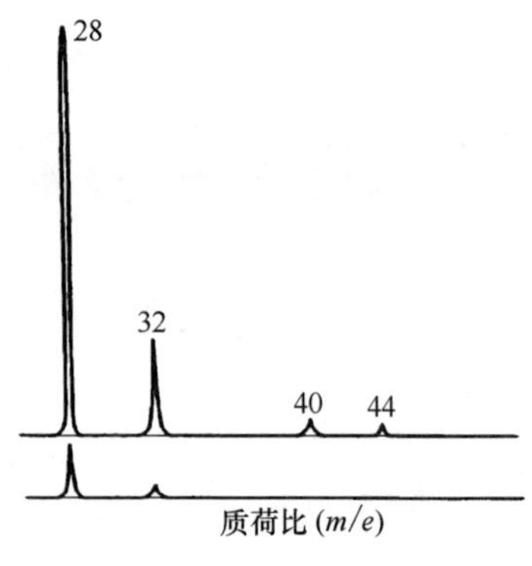

图 5-3　空气的质谱图

5.3 质谱图的表示和解释方法

5.3.1 质谱的表示方法

（1）横坐标

由于分子离子或碎片离子在大多数情况下只带一个正电荷，所以通常 m/e 称为质量数，例如—CH_3 的质量数（m/e）是 15。

（2）纵坐标

纵坐标表示离子强度，在质谱中可以看到几个高低不同的峰，纵坐标峰高代表了各种不同质荷比 m/e 的离子丰度——离子流强度。离子流强度有绝对强度和相对强度两种不同的表示方法。

将所有离子峰的离子流强度相加作为总离子流，将总离子流作为分母，用各离子峰的离子强度除以总离子流，得出各离子流占总离子流的百分数，即为绝对强度。用绝对强度表示各种离子流强度的百分数之和应该等于 100%。

表示方法：

20%Σ：离子流强度占总离子强度的 20%。

20%Σ_{40}：此离子流强度占总离子流的 20%，而总离子流是从 $m/e \geq 40$ 算起，$m/e<40$ 的各离子流强度未计入总离子流内。

以质谱峰中最强峰作为 100%，称为基峰（该离子的丰度最大、最稳定），然后用各种峰的离子流强度除以最强峰（基峰）的离子流强度，所得的百分数就是相对强度。

表示方法：

m/e 14（4.0）	m/e 28（100）	m/e 33（0.02）
16（0.8）	29（0.76）	34（0.99）
20（0.8）	32（23）	40（2.0）
		44（0.10）

括号中的数字即峰的相对强度，表示 100%者是基峰，$m/e=28$ 是基峰 N_2 在空气中含

量最高而且也最稳定。$m/e=32$（23）是 O_2，在空气中占1/5，N_2 占4/5，N_2 的峰高为100%，O_2 就占 N_2 的23%。

质谱图一般以相对强度表示。

5.3.2　解释质谱图的一般方法

① 由质谱图的高质量端确定分子离子峰，确定化合物的相对分子质量。

② 查看分子离子峰的同位素峰组，由 M^{+1}、M^{+2} 的丰度，通过查表，确定未知化合物的组成式。

③ 由组成式计算化合物的不饱和度，也即确定化合物中环和双键的数目，计算方法为：

$$\text{不饱和度}=\text{四价原子数}-\frac{\text{一价原子数}}{2}+\frac{\text{三价原子数}}{2}+1$$

$$\text{苯的不饱和度}=6-\frac{6}{2}+\frac{0}{2}+1=4$$

不饱和度表示有机化合物不饱和的程度，帮助判断化合物结构。

④ 研究高质量端离子峰。可通过附近的分子碎片，确定化合物有哪些取代基。

例如：M-15（CH_3），M-16（O，NH_2）

通过上述方面的研究，通常可提出未知化合物的结构单元，进而可提出几个可能的结构，然后分析哪种结构最符合质谱数据，同时再考虑样品来源、物化性质，以及由红外、核磁、紫外得到的资料，最后提出化合物的结构。

质谱仪特别是GC-MS对有机化合物的分离及结构鉴定是一种很有效的手段，但对高分子结构的研究中，需要将聚合物裂解，然后通过色谱分离，通过质谱仪分析离子碎片，以此作为确定结构的旁证，因此较为烦琐。

第 6 章　X 射线衍射法

在电磁波谱中，X 射线对应的波长范围在 0.01～10nm，由于波长较短，其频率和能量较高，仅次于伽马射线。根据能量差异，X 射线可以进入物质内部不同深度，能量最高的 X 射线可以完全穿透不透明的物质。X 射线衍射（X-Ray Diffraction，XRD）是利用高速运动的电子激发金属阳极产生的 X 射线，以一定角度入射被测物质，用于物相及结构分析的一类技术。

6.1　X 射线的产生及仪器基本组成

在高度真空的 X 射线发生管中，通过加热的电热丝产生的热电子在高压电场（20～70kV）下获得很大的动能，高速飞向铜、钼、钨等金属做成的靶极。电子在靶面上突然停止运动，所失去的动能大部分转化为热能，使靶极温度升高，只有少量动能（约 0.2%）转化为辐射能，即 X 射线，由窗口射出。窗口可以有多个，允许同时进行不同的测定。X 射线发射管的构造如图 6-1 所示。

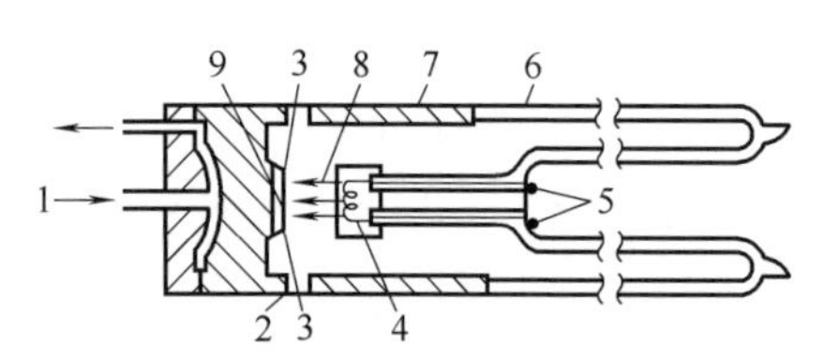

图 6-1　密封式 X 射线管结构图

1—冷却水　2—铍窗口　3—X 射线　4—灯丝　5—插口　6—玻璃　7—铅罩　8—电子束　9—靶极（阳极）

X 射线可分为两种：一种是具有连续变化波长的 X 射线，称为白色 X 射线；如果电压达到临界激发电压以上，就会产生另一种强度很高的具有特定波长的 X 射线，它叠加在连续 X 射线谱上，称为特征 X 射线，其波长由靶决定，但不是唯一的，最终取决于跃迁电子的能级差。

多晶 X 射线衍射需要用单色 X 射线。故实际中必须用滤波等方法使 X 射线管发出的 X 射线单色化，即选用某一特征 X 射线进行实验。如铜靶所发出的 X 射线经一定厚度的镍片滤波后，透射出来的 X 射线是波长在 0.1544～0.1540nm 的特征 X 射线。聚合物材料的 X 射线分析中多选用铜靶（$\lambda=0.154$nm）。

当一束单色的 X 射线照射到试样上时，可观察到两个过程：

如果试样具有周期性结构（晶区），则 X 射线被相干散射，入射光与散射光之间没有波长的改变，这种过程称为 X 射线衍射效应，入射 X 光与样品的夹角在 5°～90°之间，所以又称为广角 X 射线衍射（WAXD）。

如果试样具有不同电子密度的非周期性结构（晶区和非晶区），则 X 射线被不相干散射，有波长的改变，这种过程称为漫射 X 射线衍射效应（简称散射），入射 X 光与样品的夹角≤5°角度上测定，称为小角 X 射线散射（SAXS）。

记录 X 射线的方法有照相法和计数器法。

（1）照相法

X 射线能透过黑纸而使底片感光，因而比光学照相法更易于操作。

（2）计数器法

用于记录 X 射线强度的计数器有三种类型：

① 正比计数器：X 射线使气体电离，从而使气体能导电，电离电流与 X 射线强度成正比。

② 闪烁计数器：由用 1%铊活化的碘化钠构成的荧光晶体和光电倍增管组成。X 射线打击晶体后产生一定量的荧光，由光电管进行光电转换而记录。

③ Geiger-Müller 计数器：在 SAXS 中该计数器用于测定弱的 X 射线。

6.2　X 射线在晶体中衍射的基本原理及测定方法

射入晶体的 X 射线使晶体内原子中的电子发生频率相同的强制振动，因此每个原子又可作为一个新的 X 射线源向四周发射波长和入射线相同的次生 X 射线。它们的波长相同，但强度却非常弱。单个原子的次生 X 射线是微不足道的，但在晶体中由于存在按一定周期重复的大量原子，这些原子所产生的次级 X 射线会发生干涉现象。干涉是由于从不同次生光源射出的光线间存在光程差引起的，只有当光程差等于波长的整数倍时光波才能互相叠加，在其余情况下则减弱，甚至相互抵消，如图 6-2 所示。

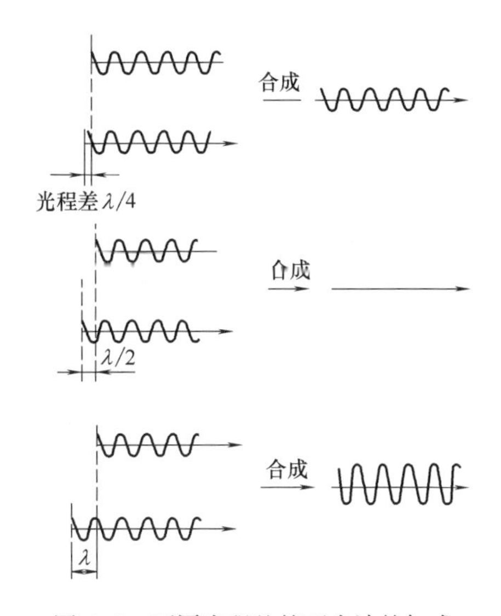

图 6-2　不同光程差的两光波的加成

布拉格发现只有相互叠加的光波才能有足够的强度被观察到，并将晶体满足这一情况的条件定量化，称为布拉格公式，见式（6-1）。在晶体中，一组间距为 d 的晶面，各点代表晶格中的原子，如图 6-3 所示。以 θ 角入射的 X 射线在点上产生的衍射可以看成是对于晶面的“反射”，就像可见光在镜面的反射那样。图 6-3 中 A 和 B 两束光经晶面 1 和 2 反射后有相同的方向，但根据衍射几何，B 的光程比 A 多了 $2b$ 距离。

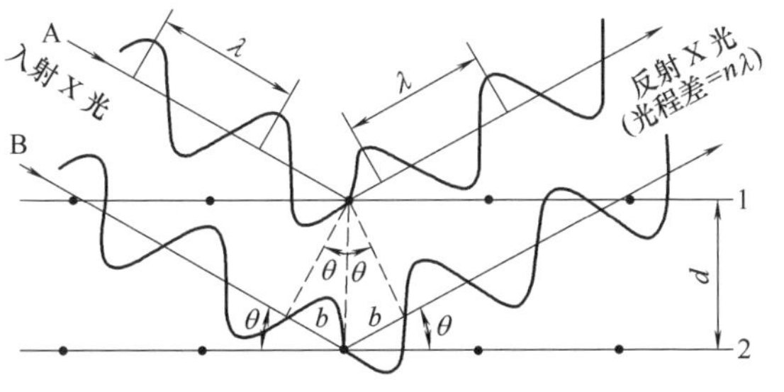

图 6-3　晶体产生 X 射线衍射（布拉格反射）的条件

当用单色 X 射线测定时，λ 是已知的，掠射角 θ 是由仪器跟踪获得数据，因此可求得晶面间距 d。

显然只有当这段光程差等于波长的整数倍时才会产生叠加，因而满足衍射的条件如式（6-1）所示：

$$n\lambda = 2b = 2d\sin\theta \qquad (6\text{-}1)$$

简化表达：

$$n\lambda = 2d\sin\theta \qquad (6\text{-}2)$$

式中　λ——入射的 X 射线的波长，nm；

d——晶面间距，nm；

θ——X 射线与样品平面的夹角；

n——正整数，称为衍射级数。

6.3 多晶 X 射线衍射实验方法

多晶 X 射线衍射是指以多晶材料或多晶聚集体为试样的衍射实验。试验中每个被照射到的小晶粒，在其某族晶面与入射 X 射线夹角满足 Bragg 方程时，会产生 Bragg 反射（衍射），实验所产生的衍射是大量（百万个以上）小晶粒发生衍射的总效果。

聚合物呈非晶态和半晶态共存的多晶态结构，本节重点介绍 X 射线衍射法中的多晶衍射法。根据记录方式不同，分为多晶照相法和多晶衍射仪法两种。

6.3.1 多晶照相法

（1）相机的种类及其结构

多晶照相又称“粉末照相”，利用 X 射线的感光效应，用特制胶片记录多晶试样的衍射方向与衍射强度，所用相机有“平板相机”和“Derby 相机”两种。

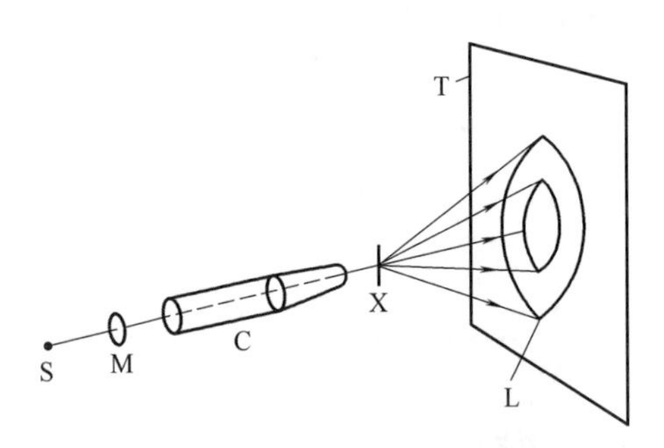

图 6-4 平板相机的光学几何布置图

S—光源 M—滤波片 C—光栅

X—样品 T—胶片 L—衍射环

平板相机主要由准直光栅，样品架和平板暗盒构成，它们之间的距离可在相机支架的导轨上调节，光栅在前，暗盒在后，二者之间是样品架。图 6-4 是平板相机的光学几何布置示意图，其中胶片平展且与入射线垂直。

Derby 机是一直径为 57.3mm 或 114.6mm 的金属圆柱盒，在盒壁某一高度位置上，沿一直径开有一对穿孔，分别插配入射光栅和接收光栅。图 6-5（a）为相机在光栅位置的横截面图。样品固定在穿过盒盖中心的轴棒上，调整时，要使样品恰好位于入射线通路上。胶片卷贴在相机的内壁。图 6-5（b）是 Derby 相机的光学几何布置。

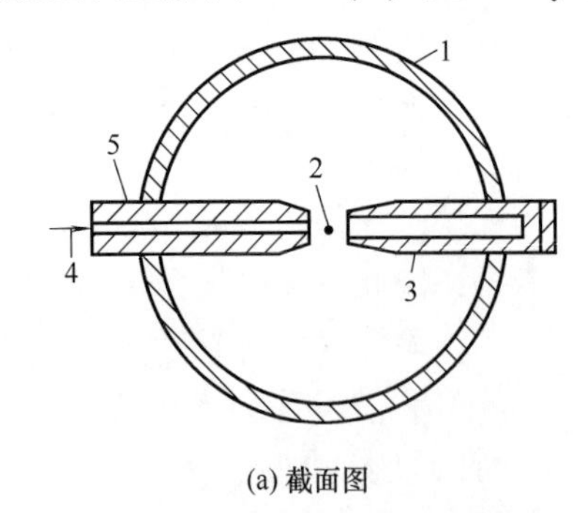

(a) 截面图

(b) 光学几何布置图

图 6-5 Derby 相机

1—相机壁 2—试样 3—接收光栅 4—入射线 5—入射光栅

S—光源 M—滤波片 T—胶片 C—光栅 X—样品 L—衍射环

（2）制样

平板照相样品要制成细窄片条，长约 10mm，宽为 2～3mm，厚以 0.5～1mm 为宜。板材需用刀片片切制样。薄膜可剪制，不够厚时，将几层叠粘在一起，各层保持原拉伸方向一致。纤维样品则要缠绕在适当大小的框子上，或将一束平行纤维直接粘固在框子上，既不能绷松，又要尽量减小张力。

Derby 照相试样成细丝状，径向尺寸 0.5～1mm，长 10～15mm。测试中样品可随样品轴转动，以增加晶面族产生衍射的几率。

（3）典型聚集态的照相底片特征

图 6-6 所示为四种典型聚集态的平板照相底片的特征示意图及其真实的底片照片。其中图 6-6（a）所示为无择优取向多晶试样，呈现分明的同心衍射圆环。图 6-6（b）所示为部分择优取向多晶试样，呈若干对衍射对称弧。图 6-6（c）所示为完全取向多晶试样，呈若干对称斑。图 6-6（d）所示为非晶态试样，呈一弥漫散射环。应说明的是，对应不同材料或物质，它们的衍射环、对称弧（斑）、或弥散环的黑度和直径均不同，即衍射强度和衍射方向均不同。同一底片上，各环、弧或斑的黑度也不同。这里为突出典型聚集态的照相特征，未在图中体现上述差异。另外对应部分结晶试样，其平板照相底片上既有结晶部分产生的衍射环（或弧，斑），又有非晶部分产生的弥漫散射环，如图 6-6（e）至图 6-6（g）所示。

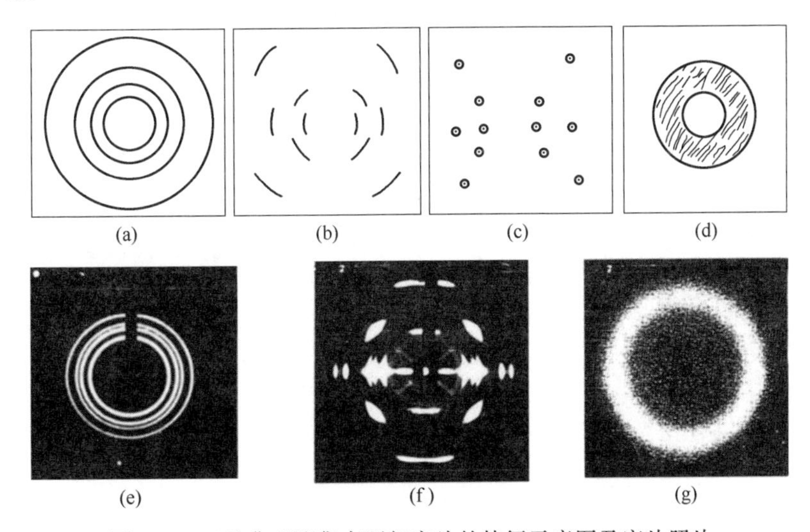

图 6-6　四种典型聚集态照相底片的特征示意图及底片照片

从多晶照相可以获知试样中结晶状况。对试样中有无结晶，晶粒是否择优取向，取向程度等进行定性判断。因此，多晶照相底片成为直观定性判断试样结晶状况的简明实证。通过照相底片还可对聚集态结构进行定量分析，但这部分工作已被后来发展起来的衍射取代。图 6-7 是水平式测角仪的俯视图。

6.3.2　多晶衍射仪法

与照相法用胶片记录衍射方向和强度不同，衍射仪根据 X 射线的气体电离效应，利用充有惰性气体的记数管，逐个记录 X 射线光子，将之转化成脉冲信号后，再通过电子

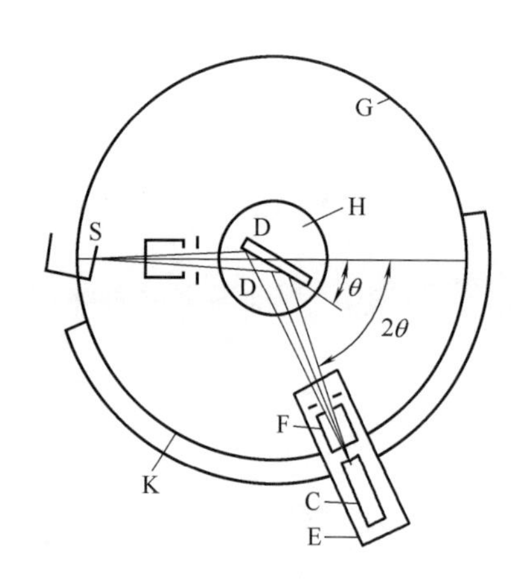

图 6-7　测角仪结构示意图
G—测角仪圆　H—试样台　C—计数器
S—X 射线源　F—接收狭缝
K—刻度尺　D—试样　E—支架

学系统放大和甄选，把信号传输给记录仪，配合计数器的旋转，在记录仪上绘出关于衍射方向和衍射强度的谱图。衍射仪大大提高了工作效率，并使衍射定量分析更精准。目前已发展出多种专用 X 射线衍射仪，下面介绍的多晶衍射仪是最常见的一种。

（1）多晶 X 射线衍射仪结构

多晶 X 射线衍射仪由高压发生器、测角仪和外围设备（记录仪，仪器处理系统，测角仪控制系统等）构成（图 6-8）。这里绘出的光学布置是“反射式”。测角仪是衍射仪的核心部分，它以同轴的两个联动转盘为基座，大小盘联动角速度恒比为 2∶1。转盘轴心插放样品架，随小盘转动。计数器固定在随大盘转动的支臂上。X 射线管位于测角仪的一端，使其“焦斑”S（射线源）距离转轴，与计数器 C 到转轴的距离相等，以便所采用的平板状试样对衍射线束产生一定程度的聚焦。在入射光路和接收光路上放有滤液片和若干狭缝，此外，还可增置其他附件。

实验中光源与入射光路元件不动，样品台与接收支臂同向转动。事先调整好测角仪，使样品台与计数器均在零度时，入射线刚好掠过样品表面进入计数器，从而保证样品台转到 θ 角度时，计数器则恰好转至 2θ 角度位置。相对于样品表面，计数器总位于入射线的反射方向上。若样品中有平行于样品照射面的晶面族，设其面间距离为 d，当样品台转到 θ 角，使 $2d\sin\theta=n\lambda$ 时，计数器便会接收到该族晶面产生的 Bragg 反射（衍射）。记录仪将在对应 2θ 的位置上绘出衍射峰。每一衍射峰都是大量符合衍射条件的小晶粒产生衍射的总和。

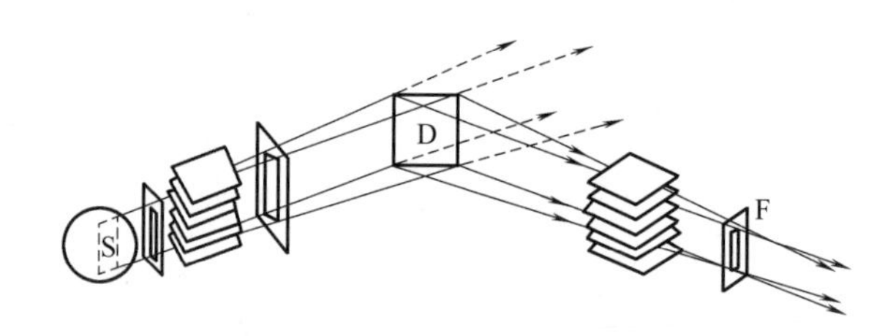

图 6-8　衍射仪光学几何示意图

（2）制样

多晶衍射仪试样是平板式的，长宽 25~35mm，厚度由样品的 X 射线吸收系数和衍射角 2θ 的扫描范围决定，高聚物一般为 0.5~1.0mm，要求厚度均匀，且入射线照射面一定要尽可能平整。样品内微晶取向应尽可能的小。

板材和片材可以通过刀剪制样。薄膜常需将若干层叠粘成片。纤维需剪成粉末状，填入标准样品框里，用玻璃片压成表面平整的“毡片”，连同框架插到样品台上。颗粒或粉末样品要研磨到手触无颗粒感，填入样品标准框槽中，用玻璃轻压抹平。也可以使用压机通过冷压制样。通过熔融热压的聚合物，晶体在受力方向上会产生取向，观察过程中需要考虑。

（3）典型聚集态衍射谱图的特征

衍射谱图是记录仪上绘出的衍射强度（I）与衍射角（2θ）的关系图。图 6-9 是几种典型聚集态衍射谱图的特征示意图。其中图 6-9（a）表示晶态试样衍射，特征是衍射峰尖锐，基线缓平。同一样品，微晶的择优取向只影响峰的相对强度。图 6-9（b）为固态非晶试样散射，呈现为一个（或两个）相当宽化的“隆峰”。图 6-9（c）与 6-9（d）是部分结晶样品的谱图。6-9（c）有尖锐峰，且被隆拱起，表明试样中晶态与非晶态“两相”差别明显；6-9（d）呈现为隆峰之上有突出峰，但不尖锐，这表明试样中晶相很不完整。

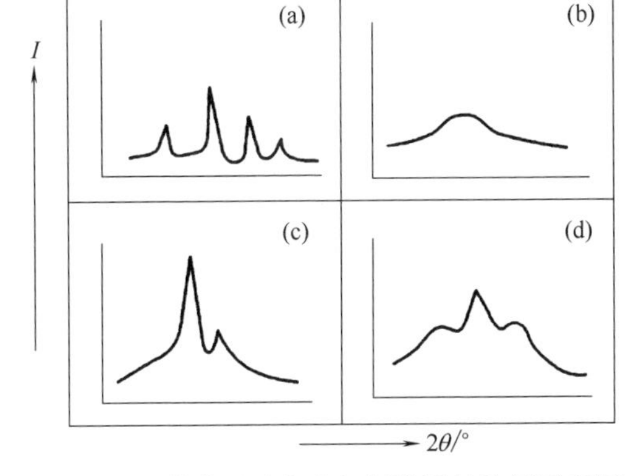

图 6-9　四种典型聚集态衍射谱图的特征示意图

（4）多晶衍射仪的作用

利用多晶衍射仪可以得到材料或物质的衍射谱图。根据衍射图中的峰位、峰形及峰的相对强度，可以进行物相分析、非晶态结构分析等工作。在高聚物中主要用于考察物相、结晶度、晶粒择优取向和晶粒尺寸。

6.4　XRD 在聚合物中的应用

高聚物在结构形态上有其自身的复杂性和特殊性，因此用 X 射线衍射考察高聚物时，必须结合具体情况进行分析，以获得对真实情况恰当、准确的理解。

目前多晶照相法更多被衍射仪法取代。下面要介绍衍射仪法的几个具体应用。

6.4.1　物 相 分 析

一般的化学分析是分析组成物质的元素种类及其含量。物相分析不仅能分析元素组成，还能给出元素间化学结合状态和物质聚集态结构。化学组成相同，而化学结合状态或聚集态不同的物质属不同物相。例如只含硅（Si）和氧（O）两种元素的 SiO_2，能以不同聚集态存在，构成不同物相。如无定型硅胶、晶态石英、白硅石、方石英等。

X 射线衍射物相分析的基本原理是：

① 对于一束波长确定的单色 X 射线，同一物相产生确定的衍射花样。

② 晶态试样的衍射花样在谱图上表现为一系列衍射峰。各峰的峰位 $2\theta_i$（衍射角）和相对强度 I_i/I_0 确定。利用布拉格衍射公式 $2d\sin\theta=\lambda$ 可求出产生各衍射峰的晶面族所具有的面间距 d_i。一系列衍射峰的 d_i—I_i/I_0，便如同“指纹”成为识别物相的标记。

③ 混合物相的谱图是各组分相分别产生衍射或散射的简单叠加。参照已知物相标准，由衍射图便可识别样品中的物相。

物相分析的工作程序有两种。一种是通过软件在数据库中直接检索，然后将之与已知物相在相同实验条件下的衍射图直接比较，根据峰位、相对强度、样品结构已知信息等判别待定物相。另一种是将实验得到样品衍射图，求出各衍射峰对应的面间距 d_i，然后结合各峰相对强度 I_i/I_0 及试样结构已知信息等。对照检索，定识物相。

目前应用最为广泛的还是粉末衍射卡片数据库 PDF 卡（Powder Diffraction File），由国际粉末衍射标准联合会组织收集并不断更新的物相标准数据库，其中包括无机物、金属及聚合物。这个标准从20世纪30年代初步建立之后，不断完善，从最初的简单表格化信息数据不断发展，随着计算机技术的发展及普及，目前主要以数据库检索形式使用。随着研究发展，新的物相信息不断得到补充，目前的数据库每年都会有信息更新。

所有PDF采用标准化格式，主要涵盖以下物相信息：

① 卡片号。

② 衍射三强线的面间距 d 及相对衍射强度。

③ 化学式，英文名称，质量标记等。

④ 衍射分析的实验条件：靶材，单色器，温度等。

⑤ 晶体学数据：晶系、空间群、晶胞参数等。

⑥ 光学及其他物理性质。

⑦ 物相其他资料和数据，试样来源、化学分析数据、处理条件、衍射温度、数据警告等。

⑧ 物相所有的衍射数据：晶面间距、相对强度、晶面指数 hkl 等。

物相分析并不局限于定性识别。它还可以对多相、特别是两相体系中某相的含量予以定量分析。下面结合聚合物结构形态特点展开介绍。

由于聚合物是由很长的柔性分子链组成，不会形成类似金属或者化合物那种非常规整的晶体结构。因此一般的聚合物的XRD谱图中在凸起的衍射峰中，大都伴随出现弥散的“隆峰”，这是短程序非晶态的表现。结晶性高聚物晶粒（区）尺寸小，缺陷大，造成衍射峰的宽化，峰位漂移较大。鉴于上述特点，高聚物物相分析大都采用直接对比法，并要结合整个谱图线形。样品生成条件，加工条件及其他仪器分析，进行综合考虑。聚合物的物相分析的基本内容首先是区分晶态与非晶态，及判断晶态部分的晶型。

（1）区分晶态与非晶态（鉴别是否有结晶）

出现弥散“隆峰”说明样品中有非晶态。尖锐峰表明存在结晶。既不尖锐也不弥散的“突出峰”显示有结晶存在，但很不完善，有人称之为“仲晶”或“次晶”，以上判断适用于一般情况。从图6-10中可以对比看出结晶与非晶区形成的衍射图的区别。

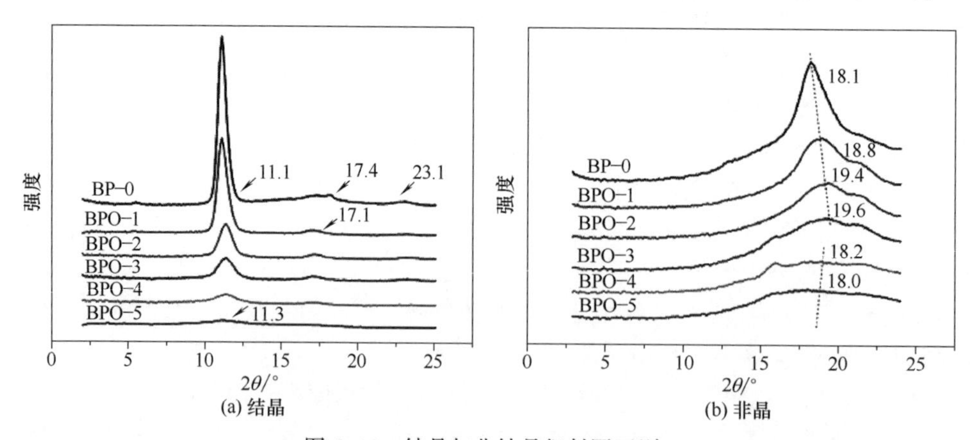

图6-10　结晶与非结晶衍射图区别

（2）识别晶体类型

结晶性聚合物在不同结晶条件下可形成不同晶型。它们所属晶系及晶胞参数不同。如聚丙烯（PP）有 α、β、γ 和 δ 四种晶型，它们对 PP 的性能影响不同。在 PDF 数据库中可以得到相关信息。将测试得到的谱图与已知晶型谱图比较。图 6-11 所示为几种常见的 PP 结晶类型的 XRD 谱图。

6.4.2　晶面间距的测定

根据布拉格衍射公式，可以得到晶面间距。

高岭石（Kaol）也是一种储量丰富的天然硅酸盐黏土，具有堆叠的纳米片结构，通过插层或者剥离改性，可以将功能化基团引入 Kaol 结构中，通过晶面间距的变化跟踪表征功能化基团的引入。Kaol 的晶体结构中，堆叠的纳米片层之间通过强氢键连接，不能实现一步插层或者剥离，因此首先将小分子二甲基亚砜（DMSO）引入，使层间距扩大；再利用醋酸钾（KOAc）取代 DMSO，使层间距进一步扩大。在层间距逐步扩大的过程中，层间的作用力逐渐减弱，最后经过超声处理，得到剥离状纳米片层（E-Kaol），方便后续在独立的纳米片层表面引入各种官能化基团。如图 6-12 所示，在插层改性过程中，随着引入层间的分子尺寸不断增加，Kaol 的层面间距在不断扩大，可以根据 XRD 谱图来求得其晶面间距的变化。随着层面间距的扩大，层间作用力逐渐减小，最终通过超声力作用，得到了剥离结构的片层高岭土分子。

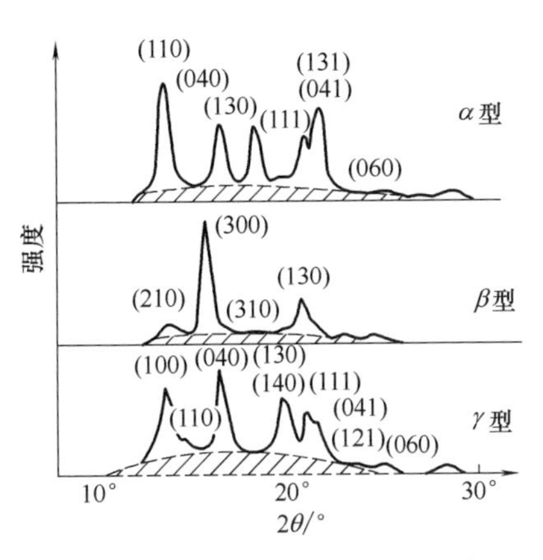

图 6-11　不同晶型 PP 的 XRD 谱图

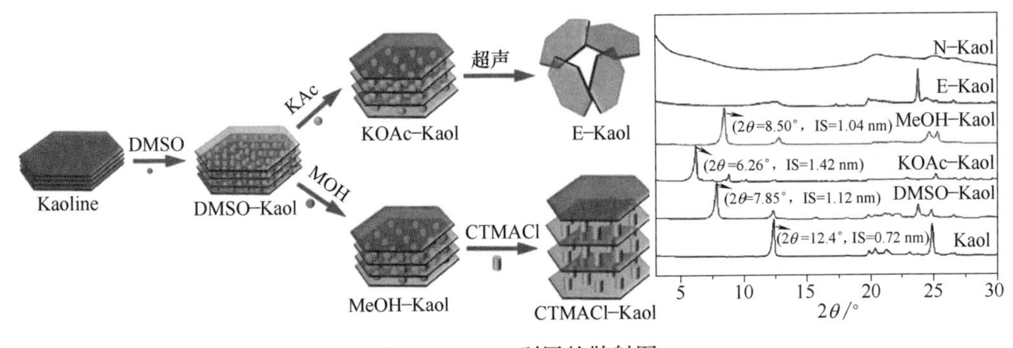

图 6-12　Kaol 剥层的散射图

6.4.3　结晶度的测定

结晶度是指物质或材料中晶态部分占总体的质量或体积百分比。对于晶态与非晶态两部分在有序程度上差别明显的体系，结晶度是体系聚集态结构的清晰表征。但高聚物结构的复杂性常使得结晶性高聚物中的“两态”不易明确划界，从而导致结晶度意义模糊。在用 X 射线衍射法计算结晶度时，对于不同聚合物、或同一种聚合物，人们所采用的相态模型不尽相同，有不同的分析处理方法，所得结果也就难以相互比较。

结晶及非晶态共存体系的衍射图由两部分叠加而成。一部分是晶态产生的衍射峰，另一部分是晶态产生的弥散隆峰。理论上推导得出如下质量的结晶度公式。

$$X_c=\frac{I_c}{I_c+kI_a} \tag{6-3}$$

式中 X_c——质量（或体积）结晶度；

I_c——晶态部分衍射强度，由各衍射峰面积分别经校正；

I_a——非晶态部分衍射强度，由弥散隆峰面积经校正；

k——单位质量非结晶态与单位质量晶态的相对射线系数，理论及实际中 $k\approx1$。

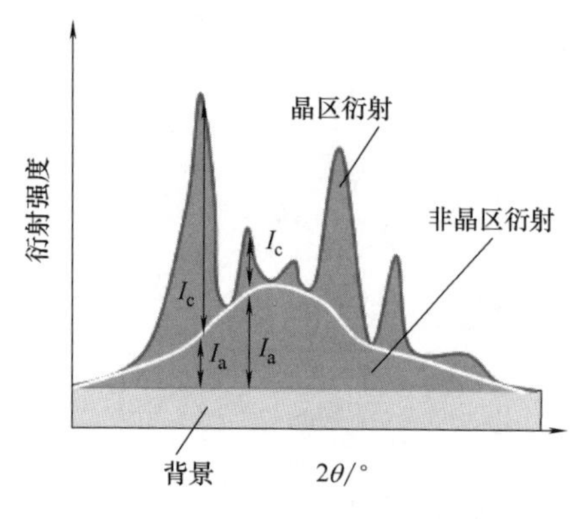

图 6-13　结晶度计算模拟图

由于峰面积校正常需对衍射峰分峰，且校正系数计算麻烦，所以在对系列样品比较时，经常省略校正，而直接以各衍射峰面积之和 S_c 及弥散隆峰面积 S_a 直接代入上式右端，得出近似结晶度为 X_c。确切地说，它是一种结晶度指数。

$$\langle X_c\rangle=\frac{S_c}{S_c+S_a} \tag{6-4}$$

以等规聚丙烯（IPP）为例，上侧实曲线为样品 IPP 的衍射曲线，它由结晶部分的衍射与非晶部分产生的散射叠加而成。需将结晶衍射与非晶散射分离。下侧的拟合峰被认为为非晶部分贡献，其面积为 S_a；上侧尖锐峰面积为结晶部分贡献，面积为 S_c。根据式（6-4）计算得样品 IPP 的相对结晶度 $\langle X_c\rangle$。

6.4.4　取向测定

在多晶材料中，微晶的取向是影响材料物理性能的重要因素。微晶取向通常指大量晶粒的待定晶轴或晶面相对于某个参考方向或平面的平行程度。在部分结晶聚合物中，由于成型方法的多样性，导致长链分子在某个受力方向上选择排列，通常被称作取向。一般总结有晶区链取向，非晶区链取向；折叠链取向，伸直链取向等。

由于晶区分子链方向一般被定为晶体 c 轴方向，而一些主要晶面总为分子链排列平面。所以测得结晶区 c 轴，或特定晶面的取向，就直接或间接地表明了晶区分子链取向。

XRD 测定微晶取向有三种表征：①极图；②Hermans 因子 f；③轴取向指数 R。它们在实验方法、数据处理和适用性等方面各不相同，各有特点。

极图法在实验方法和数据分析处理上较为繁复，Hermans 因子法次之，取向指数法最简。极图法通过平面投影反映微晶在空间的取向分布状况，信息全面，需要结合晶体几何学与空间投影原理加以分析，一般只用于特制部件中取向状况的剖析。Hermans 因子与取向指数都是通过数值反映材料的轴取向程度。其中取向指数（R）由于在实验方法与数据处理上简便迅速，在系列样品轴取向程度比较时应用更多。R 反映样品中所有晶粒的某族晶面与取向轴（例如纤维样品的纤维轴）的平行程度。定义如式（6-5）：

$$R=\frac{180°-H}{180°}\times100\% \tag{6-5}$$

式中　H——由实验容易获得，°。完全取向时，$H=0°$，$R=100\%$；无规状态时，$H=180°$，$R=0\%$。

6.4.5　晶粒尺寸测定

晶粒尺寸是材料形态结构的指标之一。材料中晶粒尺寸小于10μm时，将导致多晶衍射实验的衍射峰显著增宽。而部分结晶聚合物中的晶粒（晶区）尺寸大致在5~50nm。根据衍射峰的增宽可以测定其晶粒尺寸。多晶材料中晶粒数目庞大，且形状不规则。衍射法所测得的“晶粒尺寸”是大量晶粒个别尺寸的一种统计平均。这里所谓“个别”尺寸是指各晶粒在规定的某一晶面族的法线方向上的线性尺寸。因此，对应所规定的不同晶面族，同一样品会有不相等的晶粒尺寸。需要明确所得尺寸对应的晶面族。

Scherrer给出晶粒尺寸计算公式：

$$D=\frac{k\lambda}{\beta\cos\theta} \tag{6-6}$$

式中　D——所规定晶面族法线方向的晶粒尺寸；

θ——所规定晶面族产生衍射时，入射线与该族晶面之间的夹角；

β——因晶粒尺寸减小造成的衍射峰增宽量；

λ——入射X射线波长。

当β为衍射峰半高宽增量时，$k=0.9$。式中λ和β由实际所用波长和实验峰宽经校正后得到。由于影响峰宽的因素较多，且不易分离，所求得的晶粒尺寸有时不够可靠。晶粒尺寸如图6-14所示。

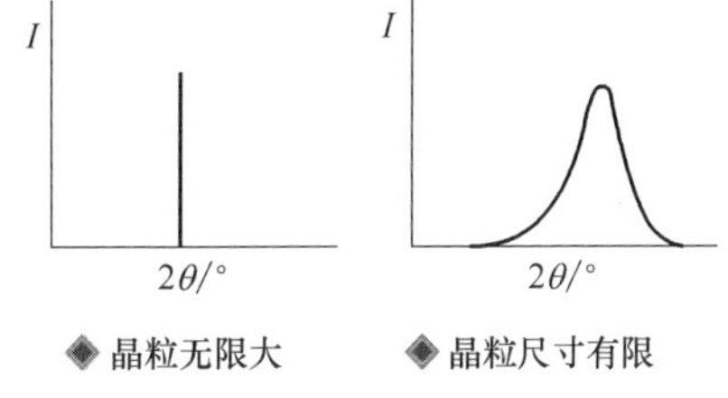

图6-14　不同晶粒尺寸图

6.4.6　多晶型测定

除了以上四个方面的应用外，X射线还是研究多晶结构和多晶行为的有力手段。下面结合作者的研究工作予以简单介绍。

聚芳醚酮（PEK）是半晶性高分子材料，其结晶结构、结晶行为对产品的性能产生影响。因此，仔细研究PEK的结晶结构、结晶行为对丰富基础理论及材料的实际应用都具有重要意义。邱兆斌研究了一类新型PEK的结晶结构及外场诱变多晶型。所研究对象为三种含对位与间位不同比例的高酮醚比聚芳醚酮类聚合物（PEKEKKs），即全对位连接PEKEKK（T），对位与间位比例为1∶1的无规共聚物PEKEKK（T/I）和全间位PEKEKK（I）。PEKEKK（T）、PEKEKK（T/I）和PEKEKK（I）的化学重复单元分别为：

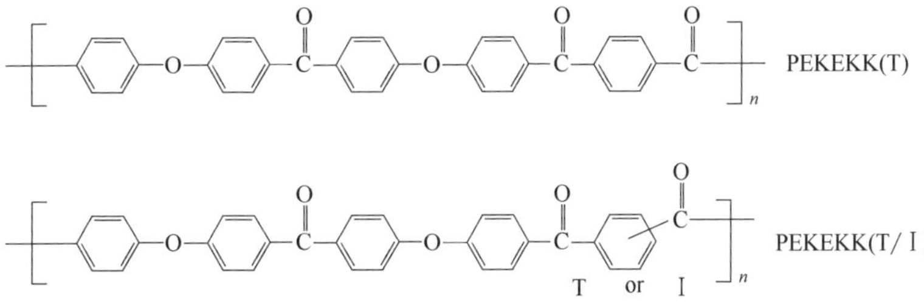

PEKEKK(T)

PEKEKK(T/Ⅰ)

T　or　Ⅰ

PEKEKK(Ⅰ)

将 PEKEKK（T/I）的非晶样品放入二氯甲烷溶剂中，室温保持一周，再放入真空干燥箱中除去溶剂，得到溶剂诱导结晶（SIC）样品。其 WAXD 谱图如图 6-15 所示，可以看出在二氯甲烷的存在能诱导非晶 PEKEKK（T/I）样品结晶。从 WAXD 图中弱的结晶衍射峰为溶剂诱导结晶产生，与熔体结晶得到的轮廓分明的结晶衍射峰相比强度弱很多。

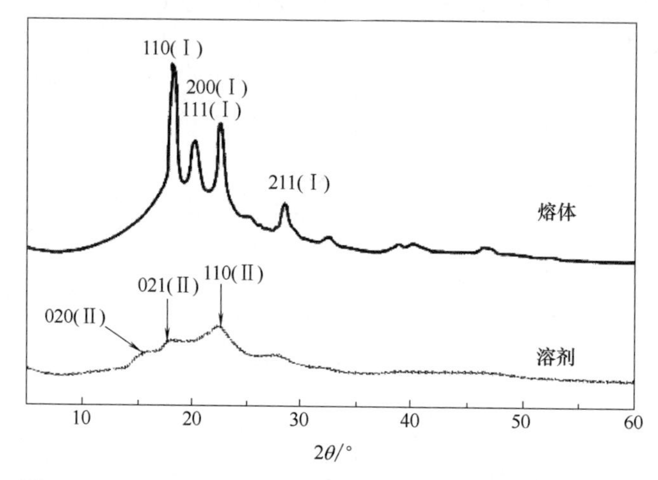

图 6-15　PEKEKK（T/I）熔体结晶和溶剂诱变结晶的 XRD 图

PEKEKK（T/I）熔体结晶和溶剂诱变结晶 WAXD 图中的各衍射峰的晶面间距的观测值、计算值、密勒指数与相对强度列于表 6-1 和表 6-2 中。

表 6-1　PEKEKK（T/I）熔体结晶的 XRD 数据

序号	$2\theta/°$	d_o/nm	d_c/nm	h	k	l	I/I_o
1	18.39	0.482	0.482	1	1	0	100
2	20.38	0.435	0.435	1	1	1	49
3	22.69	0.392	0.392	2	0	0	64
4	25.33	0.351	0.349	1	1	2	7
5	28.51	0.313	0.314	2	1	1	22
6	32.98	0.271	0.274	1	2	1	4
7	38.70	0.233	0.234	0	1	4	5
8	40.21	0.224	0.224	1	1	4	4
9	46.33	0.196	0.195	0	2	4	5
10	46.93	0.193	0.193	1	3	1	5
11	50.35	0.181	0.183	4	0	2	1
12	57.38	0.160	0.159	3	1	1	1

表 6-2　　PEKEKK（T/I）溶剂诱变结晶的 XRD 数据

序号	$2\theta/°$	d_o/nm	d_c/nm	h	k	l	I/I_o
1	15.62	0.567	0.567	1	1	0	54
2	18.23	0.486	0.494	0	2	1	65
3	22.73	0.391	0.391	2	0	0	100

用熔体结晶、溶剂诱变结晶和冷结晶三种方法对 PEKEKK（T）的结晶进行了研究，得到了两种不同的晶型Ⅰ与Ⅱ。熔体结晶得到Ⅰ，溶剂诱变结晶得到Ⅱ。而在高过冷度的冷结晶情况下，Ⅰ与Ⅱ共存，如图 6-16 所示。

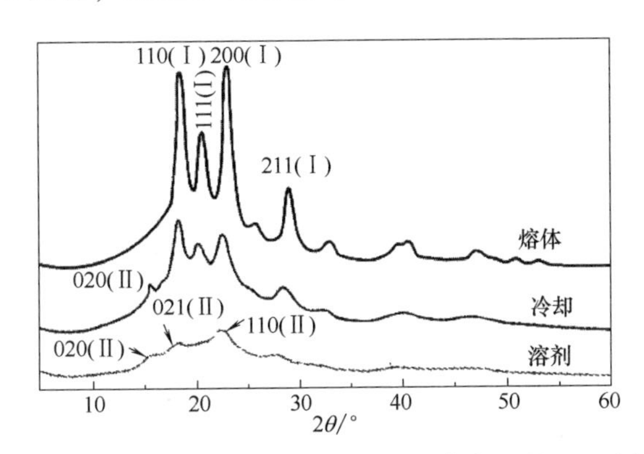

图 6-16　PEKEKK（T）在不同结晶条件下的 XRD 图

从熔体缓慢结晶的 PEKEKKs 没有产生Ⅱ结构，如图 6-17 所示。如图 6-18 所示，在溶剂诱变下只有 PEKEKK（T）和 PEKEKK（T/I）产生Ⅱ结构，原因是全间位结构 PEKEKK（I）的分子链变柔软，不利于形成Ⅱ结构。

将 PEKEKKs 通过不同结晶条件所得的不同晶型的晶胞参数列于表 6-3 中。

表 6-3　　PEKEKKs 在不同结晶条件下的多晶型及晶胞参数

PEKEKKs	Form Ⅰ			Form Ⅱ		
	a/nm	b/nm	c/nm	a/nm	b/nm	c/nm
PEKEKK(T)	0.770	0.605	1.008	0.416	1.109	1.008
PEKEKK(T/I)	0.783	0.612	1.013	0.417	1.134	1.013
PEKEKK(I)	0.772	0.604	2.572		—	

6.4.7　小角 X 射线散射法

根据布拉格公式，衍射角度与晶面间距的关系见表 6-4，可以看出衍射角越高，对应的晶格间距越小。在结晶聚合物中，常常要求测定 d>100nm 以内的长周期，这就需要在低角度（1°~2°）范围测试。一般 X 射线管射出的 X 射线束宽 1°~2°，在广角衍射模式中，低角度的散射被掩没在透射束内而观察不到。若要观察小角散射，首先准直系统要长，而且光栅或狭缝要小，才能使焦点变细，但焦点太细、光强太弱，将导致记录时间过长，需要更强的 X 射线源。其次在准直系统和很长的工作距离内，空气对 X 射线有强烈的散射作用，因而整个系统要置于真空中。

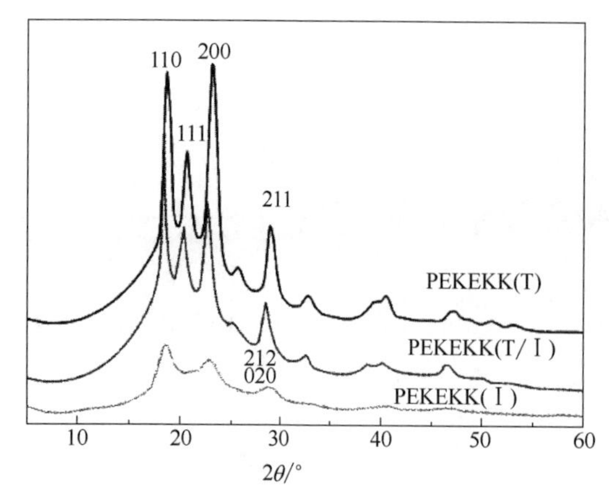

图 6-17　PEKEKKs 熔体结晶 XRD 图

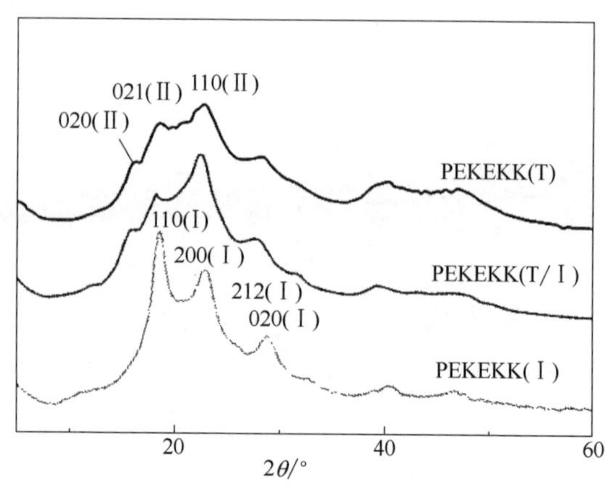

图 6-18　PEKEKKs 溶剂诱变结晶的 XRD 图

表 6-4　　衍射角与晶格间距的关系

2θ	d/nm	2θ	d/nm
30°	0. 3	13′15″	40
3°32′	2. 5	5′20″	100
1°40′	5		

广角衍射与小角散射的工作距离的比较如图 6-19 所示。

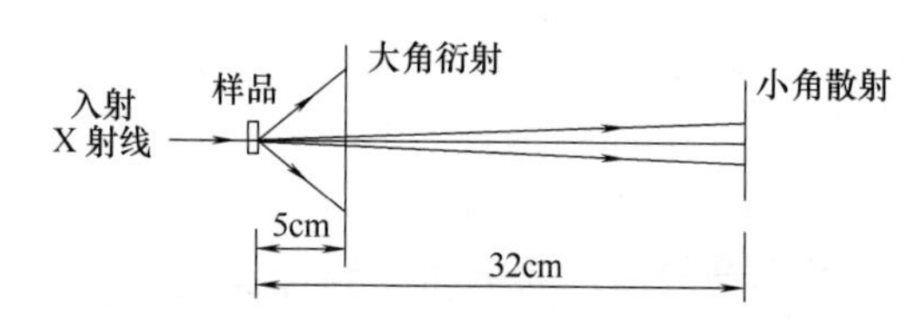

图 6-19　广角衍射与小角散射的工作距离（样品到记录面的距离）的比较

小角散射装置有两种准直系统，即针孔准直系统和狭缝准直系统。

（1）针孔准直系统

1948 年 Guinier 首先用弯曲晶体将射线集束，然后经过针孔光栅，如图 6-20 所示。针孔准直系统结合照相法能获得畸变小的完全的小角散射花样，这对研究取向样品特别有用，主要缺点是散射强度非常弱，曝光时间长达几天。

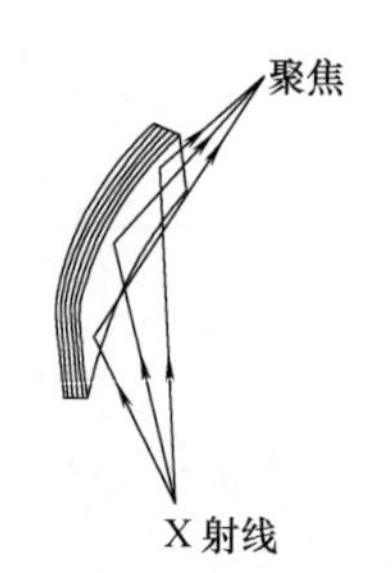

图 6-20　用弯晶集束的示意图

（2）狭缝准直系统

与针孔准直系统相比，通过狭缝的光束是线性的，增加了入射面积，从而提高了散射强度，减少了曝光时间。然而用狭缝准直系统会使理论散射强度产生畸变，造成准直误差。对这种因狭缝引起的“失真”或“模糊”的数据进行校正，通用有两种方法，一是数学校准；二是使用足够长的狭缝，再用无限长狭缝理论作分析，后一种方法较为常用。

小角度 XRD 可用于研究几纳米到几十纳米的高分子结构，如晶片尺寸、长周期、溶液中聚合物分子间的回转半径、共混物和嵌段共聚物的层片结构等。

习　　题

1. 红外光谱实验中有哪几种制样方法？各适用于哪种类型的样品？
2. 红外光谱仪中常用的附件有哪些？各自的用途是什么？
3. 水溶液样品能否直接做拉曼光谱测试？
4. 利用 X 射线衍射仪如何确定晶区和非晶区结构共存的聚合物材料的结晶度？

第2篇　聚合物的相对分子质量及其分布表征

聚合物是由不同相对分子质量的同系物组成的混合物，显著特点就是具有较大的相对分子质量，而且同一种聚合物的相对分子质量没有确定的值，存在着相对分子质量分布。聚合物的许多独特性质都是与其相对分子质量及分布有关。如分子链的柔顺性、聚合物的熔点、玻璃化温度、黏度以及力学性能等。除了一些天然高分子如天然橡胶，天然的棉、麻、丝等，它们的相对分子质量分布接近于单分布，但是这些物质经过自然老化降解，或机械或化学的处理之后，常常会发生分子链的降解，造成相对分子质量不再单分散。到目前为止尚无一种聚合方法可以得到完全单一相对分子质量的聚合产物。

聚合物的平均相对分子质量是决定该材料用途范围的依据，因此测定聚合物的相对分子质量及其分布具有相当重要的意义。

1. 相对分子质量及相对分子质量分布的定义

根据统计方法的不同，有多种统计平均相对分子质量。

数均相对分子质量（$\overline{M}_{r,n}$）是按照聚合物分子数量统计平均得到，根据式（I）计算。

$$\overline{M}_{r,n}=\frac{\sum n_iM_{r,i}}{\sum n_i} \tag{I}$$

式中　n_i——相对分子质量为 $M_{r,i}$ 的物质的量。

质（重）均相对分子质量（$\overline{M}_{r,m}$）按照聚合物质量统计平均得到，根据式（Ⅱ）计算。

$$\overline{M}_{r,m}=\frac{\sum m_iM_{r,i}}{\sum m_i}=\frac{\sum n_iM_{r,i}^2}{\sum n_iM_{r,i}} \tag{Ⅱ}$$

式中　m_i——相对分子质量为 $M_{r,i}$ 的质量。

Z 均相对分子质量（$\overline{M}_{r,z}$）是按照 Z 量统计平均得到，根据式（Ⅲ）计算。

$$\overline{M}_{r,z}=\frac{\sum m_iM_{r,i}^2}{\sum m_iM_{r,i}}=\frac{\sum n_iM_{r,i}^3}{\sum n_iM_{r,i}^2} \tag{Ⅲ}$$

黏均相对分子质量（$\overline{M}_{r,\eta}$）是根据式（Ⅳ）特性黏度［η］测试结果，依据式（Ⅴ）的 Mark-Houwink 方程计算得到。

$$[\eta]=KM_r^{\alpha} \tag{Ⅳ}$$

$$\overline{M}_{r,\eta}=\left(\frac{\sum n_iM_{r,i}^{\alpha+1}}{\sum n_iM_{r,i}}\right)^{\frac{1}{\alpha}} \tag{Ⅴ}$$

式（Ⅳ）和（Ⅴ）中的 K 和 α 均为常数，α 在 0.5~0.8，取决于温度和具体的聚合物与溶剂的组合，即聚合物链段和溶剂分子间热力学的相互作用。

根据测试方法的依据，有绝对分子质量和相对分子质量之分。测定的物理量与分子质量存在直接的理论关系，通过测定这个物理量得到的为绝对分子质量；测定的物理量与分子质量的关系需要进一步校正，得到的就是相对分子质量。

相对分子质量分布（D）用于表征相对分子质量的分散程度，一般使用 $\overline{M}_{r,w}$ 和 $\overline{M}_{r,n}$ 的比来表示，如式（Ⅵ）所示。相对分子质量分布值越接近 1，说明分布越均匀。

$$D=\frac{\overline{M}_{r,m}}{\overline{M}_{r,n}} \tag{Ⅵ}$$

2. 聚合物相对分子质量及其分布对聚合物性能的影响

高聚物的许多重要性质，如高聚物的力学性能、强度、溶解性能、流动加工性能等，及一些特定性质温度如玻璃化温度、软化点、脆化温度等均与高聚物的相对分子质量及其分布有关。

（1）强度

一般来讲，聚合物的强度随着相对分子质量增加而提高。当相对分子质量增加到一定程度，强度趋于一固定值。

例如，广泛应用的聚乙烯（PE），相对分子质量较低的 PE 的加工流动性较好，可以通过多种加工手段得到纤维，薄膜及型材制品。增加聚合度，得到的相对分子质量极高的超高分子量聚乙烯，具有极高的强度，可以作为工程塑料来使用。对于纺丝的材料，对相对分子质量及其分布的要求较为严格。相对分子质量低于临界值，容易断丝，不能连续成丝；相对分子质量过高，流动黏度增加，容易堵塞喷丝口；相对分子质量分布尽量均匀，有利于纺丝工艺及成丝质量的稳定。

（2）玻璃化转变温度（T_g）

相对分子质量较低时，T_g 随着相对分子质量的升高而升高，当相对分子质量达到一定值后，相对分子质量对 T_g 的影响减小；当相对分子质量足够高的时候，T_g 不再随相对分子质量增大而继续增大。

发生这一现象的原因是当相对分子质量较低时，链段的运动与整个分子链的运动基本同步。相对分子质量提高，分子链长度增加导致运动变缓，玻璃化转变向高温移动；当相对分子质量继续增大时，分子链内的链节数较多，因此分子链的运动虽然受阻，但却没有使所有的链节都在同一时刻冻结起来，相对分子质量对 T_g 的影响因素复杂，不再显著。

（3）溶解度

在无机物的溶解过程中，是小分子进入到溶剂体系中的过程，速度相对较快。聚合物的溶解过程与无机物不同，易于运动的溶剂小分子进入到运动速度较慢的大分子链的内部，使高分子链发生溶胀，继而发生溶解，最后达到溶解平衡状态。所以相对分子质量越小，越容易达到溶胀平衡；相对分子质量越大，达到溶胀平衡的时间越长。

（4）老化

高分子材料在使用过程中受到光、热、氧、微生物等一些物质的作用，发生高分子链的降解或交联等变化，从而影响材料的使用性能和使用寿命。老化过程中通常都伴随着相对分子质量及其分布的变化。

聚合物的老化现象在相对分子质量上的表现有以下三种：

① 相对分子质量基本不变，但是结构发生变化。当分子链中的某些基团在热、UV 辐射等作用下，会发生氧化，如烷基被氧化为醛、酮或酯的结构，这时聚合物整体的分子链

长度没有明显的改变，但聚合物的性质发生了变化，这时可以通过红外或者核磁共振等方法检测其分子链结构组成的变化。

② 相对分子质量降低。有些高聚物的老化是因为分子链的断裂，这时相对分子质量急剧下降，使产品性能发生显著的变化。以聚碳酸酯（PC）为例，PC是一种性能优异的工程塑料，熔点高、刚硬而韧，具有良好的尺寸稳定性、耐蠕变性及绝缘性。在电器、机械、光学仪器及医疗仪器方面都有广泛应用。但是PC易降解老化的缺点也极大地限制了它在许多领域的应用。如在100℃的沸水中20天后，相对分子质量下降幅度达到40%～50%，失去了工程塑料的性质。

③ 相对分子质量上升。有些高聚物的老化是因为分子链发生了支化交联，这时相对分子质量增加。现象是产品变硬，失去原有的弹性，色泽发生变化等。

④ 相对分子质量分布变宽。在老化过程中，以上总结的分子链断链降解，及支化交联等会同时发生，导致相对分子质量分布加宽。

（5）成型加工性能

高聚物的加工过程都是在其流动状态下进行的，无论是挤出、注射或涂覆压延等，相对分子质量越大，高聚物的熔体流动温度越高，熔体黏度越高，加工难度增加。

从上面的分析可以看出，降低相对分子质量有利于提高熔体流动性，有利于加工；但是只有保证一定的相对分子质量，才能保障制品的实际使用性能要求。实际应用中，选择满足实际使用需求的原料。

相对分子质量分布直接影响高聚物本身的加工流动性。相对分子质量相同的两个样品，相对分子质量分布宽的比分布窄的流动性更好，原因是小分子部分起着内增塑的作用。从而使加工压力低，能耗小，温度敏感性差。

3. 相对分子质量及相对分子质量分布的表征方法

测定聚合物相对分子质量和相对分子质量分布的方法可分为下表中所列的几个类型。具体的测试原理及使用方法等在后续章节中会展开介绍。

常用的几种相对分子质量测定方法的测试范围及分类

测试方法	相对分子质量范围	相对分子质量	方法归属
端基滴定	$<3\times10^4$	绝对数均	化学方法
冰点降低法	$<3\times10^3$	绝对数均	热力学方法
沸点升高法	$<3\times10^3$	绝对数均	
蒸汽压法	$<3\times10^4$	绝对数均	
膜渗透法	$3\times10^4\sim1.5\times10^6$	绝对数均	
光散射法	$1\times10^4\sim1.5\times10^7$	绝对质均	光学方法
超速离心沉降法		绝对质均	动力学方法
黏度法	$1\times10^4\sim1.5\times10^7$	黏均	动力学方法
凝胶渗透色谱法	$1\times10^2\sim1.5\times10^8$	各种	相对法

第 7 章　数均相对分子质量的测定

数均相对分子质量的测定方法有化学法和热力学方法。化学法基于化学反应，常用的有端基滴定法。热力学方法基于聚合物稀溶液的热力学性质，通过测定某些物理量的变化而求得聚合物的相对分子质量。常见的测试方法有：冰点降低法、蒸汽压下降法和渗透压法。

7.1　端基滴定法

7.1.1　测 试 原 理

被测聚合物的末端带有能够进行定量化学反应基团，通过化学滴定的方法测定这些端基的量。每个聚合物链上的端基数目一定，测定一定重量的聚合物的端基数目，即可求出其分子数，从而求出聚合物的相对分子质量。

7.1.2　测 试 方 法

称取一定量的聚合物，溶于良溶剂中。用能与该聚合物的端基进行反应的化合物溶液滴定，记录反应终点时所消耗的体积。根据式（7-1）可求得被测物的数均相对分子质量（$\overline{M}_{\mathrm{r,n}}$）。

$$\overline{M}_{\mathrm{r},n}=\frac{1000mn}{cV} \tag{7-1}$$

式中　m——试样质量，g；

c——标准溶液物质的量浓度，mol/mL；

V——标准溶液消耗体积，mL；

n——每个分子中所含端基数。

7.1.3　影 响 因 素

① 适用性：端基滴定法只适用于那些结构明确的聚合物。能够确切知道聚合物链上有确定的可进行化学滴定的基团数。

② 相对分子质量：适用的相对分子质量范围在 3×10^4 以下。聚合物相对分子质量过大，端基的含量会减小，导致测试误差加大；大分子反应较困难，使得测试数据不真实。

③ 试样的纯度：试样需要尽量提纯，去掉含有与滴定标准液可反应的杂质。

7.2　冰点降低法

7.2.1　测 试 原 理

冰点是指在一个大气压下，一种物质的固相和液相达到平衡时的温度，溶液的冰点是指溶液与固体溶剂达到平衡时的温度。溶液的冰点较纯溶剂的冰点要低，冰点的降低值有依数性，与溶质的分子数有关，如式（7-2）所示。

$$\Delta T_f = k_f \frac{c}{\overline{M}_{r,n}} \tag{7-2}$$

式中　c——溶液浓度，mg/g；

$\overline{M}_{r,n}$——溶质的数均相对分子质量；

k_f——冰点降低常数。

k_f 值因溶剂种类而异，与溶质种类无关。计算如式（7-3）所示。

$$k_f = \frac{RT_f^2}{1000L_\theta} \tag{7-3}$$

式中　T_f——纯溶剂冰点，℃；

L_θ——每克溶剂的熔融潜热，J/(mol·K)。

但是依数性只适用于理想溶液，聚合物溶液的热力学性质与理想溶液有很大差别，只有在无限稀释的情况下才符合理想溶液的规律。因此必须在各个浓度下测定冰点的降低值，然后以$\frac{\Delta T}{c}$对 c 作图，并外推至浓度为零，计算相对分子质量。

$$\left(\frac{\Delta T}{c}\right)_{c\to 0} = \frac{k_f}{\overline{M}_{r,n}} \tag{7-4}$$

7.2.2　冰点测试仪的结构及测试原理

冰点降低法使用的仪器是冰点降低池，主要部分是一个带有空气夹套的玻璃管。冰点降低池的下部浸在一个比溶剂的冰点约低 1.5℃的恒温槽中。用电磁搅拌器搅拌池中的液体。用热敏电阻测定微小的温度变化（1×10^{-4}℃）。冰点测定仪如图 7-1 所示。

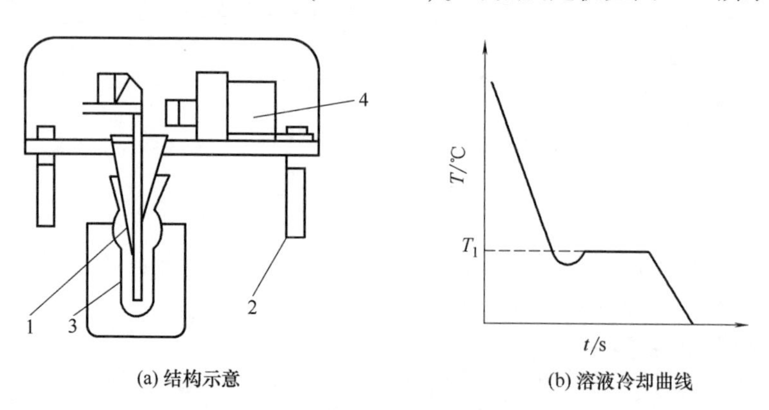

(a) 结构示意　　(b) 溶液冷却曲线

图 7-1　冰点测定仪

1—测量容器　2—热控管　3—搅拌马达　4—制冷器

测定溶液冰点的方法通常采用过冷法。溶液温度逐渐冷却至冰点以下，仍不析出固体物质而温度却还在随时间下降，即为过冷现象。在过冷情况下，一旦凝固现象发生，结冰迅速完成，并释放出凝固热，使温度上升，直至与通过冷冻的散失热量迅速达到平衡之后，温度不再改变，此为溶液的冰点，如图 7-1（b）所示。

7.2.3　冰点测试法中的影响因素

（1）溶剂选择

溶液冰冻过程中，不发生聚合物析出或与溶剂同时析出的现象；溶剂与聚合物不发生化学反应。

（2）减轻过冷现象

溶液中析出固相的纯溶剂之后，剩余的溶液浓度增加，而在计算中使用的却是原始浓度，会引入误差，需要避免过度的过冷现象。避免过度的过冷现象有两种方法：一是加入少量的晶种作为晶核；二是增加搅拌速度。搅拌器的种类及搅拌速度可以控制散热速率。

7.3　蒸汽压渗透法

7.3.1　蒸汽压渗透法的测试原理

根据拉乌尔定律，溶液的饱和蒸汽压低于溶剂的饱和蒸汽压。当一个与外界绝热的密闭的恒温室中充有某种溶剂的饱和蒸汽，如果在两个支持体（通常是热敏电阻）上分别将一滴纯溶剂和一滴含有不挥发性溶质的溶液置于其上。这时在溶液滴上就会有溶剂分子从饱和蒸汽相凝聚到溶液点上，或者说溶剂蒸汽分子在溶液分子的凝聚大于溶剂分子的蒸发。当溶剂分子在溶液上凝聚时并放出凝聚热使得溶液滴的温度升高，溶液滴与溶剂液滴间就会产生温差。蒸汽压渗透法（Vapor Pressure Osmometry，VPO）的原理如图 7-2 所示。

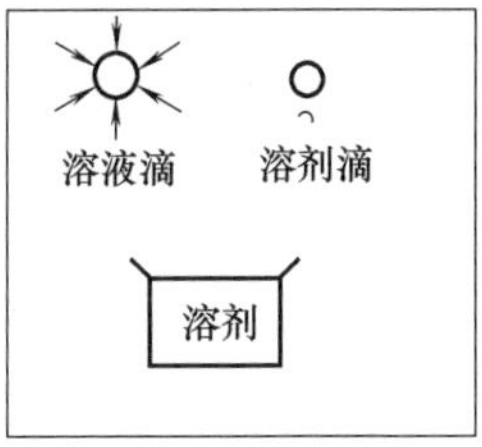

图 7-2　蒸汽压下降法原理图

溶液蒸汽压的降低与所产生的温差存在依数性关系。由于聚合物溶液为非理想溶液，由维利展开式表达。

$$\frac{\Delta T}{c}=\frac{A}{\overline{M}_{r,n}}+A_2c+A_3c+\cdots\cdots \tag{7-5}$$

式中　A——与溶剂、温度有关的常数；

A_2——第二维利系数；

c——溶液的浓度，mg/g；

A_3——第三维利系数；

ΔT——由热敏电阻或热电堆测定的温度差，℃。

测定不同的浓度下的温度差 ΔT，然后以$\frac{\Delta T}{c}$对 c 作图，并外推至浓度为零，根据式（7-6）计算相对分子质量。

$$\left(\frac{\Delta T}{c}\right)_{c\to 0}=\frac{A}{\overline{M}_{r,n}} \tag{7-6}$$

7.3.2　蒸汽压渗透法的结构及测试原理

蒸汽压渗透法的装置如图 7-3 所示，它包括恒温室、热敏元件和电测量系统。恒温室的温度波动在 10^{-3}℃以内。

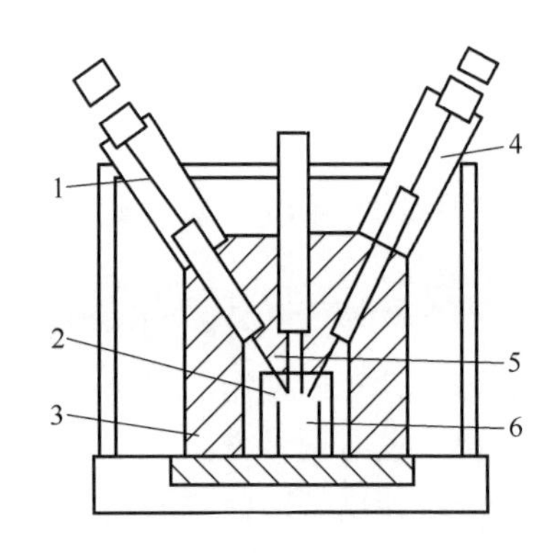

图 7-3　蒸汽压渗透仪的结构示意图
1—溶液注射器　2—汽压室　3—加热块
4—溶剂注射器　5—热敏电阻　6—溶剂杯

热敏元件一般为热敏电阻。电讯号的测量使用直流电桥。即两只热敏电阻 R1 和 R2 组成惠斯顿电桥的两个桥臂，由于温差引起热敏电阻阻值变化从而导致电桥失去平衡，输出信号 ΔG 表示 ΔT 的变化，式（7-6）变为式（7-7）：

$$\left(\frac{\Delta G}{c}\right)_{c\to 0}=\frac{k}{\overline{M}_{\mathrm{r,n}}} \tag{7-7}$$

式中　k——仪器常数，其值与电压、溶剂、温度等有关。

7.3.3　蒸汽压渗透法测试中的影响因素

① 尽量选择要选择蒸汽压大、蒸发潜热小的溶剂体系。溶剂的蒸汽压越大，VPO 测定的灵敏度越高。

② 恒定状态的 ΔG 不是达到完全的热力学平衡，测得值是时间的函数，经过一段时间成为一个恒定值。通常采用固定时间下读取各浓度下的 ΔG 值。

③ 用低相对分子质量的标准样品标定仪器常数 k，带来的误差相对较低。

④ 蒸汽压下降法中每个浓度的溶液所产生的信号彼此独立，不能采取逐步加浓或逐步稀释的方法。应先配好 4~5 个不同浓度的溶液。为了减小零点漂移的影响，对应每一个浓度，需要重新标定零点。

7.4　膜渗透压法

7.4.1　膜渗透压法的测试原理

使用半透膜将高聚物溶液与溶剂隔开时，由于纯溶剂的化学势较溶液中溶剂的化学势要大，溶剂从纯溶剂池通过半透膜而进入溶液池，从而产生溶液池与溶剂池的液面之差来达到渗透平衡，该液柱压力差称为渗透压（π）。如图 7-4 所示。

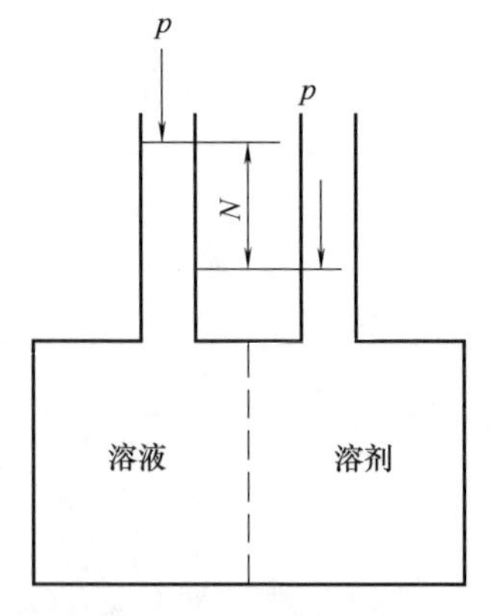

图 7-4　溶液的渗透压原理图

聚合物溶液是非理想溶液，π 与 c 和 $\overline{M}_{\mathrm{r,n}}$ 之间的关系如式（7-8）。

$$\frac{\pi}{c}=\frac{RT}{\overline{M}_{\mathrm{r,n}}}+RTA_2c+RTA_3c+\cdots\cdots \tag{7-8}$$

式（7-8）中 $\pi=\rho g\Delta h$（Δh 为半透膜两边的液面高度差）；A_2 和 A_3 为第二、第三维利系数。测定几个浓度下的渗透压，然后用$\frac{\pi}{c}$对 c 作图，得一直线并外推 c 至 0，该值为无限稀释的聚合物溶液的渗透压，可认为是理想溶液的渗透压，从而可以由式（7-9）得到 $\overline{M}_{\mathrm{r,n}}$。此方法为膜渗透压法（Membrane Osmometry，MO）。

$$\left(\frac{\pi}{c}\right)_{c\to 0}=\frac{RT}{\overline{M}_{r,n}} \tag{7-9}$$

7.4.2　膜渗透压仪的仪器结构

图 7-5 所示为 KNAUER 型膜渗透压计结构示意图，半透膜将不锈钢池分成上下两个部分，上部为溶液池，下部为溶剂池。溶液池的体积为 0.2mL，溶剂池通过一根毛细管与金属感压膜连接，当溶剂向溶液池中渗透时，带动金属感压膜向上偏移，并带动活动电极位移致使电容器电容改变，此电容变化信号与渗透压成正比，并由电容感应检测器检知，经放大器放大后，输入记录仪中。实验完成后，溶液从溶液排出口排出。

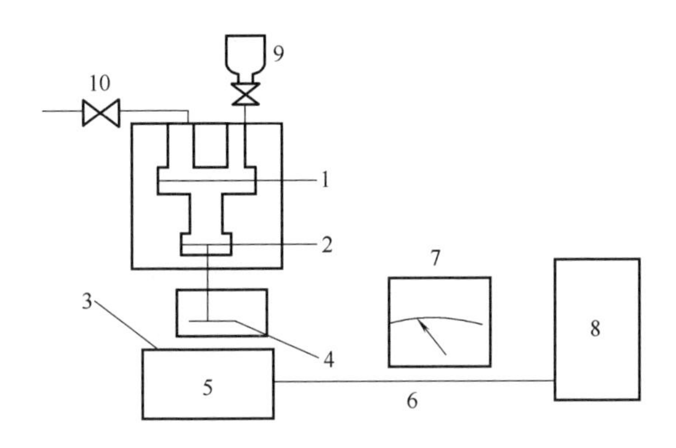

图 7-5　膜渗透压计结构图

1—半透膜　2—金属感压器　3—固定电极　4—可动电极　5—电容感应检测器
6—放大器　7—表头　8—记录仪　9—溶液槽　10—溶液出口

7.4.3　膜渗透压测试中的影响因素

半透膜应该使待测聚合物分子不能通过，且与该聚合物和溶剂不发生反应，不被溶解。另外半透膜对溶剂的透过速率足够大，以便能在一个尽量短的时间内达到渗透平衡。常用的半透膜材料有硝化纤维素、再生纤维素等。半透膜的渗透性决定了测定相对分子质量之下限。半透膜应该始终处于溶剂中保存与使用，防止膜的干燥和老化。

溶剂在使用前须经过过滤并加热脱气，将溶剂中溶解的气体排出，否则会使测定池内产生起泡效应，影响测定结果。

第 8 章中介绍了 3 种热力学方法测定，所使用的仪器普遍的特点是体积小，易操作，容易更换溶剂体系，所以在使用中较为灵活。但是每种仪器都有一定的测试范围，而且测试范围比较小，测试范围边缘和测试范围之外的结果误差非常大。在使用这些仪器时首先要根据相对分子质量范围来选择相应的仪器。

第 8 章　光散射法测定绝对质均相对分子质量

1944 年，德拜（Debye）将光散射技术用于聚合物溶液，求得聚合物的绝对质均相对分子质量。1948 年，Zimm 在一张图上同时将角度和浓度外推到零，提出了著名的 Zimm 作图法。从此，光散射法成为测定绝对相对分子质量的一种经典方法。20 世纪 60 年代以后，随着激光技术的日趋成熟，激光光散射仪得到推广使用。通过光散射法，可以得到聚合物的绝对质均相对分子质量 $\overline{M}_{r,m}$、均方末端距 h_2、表征高分子链段间，以及链段与溶剂分子间相互作用的第二维利系数 A_2。

8.1　光散射法的基本原理

当一束光通过不均匀介质时，不仅在沿着入射光方向可以观察到透射光强，在入射方向以外的各个方向也能观察到光强，这种现象称为光散射现象。散射光的产生是由于光作为一种电磁波，具有振动方向相互垂直的电场和磁场，在光电场的作用下，介质中的带电质点被极化，成为偶极子，并随之产生了同频率的受迫振动，而为二次光波源。向各个方向发射的电磁波，即散射光波。根据溶液光散射理论，散射光的强度可表示为式（8-1）。

$$I(r,\theta)=\left(\frac{4\pi^2}{\lambda_0^4 N_A r^2}\right)n^2\left(\frac{dn}{dc}\right)^2\frac{c}{\frac{1}{M_r}+2A_2c}I_0 \tag{8-1}$$

式中　θ——观察角；

M_r——溶质的相对分子质量；

A_2——第二维利系数；

n——溶剂折射率；

dn/dc——溶剂折射率随溶液浓度的变化率；

N_A——阿伏伽德罗常数；

λ——入射光的波长；

r——观察点与散射点的距离；

I_0——入射光的强度；

I——散射光的强度。

$$\frac{I(r,\theta)}{I_0}r^2=\left(\frac{4\pi^2}{\lambda_0^4 N_A}\right)n^2\left(\frac{dn}{dc}\right)^2\frac{c}{\frac{1}{M_r}+2A_2c} \tag{8-2}$$

式（8-2）中，$R_\theta=\frac{I(r,\ \theta)}{I_0}r^2$，称为 Relay 因子；$\left(\frac{4\pi^2}{\lambda_0^4 N_A}\right)n^2\left(\frac{dn}{dc}\right)^2$ 计作 k。

$$\frac{kc}{R_\theta}=\frac{1}{M_r}+2A_2c+\cdots\cdots \tag{8-3}$$

聚合物溶液中的光散射，因分子链尺寸与入射光的波长在同一个数量级，每个大分子的各个部分都可以作为散射中心，同一个分子上的不同部分的散射光会产生干涉，使 I 减小。干涉程度与光程差有关，而光程差又与 θ 有关，因此 I 与 θ 有关。在 θ 角处的 θ 因干涉而减弱的程度，由散射因子（或散射函数）P_θ 表示。$\theta=0$ 时 $P_\theta=1$。

$$P_\theta=\frac{\text{大分子的散射强度}}{\text{无干涉时的散射强度}}=\frac{I_{\text{聚合物}}}{I_{\text{无干涉}}} \tag{8-4}$$

在聚合物溶液中，式（8-3）矫正为：

$$\frac{kc}{R_\theta}=\frac{1}{M_r P_\theta}+2A_2c+\cdots\cdots \tag{8-5}$$

P_θ 与大分子的形状、大小及光波的波长有关。对与分子大小为均方末端距 $\bar{h}^2$，分子形状为无规线团，光波为 λ 的聚合物稀溶液，P_θ 可以通过式（8-6）确定。

$$\frac{1}{P_\theta}=1+\frac{1}{3}\frac{8\pi^2}{3}\frac{\bar{h}^2}{\lambda^2}\sin^2\frac{\theta}{2} \tag{8-6}$$

将式（8-6）带入式（8-5），得：

$$\frac{kc}{R_\theta}=\frac{1}{M_r\left(1+\frac{1}{3}\frac{8\pi^2}{3}\frac{\bar{h}^2}{\lambda^2}\sin^2\frac{\theta}{2}\right)}+2A_2c+\cdots\cdots \tag{8-7}$$

式（8-7）为光散射计算的基本公式。有 $\theta\to0$ 和 $c\to0$ 两种极限情况。

$$\left(\frac{kc}{R_\theta}\right)_{\theta\to0}=\frac{1}{M_r}+2A_2c \tag{8-8}$$

$$\left(\frac{kc}{R_\theta}\right)_{c\to0}=\frac{1}{M_r\left(1+\frac{18}{3}\frac{\pi^2}{3}\frac{\bar{h}^2}{\lambda^2}\sin^2\frac{\theta}{2}\right)} \tag{8-9}$$

在聚合物溶液中，大分子的相对分子质量不相同，光散射强度是各个分子的散射之和。在无限稀释时：

$$\sum(R_\theta)_{\substack{c\to0\\ \theta\to0}}=k\sum c_iM_{r,i}=kc\frac{\sum c_iM_{r,i}}{\sum c_i} \tag{8-10}$$

即：
$$\left(\frac{kc}{R_\theta}\right)_{\substack{c\to0\\ \theta\to0}}=\frac{1}{\bar{M}_{r,m}}$$

光散射测得的聚合物相对分子质量是质均相对分子质量。

测试中需测定几个不同浓度的聚合物溶液，在不同散射角处的散射强度，以 $\frac{kc}{R_\theta}$ 对 $\sin^2\frac{\theta}{2}kc$ 作图，外推 $\theta\to0$，$c\to0$，根据式（8-10），截距为 $\frac{1}{\bar{M}_{r,m}}$，如图 8-1 所示。

在散射角度 2°～7°，可以省去角度外推，只进行浓度外推。这是小角激光光散射（Low-Angle Laser Light Scattering，LALLS）的原理。

8.2　光散射仪的结构

仪器的结构如图 8-2（a）所示，其中 $\frac{dn}{dc}$ 需要使用折光指数仪测定，其结构如图 8-2（b）所示。

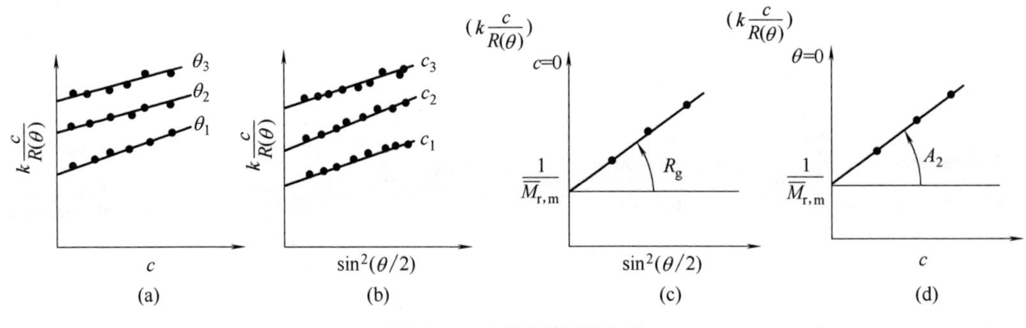

图 8-1　光散射数据处理

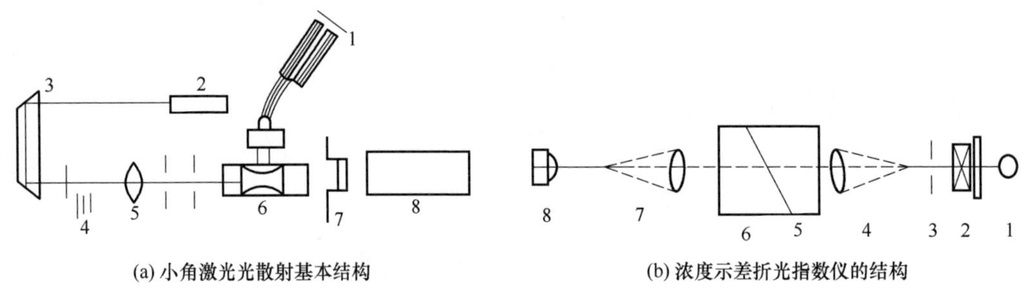

图 8-2　仪器结构

1—注射器　2—激光器　3—倒向镜　4—衰减器　5—透镜　6—试样池　7—固定衰减器　8—光电倍增管

1—光源　2—透镜　3—光栅　4—准直镜　5—溶液　6—溶剂　7—成像镜　8—读数显微镜

8.3 测试方法

利用光线在两液体界面的折射原理而制成的。测出入射光和折射光的位移 ΔX，则

$$\Delta n = \Delta X \cdot k \tag{8-11}$$

式中　k——仪器常数，需要定期用氯化钠溶液进行标定。

测定几个不同浓度溶液的 Δn，以$\frac{\Delta n}{c}$对 c 作图，外推到 c 到 0，得$\frac{\mathrm{d}n}{\mathrm{d}c}$。

8.4 影响因素

溶液中的灰尘会产生强烈的光散射，严重干扰测量结果。首先需要进行溶剂除尘，配制测试样品的溶剂应进行精馏，并经过 0.2μm 超滤膜过滤后方可使用。配好的溶液也要用 0.2 μm 的超滤膜过滤。测试中所用的器械，使用前要用洗液浸泡，清水强力冲洗。

8.5 光散射法的应用

8.5.1 测定绝对质均相对分子质量和第二维利系数

通过光散射法可以得到聚合物的绝对质均相对分子质量。测定纯溶剂和 4~5 个浓度精确的聚合物溶液的 R_θ。以$\frac{kc}{R_\theta}$对 c 作图，截距为$\frac{1}{\overline{M}_{r,m}}$，斜率为 $2A_2$，如图 8-3 所示。

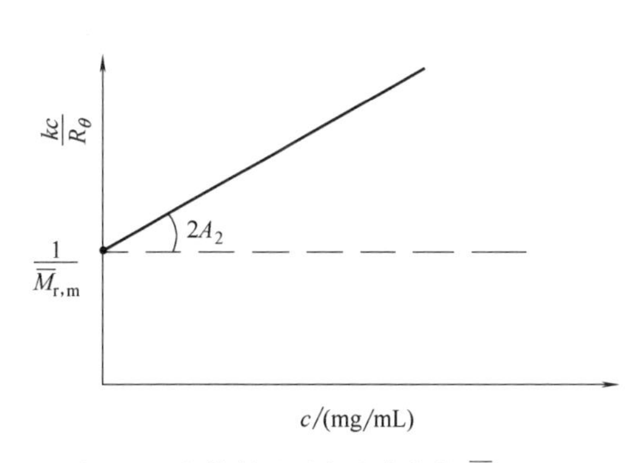

图 8-3　光散射法测定聚合物的 $\overline{M}_{r,m}$ 和 A_2

8.5.2　测定均方末端距

根据式（8-9），当 $c \to 0$ 时，以$\frac{kc}{R_\theta}$对 c 作图，外推线的斜率为$\frac{8\pi^2}{9\lambda^2}\overline{h^2}$，可以得到聚合物的均方末端距。

8.5.3　凝胶渗透色谱仪的联机检测器

将光散射仪串联到把 GPC 流路系统中，经过色谱柱分离的样品由光散射仪可以连续测定各个级分的绝对相对分子质量，再根据浓度示差检测器检测各个级分的浓度，以得到聚合物的各种平均相对分子质量。根据式（8-8），转化为动态测定时从色谱柱中流出的每一个级分的关系，得到式（8-12）：

$$\left(\frac{kc_i}{R_{\theta,i}}\right)_{\theta\to 0}=\frac{1}{M_{r,m_i}}+2A_2c_i \tag{8-12}$$

如图 8-4 所示。可以省去 GPC 法中必须由标准样品作校正曲线来进行对比才能得到相对分子质量数值的方法。这样既简便又可获得准确的数据。

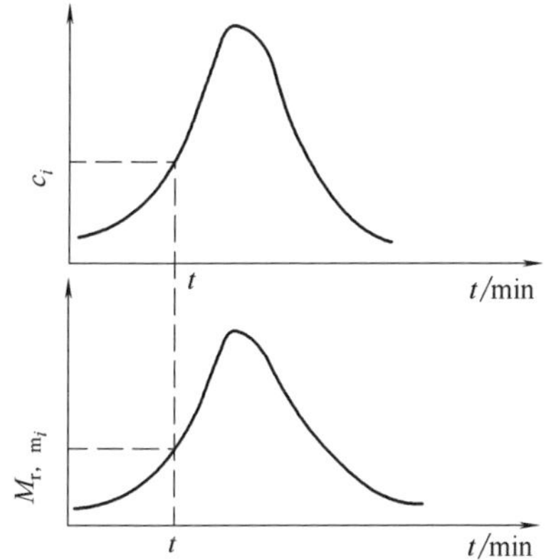

图 8-4　光散射仪-GPC 联机测定聚合物的相对分子质量

8.5.4　特性黏度方程中参数测定

利用 Mark-Houwink 方程的特性黏度法测定相对分子质量时，需要知道试样的 k 和 α 值。一些常用的材料的 K 和 α 值已经被标定，可以直接查手册得到。但随着科学技术的发展，出现了越来越多的新型材料，多种形式的共聚和共混材料，这些新材料的 K 和 α 值很难查到，需要用进行标定。α 值一般在 0.5～0.8，聚合物的 $\overline{M}_{r,m}$ 与 $\overline{M}_{r,\eta}$ 比较接近。

配制一系列（7 个以上）单分散性的样品，用光散射法依次测定其 $\overline{M}_{r,m}$，近似为 $\overline{M}_{r,\eta}$，由 Mark-Houwink 方程的对数形式，

$$\lg[\eta]=\lg K+\alpha\lg\overline{M}_{r,m} \tag{8-13}$$

根据式（8-13），以 $\lg[\eta]$ 对 $\lg\overline{M}_{r,m}$ 作图，可以得到一条直线，外推直线得截距 $\lg K$

和斜率 α，如图 8-5 所示。

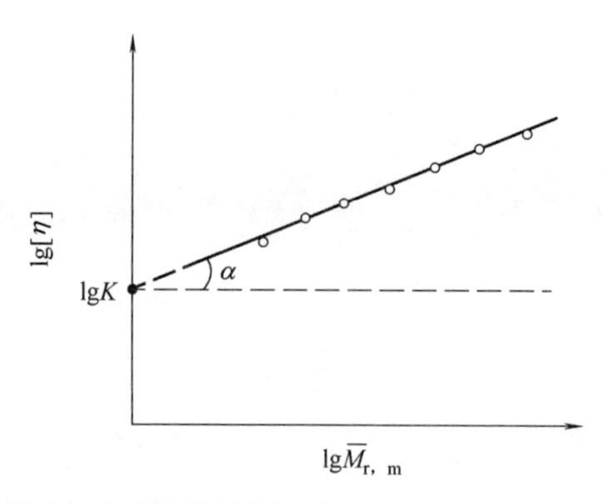

图 8-5 光散射法标定聚合物特性黏度 Mark-Houwink 方程中的 K 和 α 值

8.5.5 共聚物组分比例确定

对于 A 和 B 组成的嵌段共聚物，其$\frac{dn}{dc}$与共聚组分之间存在关联，如式（8-14）所示。

$$\left(\frac{dn}{dc}\right)=X_A\left(\frac{dn}{dc}\right)_A+(1-X_A)\left(\frac{dn}{dc}\right)_B \tag{8-14}$$

例如聚苯乙烯（PS）和聚异戊二烯（PIP）的嵌段共聚物，分别测定具有相同组成比的 PS 和 PIP 的共混物和共聚物的$\frac{dn}{dc}$，如图 8-6 所示。

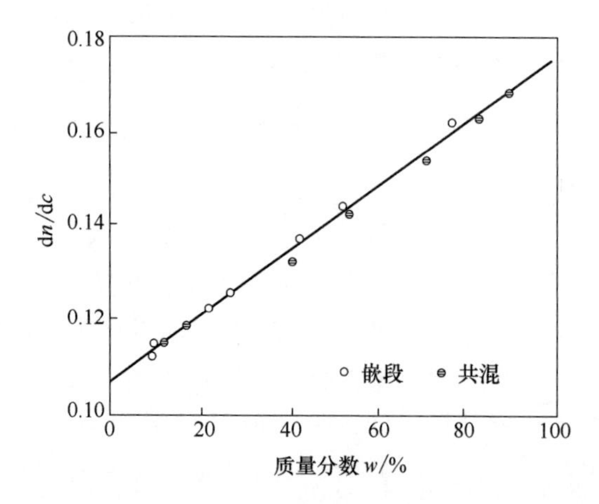

图 8-6 PS-PIP 嵌段共聚物及共混物的$\frac{dn}{dc}$与组分含量比例的关系图

第 9 章　黏度法测定聚合物相对分子质量

聚合物溶液的黏度与其相对分子质量之间存在一定的函数关系，可以通过测定黏度得到聚合物的相对分子质量。用黏度法得到的是聚合物的黏均相对分子质量。

9.1　基 本 原 理

聚合物分子溶入溶剂中，增大了溶剂的黏度。由于聚合物分子的庞大体积，这种黏度增大的效应比小分子大得多。溶液黏度与溶剂黏度的比值（η_r），定义为相对黏度。

$$\eta_r=\frac{\eta}{\eta_0} \tag{9-1}$$

溶液黏度较溶剂黏度增加的倍数，被定义为增比黏度（η_{sp}）

$$\eta_{sp}=\frac{\eta-\eta_0}{\eta_0}=\eta_r-1 \tag{9-2}$$

式中　η_0——纯溶剂的黏度；

η——聚合物溶液的黏度。

特性黏度 [η] 是在聚合物溶液的浓度趋于 0 时的$\frac{\eta_{sp}}{c}$，定义如式（9-3）所示。

$$[\eta]=\left(\frac{\eta_{sp}}{c}\right)_{c\to 0} \tag{9-3}$$

黏度法测定聚合物相对分子质量基于 Mark-Houwink 经验公式：

$$[\eta]=K\overline{M}_{r,\eta}^{\alpha} \tag{9-4}$$

式（9-4）中 K 和 α 为 Mark-Houwink 常数。α 代表了聚合物/溶剂体系的影响，K、α 值只能在一定的温度、一定的聚合物/溶剂体系，一定相对分子质量范围内是常数。

对若干个不同浓度溶液进行黏度测定后，以$\frac{\eta_{sp}}{c}$对 c 和以$\frac{\ln\eta_r}{c}$对 c 作图，得两条直线，将他们进行外推到 $c\to 0$，截距为 [η]，如图 9-1 所示。

$$\frac{\eta_{sp}}{c}=[\eta]+k'[\eta]^2c \tag{9-5}$$

$$\frac{\ln\eta_r}{c}=[\eta]-k''[\eta]^2c \tag{9-6}$$

线型柔性聚合物在良溶剂中，式（9-4）中的 k'、和式（9-5）中 k''满足 $k'+k''=0.5$，由此可以得到一个一点法公式：

$$[\eta]=\frac{\sqrt{2(\eta_{sp}-\ln\eta_r)}}{c} \tag{9-7}$$

利用得到的 [η] 数值，结合式（9-4）的 Mark-Houwink 方程，可以计算得到 $\overline{M}_{r,\eta}$。

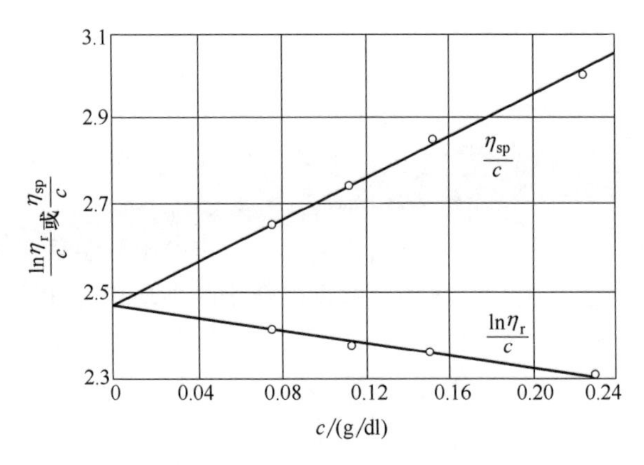

图 9-1　特性黏度测量的一点法处理图

9.2　黏度计的基本结构及影响因素

9.2.1　黏度计的基本结构及测量

常用的黏度计有奥氏黏度计和乌氏黏度计。一般使用的黏度计都装有玻璃恒温水夹套。

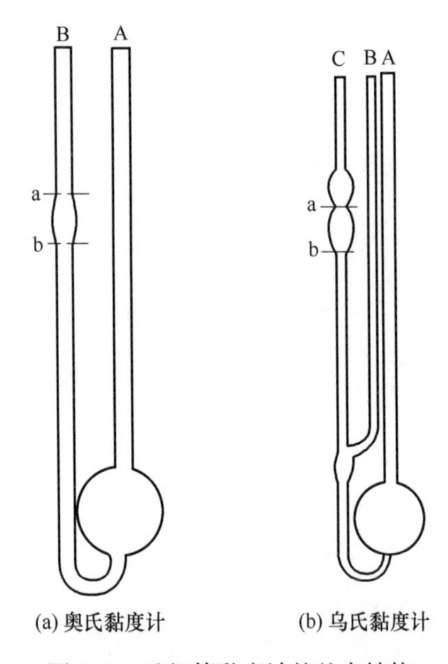

图 9-2　毛细管黏度计的基本结构

（1）奥氏黏度计

奥氏黏度计的结构如图 9-2（a）所示，驱动压力正比于 U 形管中两个水平高度之差值（h），为保证数据的可重复性，在每次测量中量取相同体积的液体。

（2）乌氏黏度计

乌氏黏度计的结构如图 9-2（b）所示，具有一根内径为 R、长度为 L 的毛细管，毛细管上端有一根体积为 V 的小球，小球的上部和下部各有刻线 a 和 b。待测的液体从 A 管加入，经 B 管将液体吸至 a 线以上自然流下，使 B 管通大气，记录液面流经 a 和 b 的时间 t。

使用乌氏黏度计和奥氏黏度计测定 η_r。可以计算得到 $\overline{M}_{r,\eta}$。

在液体流动时没有湍流发生，则外加力全部用以克服液体对流动的黏滞阻力，则可将牛顿黏性流动定律应用于液体在毛细管中的流动，得到 Poiseuille 定律。

$$\eta = A\rho t \tag{9-8}$$

式中　A——仪器常数；

ρ——密度；

t——液体流出时间。

使用浓度在 1%以下的稀溶液，用同一支黏度计测定几种不同浓度的溶液和纯溶剂的流出时间，近似认为极稀溶液中溶液和溶剂的密度相等，$\rho=\rho_0$，所以

$$\eta_r=\frac{A\rho t}{A\rho_0 t_0}=\frac{t}{t_0} \tag{9-9}$$

式中　t_0——溶剂流出时间；

t——聚合物溶液流出时间。

9.2.2　影 响 因 素

为了避免液体在毛细管内流动由于湍流造成的误差，一般溶剂的流出时间大于 100s。

溶液浓度增加，分子间作用力加强。当浓度超过一定限度时，公式的线形关系遭到破坏。大量试验证明，溶液的浓度在 η_r 为 1.2~2.0 时较为合适。

测试温度的波动直接影响到黏度测试的准确度。测定时一般将温度控制在 ±0.02℃内。

9.3　黏度法的应用

聚合物的分子形状对聚合物溶液的黏度有很大的影响，所以黏度法除可以测定聚合物的黏均相对分子质量外，还可以表征聚合物的分子形态。

9.3.1　测定聚合物的支化度

线型聚合物和支化聚合物在溶液中的流体力学体积不同，溶液黏度也不同。相同平均相对分子质量时，支化聚合物的流体力学体积较小，其溶液的［η］也较小。随着大分子链的支化程度的增加，［η］降低幅度增加。支化度可以用支化及线性聚合物的［η］之比来表示。

$$G=\frac{[\eta]_{\text{支化}}}{[\eta]_{\text{线性}}} \tag{9-10}$$

9.3.2　研究聚合物的分子链尺寸

在 θ 体系中，聚合物溶液的［η］$_\theta$、M 和分子无绕链的旋转半径 R_0 存在如下关系：

$$R_0=0.62(M_{r,\eta}[\eta]_\theta)^{\frac{1}{3}} \tag{9-11}$$

在非 θ 体系中，聚合物链的有绕尺寸和无绕尺寸存在如下转换关系：

$$\frac{R}{R_0}=\left(\frac{[\eta]}{[\eta]_\theta}\right)^{0.45} \tag{9-12}$$

第 10 章　凝胶渗透色谱

凝胶渗透色谱（Gel Permeation Chromatography，GPC）是 20 世纪 60 年代发展起来的一种液相色谱方法，主要用于聚合物材料的相对分子质量及其分布的测定。经过 40 多年的发展，它的应用范围从高分子材料、生物化学、有机化学等领域渗透到其他更多的领域。

近年来，GPC 仪器有了长足的发展，出现了高速型、高压型、高效型的仪器，引入了高精度高压流量泵，可自由组合的高效凝胶色谱柱，耐高温体系，高灵敏度、高稳定性的检测器等单元，提高了 GPC 技术的效率及分辨率。随着仪器自动化及连续化操作水平的不断提高，数据处理软件功能的升级，推动了 GPC 仪器更广泛使用。GPC 在聚合物的相对分子质量及分布测定中起着非常重要的作用，已经成为不可缺少的测定仪器。

10.1　凝胶渗透色谱的基本原理

色谱法也称层析法，一般由固定相和流动相组成，通过流动相的流动，将被分离物质在固相中进行分离。色谱法最早可追溯到 1903 年，俄国植物学家茨维特分离植物色素时，将植物叶子的萃取物倒入填有 $CaCO_3$ 的直立玻璃管内，然后加入石油醚使其自由流下，色素中各组分互相分离，形成各种不同颜色的谱带。此方法因此得名为色谱法。

GPC 属于一种液相色谱，但其分离机理与大多数的液相色谱有所区别。GPC 对分子链进行分级的原理为体积排除，所以又称为体积排除色谱（Size Exclusion Chromatograpy，SEC）。忽略了溶质和载体之间的吸附效应，以及高分子在流动相和固定相之间的分配效应，假设淋出体积仅仅是由高分子的分子尺寸和载体尺寸的大小决定。当高分子稀溶液通过多孔性凝胶固定相时，体积较大的高分子链不能进到凝胶孔洞中而被完全排阻，只能沿着多孔凝胶粒子之间的空隙通过色谱柱，首先从柱中被流动相洗脱出来；中等体积的分子能进入凝胶中的一些孔洞中，但不能进入更小的微孔，较慢从色谱柱中被洗脱出来；较小提及的分子可进入凝胶的绝大部分孔洞，在色谱柱中的路径最长，最后被洗脱出来，从而实现整个样品的分离过程，如图 10-1 所示。由相应的检测器记录整个的分离过程，得到最终的 GPC 谱图。

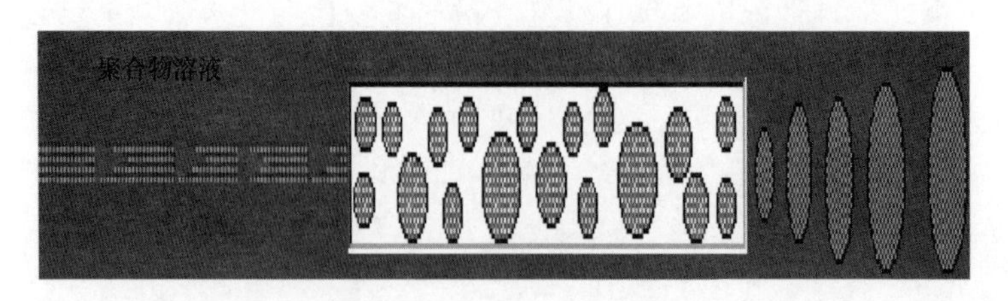

图 10-1　GPC 分离过程

10.2　凝胶渗透色谱仪的基本结构

一般由溶剂贮存器、脱气装置、泵系统、进样系统（分为手动进样和自动进样）、凝胶渗透色谱柱系统（包括色谱柱恒温箱）、检测系统及数据采集与处理系统、废液池组成，如图 10-2 所示。由于所测试的样品种类不同，所以选择的实验条件不同，并且附加的一些装置也有所区别。如高温型 GPC 必须有加热系统、在线过滤系统及自动进样系统；制备型 GPC 要使用特殊的制备型色谱柱及样品收集系统。

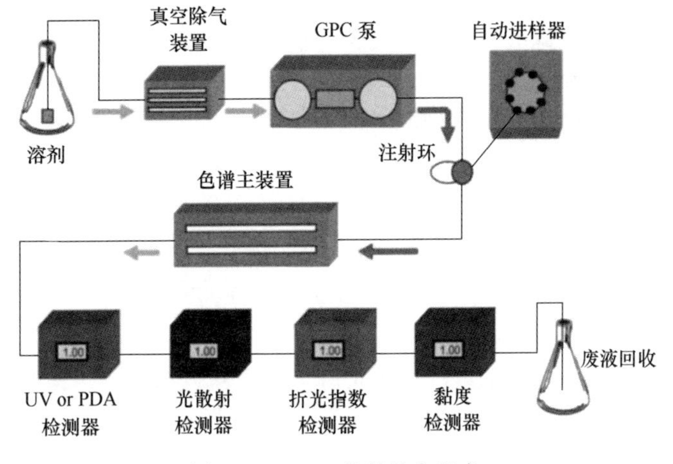

图 10-2　GPC 仪的基本组成

10.2.1　泵　系　统

泵系统一般由高效液相色谱泵和在线脱气装置组成，其作用是使流动相溶剂以恒定的流速流入色谱柱。泵的精确程度是 GPC 仪器一个非常重要的技术指标，直接影响到计算数据的准确性。目前泵的精度误差达到≤0.1%。随着使用时间的延长，泵的精度会下降，所以在使用过程中要始终注意泵压力的变化及输送流量的准确性。

10.2.2　进 样 系 统

将配制好的一定浓度的聚合物溶液，通过手动或自动进样模式，经过微量注射器注入到色谱柱前端。自动进样器由机械传动装置带动取样，进样量的精确度要高于手动进样，且可以实现连续自动化操作，工作效率高。

10.2.3　加热恒温系统

在不同的测试温度下，聚合物溶液的黏度不同，在色谱系统中的保留时间不同，因此得到的聚合物的相对分子质量数据存在差异。柱温箱应具备多点测温与精确控温功能，温度波动不超过±0.1℃，确保数据准确。

10.2.4　分 离 系 统

分离系统即色谱柱。在一根不锈钢空心管中加入孔径不同凝胶颗粒作为分离介质。填料的粒度越小，越均匀，堆积的越紧密，分离效率越高。为了保证分离效果，使用多根色谱柱联用。根据凝胶颗粒的孔径体积大小及凝胶颗粒的种类不同，色谱柱分为许多型号，对于不同分子质量范围及不同种类的聚合物材料，要根据实验条件，选择型号合适的色谱柱组合才能达到最佳的分离效果。制备型色谱要求使用特殊的制备型色谱柱，高温 GPC

也需要使用特殊的耐高温型色谱柱。

色谱柱中填充的凝胶颗粒不能被流动相溶解。目前使用较多的几种凝胶填料有以下几种。

① 聚苯乙烯凝胶是苯乙烯和二乙烯基苯交联共聚物，适用于有机溶剂，可以耐高温。

② 无机硅胶，将中和了的硅酸钠和硫酸反应液喷雾，在油相成球，或者用悬浮聚合的方法使正硅酸乙酯水解聚合，获得细颗粒硅球，再经过掺盐高温熔烧扩孔和表面处理，适用于水和有机溶剂。

③ 交联聚乙酸乙烯酯凝胶（乙酸乙烯酯和二元羧酸二乙烯酯共聚），其特点是软，最高使用温度可以达到100℃。适用于乙醇、丙酮等极性溶剂体系。

④ 交联聚丙烯酰胺凝胶，适用于水溶性的聚丙烯酰胺，聚丙烯酸及聚丙烯酸钠等类的聚合物以及它们的共聚物。

⑤ 交联葡聚糖凝胶，适用于水溶性的多糖，葡聚糖类聚合物。

⑥ 多孔玻璃、多孔氧化铝，适用于水和无机溶剂。

分离效果主要取决于色谱柱的匹配及分离效果。每根色谱柱都有一定的分离范围和渗透极限，即有使用的上限和下限，如图 10-3 所示。

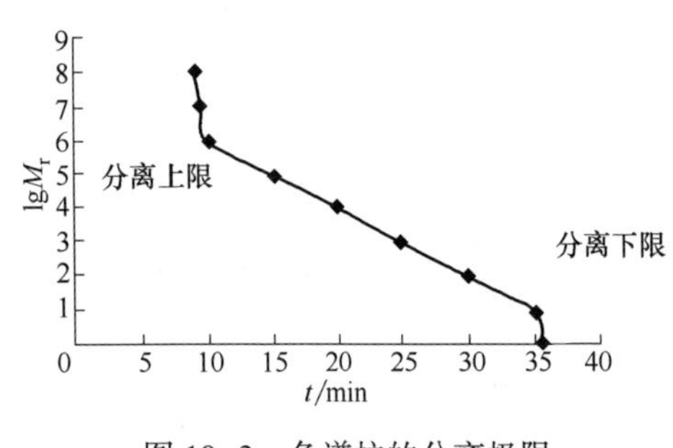

图 10-3　色谱柱的分离极限

色谱柱的使用上限是当被测物中的分子链尺寸超过色谱柱中最大的凝胶颗粒尺寸，这些分子链不能进入凝胶颗粒的孔中，全部从凝胶颗粒之间的空隙流过，没有起到按照分子链尺寸大小进行分离的目的。而且超过色谱柱上限还存在大的分子链有堵塞色谱柱的危险，影响色谱柱的分离效率，降低其使用寿命。色谱柱的下限是被测物中的分子链尺寸小于色谱柱中最小的凝胶颗粒，这些分子链可以进入所有的凝胶孔，但起到有效分离的目的。

用作流动相的溶剂必须使聚合物链打开成最放松的状态，且溶液黏度低；其次流动相与色谱柱中的凝胶固定相要相互匹配，能浸润凝胶，防止凝胶的吸附作用；同时流动相应与检测器匹配，且流动相不能腐蚀仪器部件，影响仪器使用寿命。

10.2.5　检 测 系 统

目前 GPC 仪器中使用的检测器种类也越来越丰富，而且精度和灵敏度也有了很大的提高。GPC 的检测根据信号响应性分成两类：通用型和选择型。

通用型对所有检测的样品都有信号反应，可以满足所有样品的检测。除了较早使用的示差检测器，还有黏度检测器、激光光散射及蒸发光散射检测器等。

选择型检测器是只对被测物质的某种物理或化学特性产生信号响应，所以只适用某一类特殊的聚合物。包括单一波长紫外检测器，二极管阵列紫外检测器及荧光检测器等。

可以根据需要选择一种检测器使用，或者选择多个检测器联用。目前多检测器联用的技术发展很快，可以得到更多更有价值的实验信息。

现在检测器的发展已延伸到多种仪器的联用。如 GPC 与质谱、红外光谱、核磁共振等技术联用，对色谱的应用起到了非常大的推动作用。

（1）通用型检测器——示差检测器

示差检测器属于浓度敏感型检测器，测定流出色谱柱的各个级分的浓度变化，不足之处是灵敏度低于紫外检测器。另外在使用中对压力和温度变化非常敏感，对测试环境的温度要求较为苛刻，检测器本身的控温精度要达到很高（±0.01℃），还要求环境温度恒定低于检测器设定的温度，人员流动尽可能少。示差检测器的结构如图 10-4 所示。

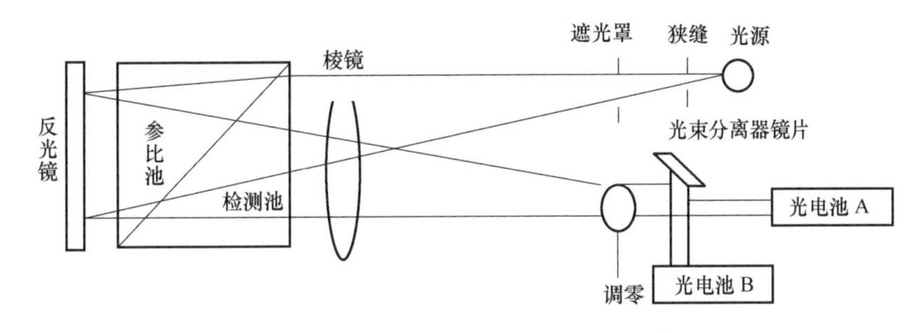

图 10-4 示差检测器结构示意图

检测器光源发出的光，经过狭缝、遮光罩调制准直，成平行光，通过流动池，流动池中有两个小池，用玻璃成对角线隔开。一侧为参比池（内充满流动相），另一侧为检测池（内流经从色谱柱中流出的淋洗液）。光束通过流动池并被流动池后面的反光镜反射，反射光再通过流动池并聚焦在光电探测器（光电管）上，这样就形成了输出电压值，这个值被计算机记录下来。当参比池和检测池中两种液体由于浓度差异而产生折射率差异时，透过流动池的光束就被反射到光电管的不同位置上，会引起光电探测器输出电压的变化，这个变化反映的是从色谱柱中流出液体的浓度变化，从而得到随着淋洗时间延长使得样品中不同级分含量发生变化。

（2）选择型检测器

在 GPC 中应用较多的一种选择型检测器是紫外检测器，适用于有紫外吸收基团的聚合物检测。如含有苯环、共轭双键的聚合物会在紫外检测器上产生明显吸收。紫外检测器的灵敏度比示差检测器高，在液相色谱中，紫外检测器的应用比示差检测器广泛；但是在 GPC 中，由于相当量的聚合物不含有紫外吸收基团，所以紫外检测器不能完全替代示差检测器。示差-紫外检测器联用可以进行苯环、双键含量测定及共聚物组成分布研究等工作，二极管阵列紫外检测器可以在线进行多波长检测，如图 10-5 所示。

黏度检测器是通过测定聚合物的黏度反映相对分子质量的变化；示差-黏度检测器联用可以进行聚合物参数 K、α 值的测定、聚合物长分子链支化度的测定等工作。

激光光散射法可以直接测定聚合物绝对质均分子质量，在前面已经介绍过，但是不能测定分子质量分布；GPC 可以得到分子质量分布数值和相对分子质量。将激光光散射仪引入 GPC 系统，作为一个在线检测器，可以同时得到绝对相对分子质量及其分布数值。但是由于激光光散射仪器结构的限制，一直没能成功推广。近年来由于激光光散射技术更新非常快，已经逐渐成为 GPC 仪中性能优异的一种检测器。

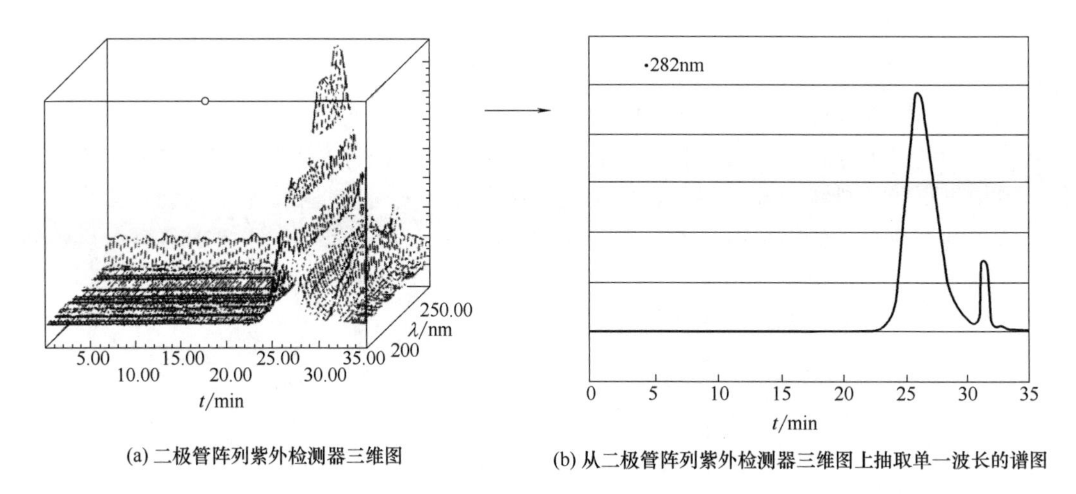

(a) 二极管阵列紫外检测器三维图

(b) 从二极管阵列紫外检测器三维图上抽取单一波长的谱图

图 10-5　二极管阵列紫外检测器的色谱图

10.3　样品制备方法

10.3.1　干　　燥

样品必须经过完全干燥，除掉水分、溶剂及其他杂质。如果干燥不完全，样品中的水分、溶剂及其他杂质也会在色谱图上产生相应的色谱峰，干扰样品本身的色谱峰。

10.3.2　样 品 浓 度

需要将被测样品按照一定的浓度溶解在溶剂中配制成溶液，溶剂与所使用的流动相相同。溶液浓度根据相对分子质量大小在质量分数为 0.05%～0.5%（2～5mg/mL）做适当调节。相对分子质量相对大的样品浓度低些，相对分子质量相对小的样品浓度稍微高些。

10.3.3　溶 解 时 间

保证充分的溶解时间使聚合物在溶剂中达到完全溶解的状态。由于聚合物在溶剂中的溶解是先溶胀再溶解的过程，相对分子质量越大，所需要的溶解时间越长。一般样品的溶解时间是 4～12h，对于橡胶类大分子材料，溶解 48～72h 才能使分子链完全溶解开。

为了增加样品的溶解速度，在溶解过程中可以轻微扰动样品溶液，但严禁剧烈摇动或用超声波处理，以免分子链发生断裂。

10.3.4　过　　滤

为了避免样品中有不溶解的颗粒或者大的分子链堵塞色谱柱的孔径，聚合物溶液必须经过孔径低于 0.45μm 的过滤膜过滤。在高温型 GPC 中，需要使用在线过滤器。

10.4　数据处理方法

10.4.1　窄分布标样校正法

选用与被测样品同类型的单分散性（$D \leqslant 1.1$）的标准样品，先用其他方法精确测定其平均相对分子质量，后与被测样品在同样条件下进行 GPC 测试。选择 5 个以上不同分子质量的单分散标样来校正曲线，应选择与被测样品具有相同结构的标准样品。如果样品结构和标样存在差异且样品是单链结构时，可以用单位链长分子链量因子（QF）比来修正结果。

例如选择聚苯乙烯（PS）做标准样品，PS 分子中 C—C 键长度为 1.54Å，C—C—C 键角度为 109°，重复单元的相对分子质量为 104，样品聚异丁烯（PIB）重复单元的相对分子质量为 56，因此 QF_{PS} 和 QF_{PIB} 按式（10-1）、式（10-2）和式（10-3）计算：

$$1.54 \times \sin\left(\frac{109}{2}\right) \times 2 = 2.50 \tag{10-1}$$

$$QF_{PS} = \frac{104}{2.50} = 41.5 \tag{10-2}$$

$$QF_{PIB} = \frac{56}{2.50} = 22.3 \tag{10-3}$$

PIB 的相对分子质量（$\overline{M}_{r,PIB}$）计算依据式（10-4）：

$$\overline{M}_{r,PIB} = \overline{M}_{r,PS} \times \frac{QF_{PIB}}{QF_{PS}} \tag{10-4}$$

10.4.2　普适校正法

（1）建立校正曲线

在 GPC 测试相对分子质量中，以淋洗体积或者淋洗时间代表分子的尺寸大小，所以首先要确定淋洗体积或淋洗时间与相对分子质量之间的函数关系，即校正曲线。取一系列（5~10 个）已知相对分子质量的窄分布标样配制成聚合物溶液，流经色谱柱，记录标样的出峰时间，通过曲线回归得到校正曲线。在有机物中最常使用的标准样品就是阴离子聚合得到的 PS，$D \leqslant 1.1$，图 10-6（a）所示为窄分布 PS 标样的 GPC 曲线。标准样品的相

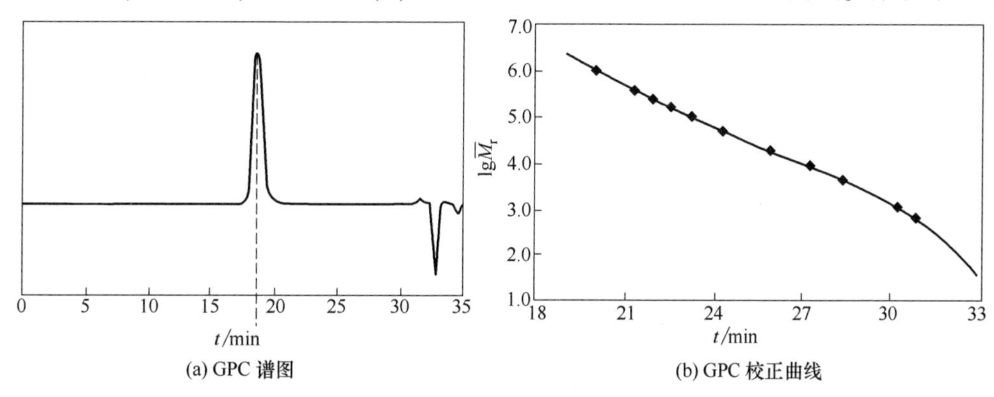

(a) GPC 谱图　(b) GPC 校正曲线

图 10-6　标准样品的 GPC 谱图及 GPC 校正曲线

对分子质量的选择在色谱柱的上限和下限之间，均匀选择。为保证数据的准确性，校正曲线应经常更新。图 10-6（b）所示为使用表 10-1 中的一系列不同相对分子质量的 PS 标准样品，得到的 5 次校正曲线。

表 10-1　一系列聚苯乙烯标准样品的出峰时间与相对分子质量对应表

	t/min	$\overline{M}_r$	$\lg\overline{M}_r$
1	20.064	1030000	6.01
2	21.368	390000	5.59
3	21.932	240000	5.38
4	22.557	170000	5.23
5	23.309	100000	5.00
6	24.297	50000	4.70
7	25.892	19000	4.28
8	27.283	8500	3.93
9	28.350	4000	3.60
10	30.271	1050	3.02
11	30.850	580	2.76

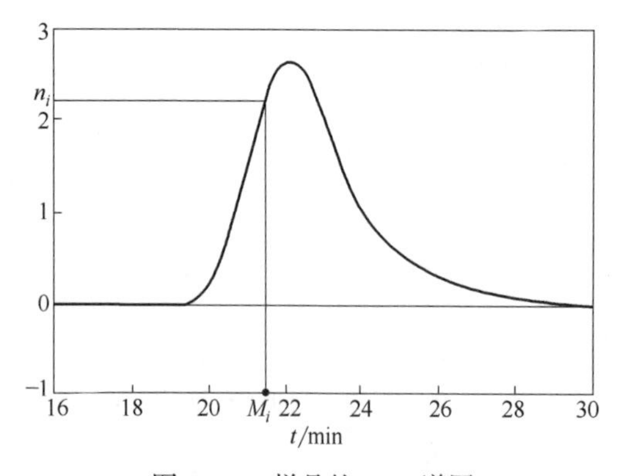

图 10-7　样品的 GPC 谱图

（2）计算相对分子质量及相对分子质量分布

如图 10-7 所示，GPC 谱图中的纵坐标为检测器检测到的每一个级分的浓度；横坐标为保留时间，对应到校正曲线上就是每一个级分的相对分子质量数值，根据前面介绍的表达式（Ⅰ）（Ⅱ）（Ⅲ）和（Ⅵ），可以计算得到被测样品的相对数均、质均和 Z 均分子质量及相对分子质量分布。

（3）普适校正法

在使用校正曲线进行相对分子质量计算时，理论上要求被测聚合物与标样具有相同的化学组成、化学结构及组装结构。实际中能够得到标准样品的聚合物种类非常有限，这时就需要使用普适校正。

普适校正的原理是 GPC 对聚合物分子的分离是基于分子流体力学体积的排除。对于相同的分子流体力学体积，在同一个保留时间流出，即两种柔性高分子链的流体力学体积相等。其数学表达式为：

$$[\eta]_1 M_{r,1} = [\eta]_2 M_{r,2} \tag{10-5}$$

将前面介绍的 Mark-Houwink 方程（式（Ⅳ））代入式（10-5），得到式（10-6）

$$K_1 M_{r,1}^{\alpha+1} = K_2 M_{r,2}^{\alpha+1} \tag{10-6}$$

式（10-6）中 K 和 α 值与聚合物种类、相对分子质量范围、分子链形状，溶剂种类及实验温度等多种因素有关，见表 10-2。许多聚合物手册和文献上会给出不同实验条件下的具体数值。可以查阅进行普适校正计算。

表 10-2　　不同实验条件下 PS 的 K 及 α 值

聚合物	溶剂	T/℃	K	α	相对分子质量范围×10^{-3}
PS	THF	25	0.00016	0.706	>3
PS	THF	23	0.00017	0.766	50~1000
PS(梳状)	THF	23	0.00022	0.560	150~11200
PS(星状)	THF	23	0.00035	0.740	150~600

10.5　凝胶渗透色谱的应用

10.5.1　测定聚合物材料的相对分子质量及分布

许多高分子材料的牌号是依据其聚合度，即相对分子质量大小来区分。以聚氯乙烯（PVC）为例，牌号 S-500 的意义就是通过悬浮聚合制备的平均聚合度为 500 的 PVC 原料。在加工中通过监控产品的聚合度变化，以确保原料产品质量的稳定性。图 10-8 所示是一系列不同聚合度的 PVC 样品做 GPC 曲线。

10.5.2　GPC 积分曲线

将相对分子质量计算的数据通过转换，可以得到 GPC 积分曲线，通过积分曲线，可以清楚知道样品中达到某一个相对分子质量值的比例。图 10-9 所示为根据对色谱峰面积积分得到的积分曲线。

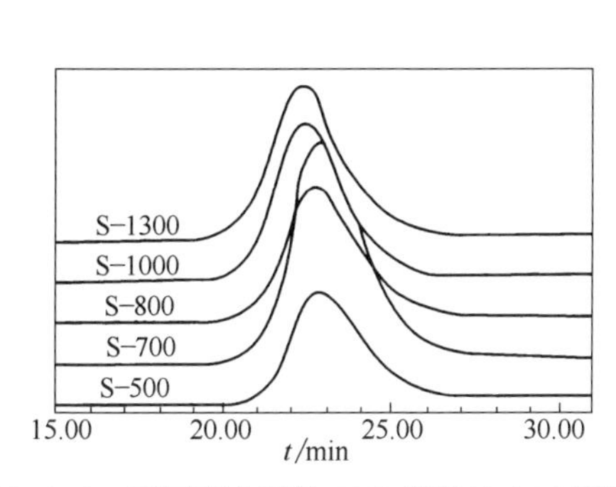

图 10-8　不同聚合度的 PVC 原料的 GPC 谱图

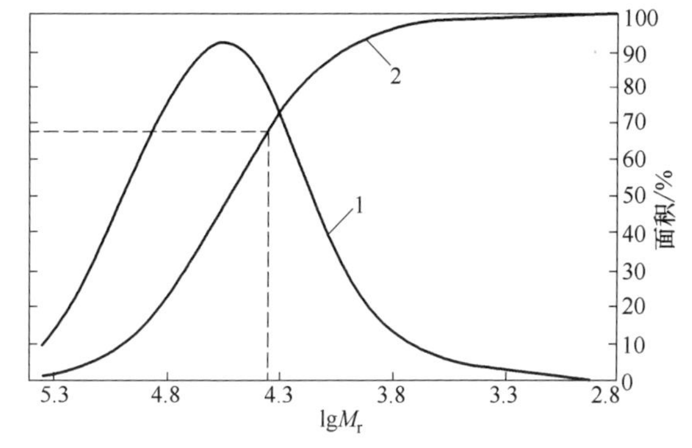

图 10-9　GPC 详图及积分曲线

1—GPC 谱图　2—积分曲线

10.5.3　聚合物中助剂的测定

一般实际中使用的聚合物制品需要添加各种助剂。助剂的种类非常多，有增塑剂、稳定剂、抗氧化剂，橡胶中添加的硫化剂及硫化促进剂，以及各种无机填料，赋予聚合物材料各种性能。将材料中的各种助剂有效地分离开是进一步进行定性及定量分析的前提。色谱的优势就在于可以将混合物分离。主体树脂一般相对分子质量相对较高，而有机助剂多为小分子化合物。在 GPC 上主体树脂与助剂在不同的淋洗时间，形成各自的色谱峰。辅助二极管阵列紫外、红外、质谱或核磁共振等检测器在线分析，可以同时对各种成分的结构进行解析。

举例说明。聚氯乙烯（PVC）是一种通用高分子材料，PVC 制品中的填料种类多达十几种，其中邻苯二甲酸二辛酯（DOP）是最普遍添加的一种增塑剂。PVC 的相对分子质量一般在 3 万以上，而 DOP 的相对分子质量只有 391，GPC 谱图上 PVC 和 DOP 的色谱峰可以明显区分。如图 10-10 所示，含有 DOP 的 PVC 制品出现 2 个色谱峰，单独使用 PVC 和 DOP 样品做 GPC，出峰位置可以一一对应。根据相对分子质量可以确定 PVC 的牌号。

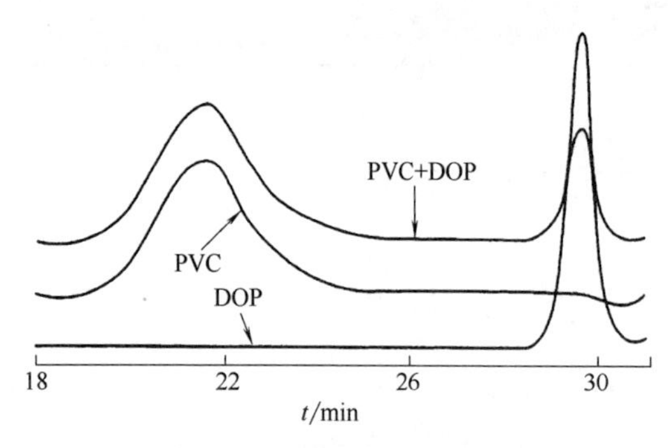

图 10-10　含 DOP 的 PVC 制品，纯 PVC 和纯 DOP 的 GPC 谱图

10.5.4　制备窄分布的聚合物

高分子化学中通过活性聚合可以得到窄分布的聚合物。使用制备型 GPC，通过物理分级的方法分离原本相对分子质量分布比较宽的样品，也可以得到窄分布样品。制备型 GPC 的结构与原理与分析型 GPC 基本相同，区别之处是泵的流速要高，色谱柱的管径要粗，进样浓度和进样量都要大。制备型 GPC 是在样品流过检测器之后，通过一个级分收集器按时间间隔收集。淋洗液流经一个自动的多通道阀门，此处的电子开关将淋洗液分别输送到特殊的选择收集瓶中，实现宽分散样品的分级。通过这种方法，可以反复多次将分离出来的一个级分再通过色谱系统进行分级，得到窄分布的组分。

10.5.5　研究支化聚合物

GPC 的分离机理是按照体积分离，适用线性分子，尺寸相同时分子质量也同。聚合物分子链支化后，支化分子在溶剂中的构型较线性分子更致密，因此，支化分子的均方回转半径小于线性分子，相同尺寸的支化分子的分子质量应该比线性分子的分子质量大。这时使用 GPC 的方法测定出的支化分子链的分子质量比实际值要小，应进行校正。支化分子链的特性黏度低于线性分子。图 10-11（a）所示为以 L-HPB1 作为大分子引发剂，合

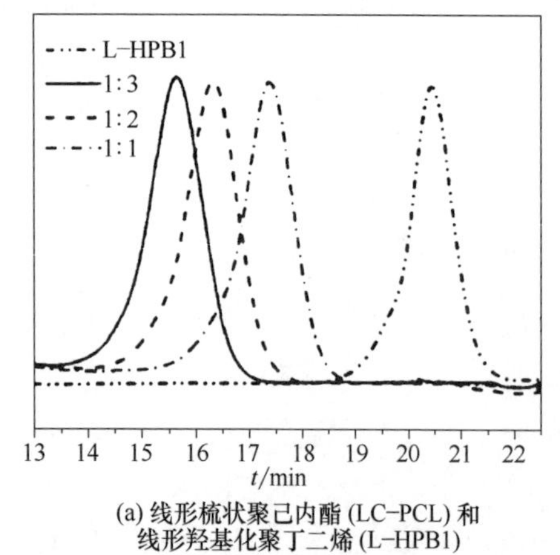

(a) 线形梳状聚己内酯 (LC-PCL) 和线形羟基化聚丁二烯 (L-HPB1)

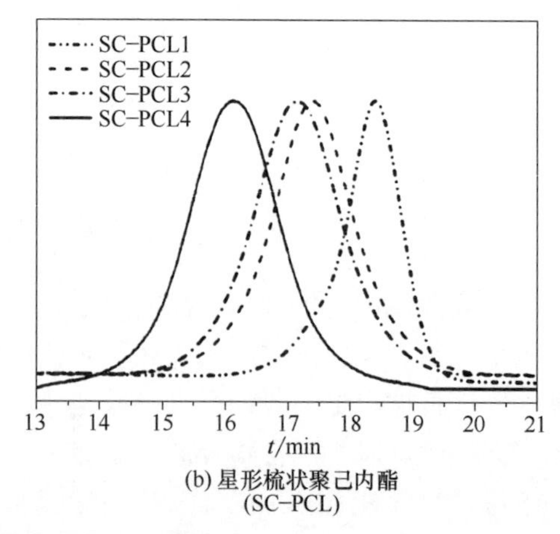

(b) 星形梳状聚己内酯 (SC-PCL)

图 10-11　支化聚合物的 GPC 谱图

成的线形梳状聚己内酯（LC-PCL）的 GPC 谱图，图中 1∶1，1∶2，1∶3 为 L-HPB1 与单体的质量比。可以发现，所有样品的 GPC 曲线均为对称的较窄单峰，LC-PCL 的曲线较 L-HPB1 有明显向高分子量方向移动，且随着单体与 L-HPB1 投料比的增加，相对分子质量增大，表明成功地合成了相对分子质量高且分布窄的高支化度 LC-PCL。图 10-11（b）所示为以 S-HPB1 作为大分子引发剂，合成的星形梳状聚己内酯（SC-PCL）的 GPC 谱图。可以看出，所有样品的 GPC 曲线均为对称的单峰，且随着单体与羟基投料比的增加，星形梳状聚合物的相对分子质量增大，分散性变高。

$$G=\frac{[\eta]_g}{[\eta]_1} \tag{10-7}$$

$$g=\frac{(r_g^2)_g}{(r_g^2)_1} \tag{10-8}$$

式中　r_g^2——分子链的均方末端距；

G 和 g——支化因子，支化程度越高，G 和 g 越小；

下标 g——支化分子；

下标 l——线性分子。

利用 GPC 研究支化度，也是根据普适校正中提出的 GPC 是通过对不同尺寸的分子体积排除来实现的。即流体力学体积相同时，满足式（10-9）。

$$[\eta]_g M_g=[\eta]_1 M_1 \tag{11-9}$$

式中　$[\eta]$——特性黏度；

M——GPC 测试中得到的相对分子质量。

具体的方法是分别测定线性和支化聚合物的特性黏度，然后使用 GPC 仪测定线性聚合物的分子质量，通过式（10-9）得到支化聚合物的分子质量。

10.5.6　多组分样品的含量分析

多组分样品中某种组分的含量可以通过 GPC 谱图上对应的峰面积得到。但是需要通过被测组分的标准样品进行标定。如对一种医用硅油中的一种小分子成分 RMN3 的含量进行标定的具体过程如下。

在分析天平上准确称取一定量的 RMN3 标样及被测样品分别放入 20mL 样品瓶中，用移液管准确量取一定量的四氢呋喃（THF）溶液加入到样品瓶中，密封。溶解时间在 3h，确保样品充分溶解。

取上面配制好的溶液做 GPC，色谱图如图 10-12 所示。根据 26~27min 之间的色谱峰进行积分计算，分别得到各自的峰面积，见表 10-3。

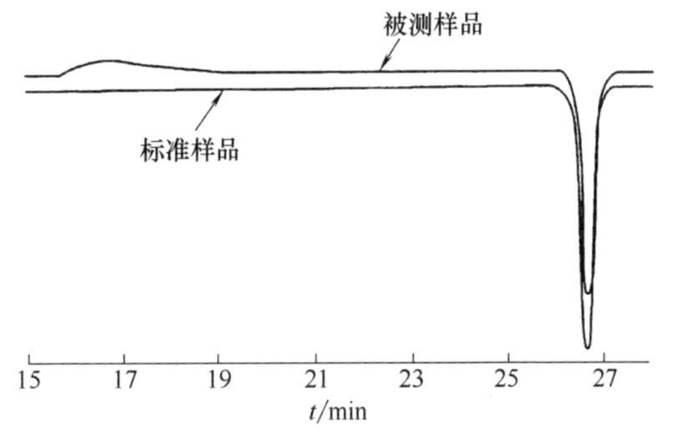

图 10-12　医用硅油与标准物 RMN3 的 GPC 谱图

表 10-3　医用硅油与标准物 RMN3 的 GPC 中 RMN3 组分对应的色谱峰面积样品量

	样品量/mg	溶剂 THF 的体积/mL	浓度/(g/mL)	GPC 谱图上对应的峰面积
RMN3 标样	47.7	20	0.0024	661453
被测样品	147.7	10	0.0147	605819

根据式（10-10）计算，

$$\rho_{\mathrm{RMN3,sample}}=\frac{\rho_{\mathrm{RMN3,STD}}}{A_{\mathrm{RMN3,STD}}}\cdot A_{\mathrm{RMN3,sample}}=\frac{0.0024}{661453}\cdot 605819=0.00218\ (\mathrm{g/mL}) \tag{10-10}$$

式中　$\rho_{\mathrm{RMN3,sample}}$——被测样品中 RMN3 的浓度；

$\rho_{\mathrm{RMN3,STD}}$——RMN3 标准样品的浓度；

$A_{\mathrm{RMN3,sample}}$——被测样品中 RMN3 在 GPC 谱图上对应的色谱峰面积；

$A_{\mathrm{RMN3,STD}}$——RMN3 标准样品在 GPC 谱图上对应的色谱峰面积。

计算得到被测样品的 THF 溶液中 RMN3 的含量为：

$$\frac{0.00218}{147.7}\times 100\%=14.79\%$$

10.5.7　聚合反应跟踪及动力学研究

（1）聚乳酸（PLA）降解过程跟踪

PLA 是一种生物基可降解高分子材料，在人体医疗器材中得到应用。通过 GPC 跟踪一款 PLA 医疗器材在血清中浸泡 60 天中相对分子质量变化情况，图 10-13 所示，随着时间的延长，PLA 的相对分子质量逐渐下降。

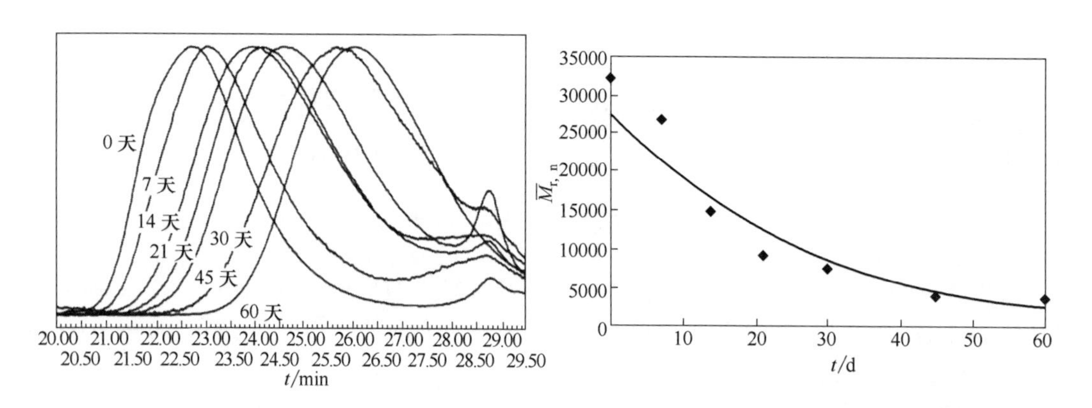

图 10-13　一种聚乳酸材料降解反应过程中的 GPC 谱图及相对数均分子质量随时间的变化

户外使用的聚合物长期暴露在阳光照射中，其中波长 290~400nm 紫外（UV）光的能量与聚合物中主要的化学键键能相对应。聚合物可以吸收相应的紫外光，导致化学键断裂，发生严重老化，材料的性能迅速恶化，使用寿命缩短。

暴露在 UV 中 PLA 制品一段时间后会变硬，失去原有的弹性，色泽发生变化等。但这种情况下 PLA 发生的并非简单的分子链断裂导致的降解。经过 GPC 测试，发现 UV 照射一段时间后，样品的相对分子质量分布加宽，其中相对分子质量变高及变低的比例均有存在，如图 10-14 所示，说明 PLA 分子链在 UV 老化过程中交联和断裂同时发生。

（2）酚醛树脂固化过程跟踪

酚醛树脂在室温条件下保存，在不同时间取样进行 GPC 测定，从图 10-15 所示的 GPC 谱图上可以看出，在第一天，样品主要由单分散的小分子组成，到第二天，样品中出现双峰，小分子部分和相对分子质量增大的部分同时存在，随着时间的延长，相对分子质量较大的部分所占的比例逐渐增加。起始阶段相对分子质量增加明显，到 10 天之后相对分子质量增长速度变缓。

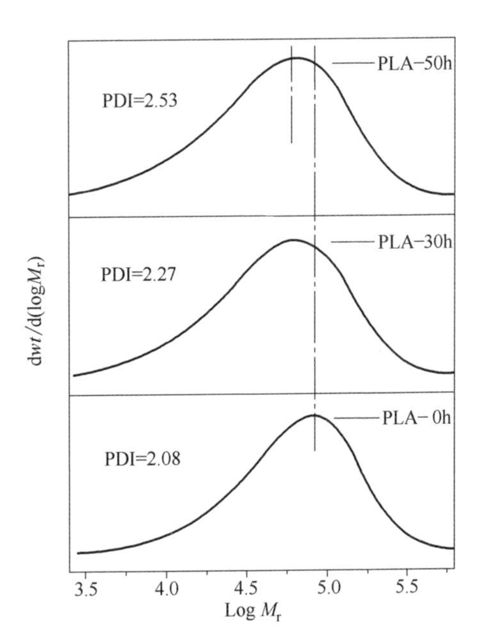

图 10-14　PLA 在紫外过程中的 GPC 谱图

10.5.8　共聚物的组成分布

（1）RI-UV 双检测测定共聚物的组成分布

共聚物的结构与组成对其物理和加工性能有显著影响。单独使用示差检测器只能得到平均相对分子质量的数值，不能反映共聚物中各种组分的组成变化。需要使用与组分数相关的多个检测器联用才能反映出共聚物组成分布的变化。以紫外-示差检测器联用，测定二元共聚物丁二烯-苯乙烯橡胶（SBR）和三元 SBS 共聚物的组成分布变化为例，介绍测试的原理及具体实验步骤。

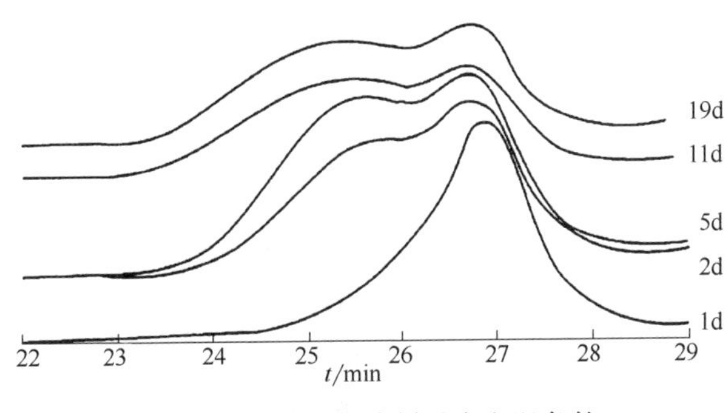

图 10-15　酚醛树脂样品在室温条件放置过程中的 GPC 谱图

样品的质量浓度（ρ）与其在示差或者紫外检测器上的吸收峰的面积（A）存在下面的关系：

$$A_{RI,PS}=k_{RI,PS}\cdot\rho_{PS} \tag{10-11}$$

$$A_{RI,PB}=k_{RI,PB}\cdot\rho_{PB} \tag{10-12}$$

$$A_{RI,SBR}=k_{RI,SBR}\cdot\rho_{SBR} \tag{10-13}$$

$$A_{UV,PS}=k_{UV,PS}\cdot\rho_{PS} \tag{10-14}$$

$$A_{UV,SBR}=k_{UV,SBR}\cdot\rho_{SBR} \tag{10-15}$$

式（10-11）至式（10-15）下标中的 RI 和 UV 分别代表在示差检测器和紫外检测器上得到的信号；PS 中的苯环在紫外检测器的 258nm 波长产生最强吸收。而 PB 在紫外检测器上不产生紫外吸收。

共聚物的比例常数 $k_{RI,SBR}$ 与随组成中 PS 和 PB 比例不同而发生变化。如式（10-16）：

$$k_{RI,SBR}=(1-w_{PS})k_{RI,PB}+w_{PS}k_{RI,PS} \tag{10-16}$$

式（10-16）中 w_{PS} 为 PS 链段在 SBR 共聚物中的质量分数。如式（10-17）：

$$w_{PS}=\frac{\rho_{PS}}{\rho_{SBR}} \tag{10-17}$$

对于 SBR 共聚物中的每一个组分，如式（10-18）：

$$(w_{PS})_i=\left(\frac{\rho_{PS}}{\rho_{SBR}}\right)_i \tag{10-18}$$

利用式（10-15）和式（10-13），再带入（10-18）式，得到：

$$\left(\frac{A_{UV,SBR}}{A_{RI,SBR}}\right)_i=\frac{k_{UV,SBR}}{k_{RI,SBR}}(w_{PS})_i \tag{10-19}$$

将式（10-16）代入式（10-19），得：

$$(w_{PS})_i=\left(\frac{A_{UV,SBR}}{A_{RI,SBR}}\right)_i\frac{k_{RI,PB}}{k_{UV,PS}-(k_{RI,PS}-k_{RI,PB})\left(\frac{A_{UV,SBR}}{A_{RI,SBR}}\right)_i} \tag{10-20}$$

利用式（10-20）可以计算出SBR中苯乙烯的平均含量。

$$\bar{w}_{PS}=\frac{\sum(w_{PS})_i}{n} \tag{10-21}$$

式中　n——级分数。

确定了参数$k_{RI,SBR}$，$k_{RI,PB}$和$k_{UV,PS}$之后，根据式（10-28），由示差和紫外检测器对每一个级分的检测信号得到样品中每一个级分中PS的含量，即$(w_{PS})_i$。

需要配制一系列浓度的PS和PB的样品才能确定上面公式中的参数。这样做不但麻烦，而且由于样品配制过程中会带入浓度误差，导致回归计算得到的线性程度并不好。

自动进样器的定量环可以自动而准确地确定样品的进样量。对一个固定浓度的样品变换不同的进样量，换算成相同溶质质量的浓度，来代替配制不同浓度的样品。通过对比这两种方法，发现改变注射量的方法既简便又准确。

GPC仪器的流路系统中紫外检测器在示差检测器之前，所有同一个级分的样品是先流入紫外检测器，后流入示差检测器，所以在信号上示差检测器比紫外检测器存在一个滞后时间。具体的滞后时间值（Δt）在不同的GPC系统中并不相同，可以通过测定窄分布PS样品在示差检测器和紫外检测器上对应的峰位的淋洗时间的差异来确定。

利用GPC处理软件将SBR共聚物在示差检测器和紫外检测器上258nm处的谱图分别进行积分计算，根据数据表中给出的每一个固定时间间隔的片段面积值，在含量计算中，取示差检测器上滞后Δt的片段面积与紫外监测器上的信号一一对应。依据式（10-21）计算得到SBR的组成分布曲线，图10-16（a）所示为苯乙烯（St）的平均含量为23.5%的无规共聚SBR的分子质量分布曲线和St的含量组成分布；图10-16（b）所示为St的平均含量为35%的三嵌段SBS共聚物的分子质量分布曲线和St的含量组成分布。

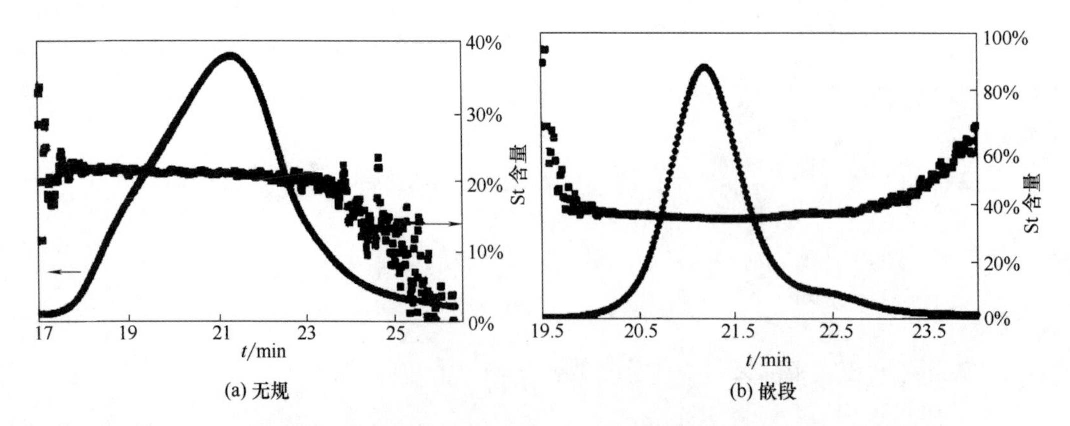

图10-16　无规和嵌段共聚物SBR的相对分子质量分布曲线及其中的苯乙烯的组成分布

从图 10-16（b）看出 SBR 无规共聚物中多数分子链中 St 的含量在 22%～24%之间。在相对低分子质量部分 St 含量降低。分析原因是在 SBR 聚合过程中，生成了分子质量相对比较低的 PS 所导致。从图 10-16（b）所示的三嵌段 SBS 组成分布图中看出，在相对高和低分子质量部分 St 含量都比较高。

（2）共聚物中均聚物及杂质成分分析

共聚物的性能不仅仅依赖于共聚物的相对分子质量和组成，而且也与共聚物的纯度有关，在聚合过程中，往往由于聚合条件控制的因素，单体纯度的差异以及其他杂质的影响而产生均聚物，使得最终的产物为共聚物和均聚物的混合物，从而影响产品的质量。以一种 SBS 的嵌段共聚物为例，其 GPC 谱图的 RI 检测器得到的是双峰分布的产物，但只能说明这两部分的产物的分子质量存在差异，并不能反映其组成分布的差异。利用双检测器计算产物的组成分布，确定样品中分子质量大的一个组分为 SBS 嵌段共聚物，St 的含量在 22%～24%，组成分布比较均匀，而分子质量比较小的一个组分为 St 的均聚物，如图 10-17 所示。这是聚合工艺造成的。

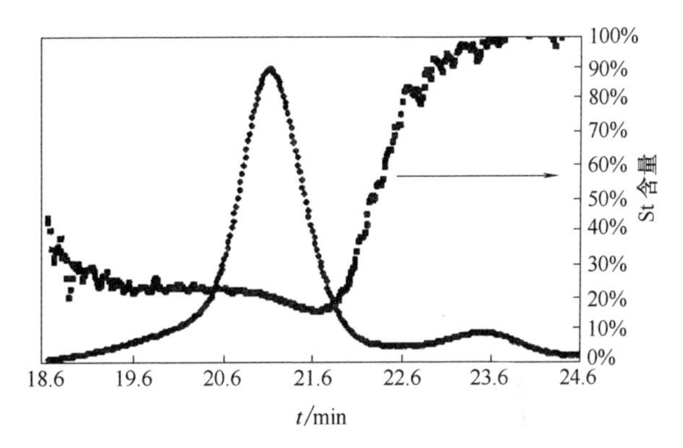

图 10-17　SBS 的嵌段共聚物的 GPC 谱图及 St 含量计算图

10.5.9　弹性体中双键分布的分析

和上面介绍的共聚物的组成分布的原理相同，由于双键结构在紫外检测器上产生明显吸收，利用紫外-示差双检测器联用可以测定共聚物中双键的组成分布。如对异丁烯-异戊二烯共聚物组成中双键的组成和分布可以通过上面的方法确定。

习　　题

1. 测定数均相对分子质量的方法有几种，其原理各是什么，分别适合测定的相对分子质量的范围是多少?

2. 利用光散射仪如何测定聚合物材料的第二维利系数和均方末端距?

3. 说明 GPC 测试中普适校正应用的条件及原理。

4. 掌握相对数均分子质量、相对重均分子质量的物理意义，写出相对分子质量分布的公式。

第3篇　热　分　析

热分析是经典的表征方法，简单来讲是分析物质的各种物理性质随着温度变化而发生的变化。“物理性质”包括温度和热焓、质量、体积、声学特性、力学性能、光学特性的变化以及电学、磁学特性变化等。

热分析的起源可追溯到1887年，第一次用热电偶测温的方法研究黏土矿物在升温过程中的热性质的变化。1891年，英国人使用示差热电偶和参比物，记录样品与参照物间存在的温度差，大大提高了测定灵敏度，发明了差热分析（DTA）技术的原始模型。1915年，在分析天平的基础上研制出热天平，开创了热重分析（TGA）技术。1940后，热分析向自动化、定量化、微型化方向发展。1964年，美国人在DTA技术的基础上发明了示差扫描量热法（DSC），Perkin-Elmer公司率先研制了DSC-1型示差扫描量热仪。

在1977年日本京都召开的国际热分析协会（ICTA）第七次会议上，将热分析定义为：在程序控制温度下，测量物质的物理性质与温度的关系的一类技术。这个定义涵盖了现代热分析的基本内容。通过检测样品本身的热物理性质随温度或时间的变化，来研究物质的分子结构、聚集态结构、分子运动的变化等。

在材料结构与性能研究中，热分析发挥出越来越重要的作用。其优势主要体现在以下几点：①可在宽广的温度范围内对样品进行研究；②可使用各种温度程序（不同的升降温速率）；③对样品的物理状态无特殊要求；④所需样品量很少（0.1μg~10mg）；⑤仪器灵敏度高（质量变化的精确度达10^{-5}）；⑥可与其他技术联用；⑦可获取多种综合信息。

按照上述热分析定义，国际热分析联合会（ICTA）归纳主要的热分析方法见下表。

测定样品的物理性质	所用方法名称	测定样品的物理性质	所用方法名称
热量变化	差示扫描量热法、差热分析法	热-力分析	静态热机械法和动态热机械法
质量变化	热重法	热-电分析	热释电流法
挥发产物	溢出气分析	热-光分析	热释光分析
尺寸变化	线膨胀法和体膨胀	磁学性质	热磁学法

应用最多的热分析仪器是差示扫描量热仪（DSC）、差热分析（DTA），热失重分析（TGA）及动态力学分析（DMTA）。它们能够测量物质的晶态转变、熔融、蒸发、脱水、升华、吸附、解吸、吸收、玻璃化转变、液晶转变、热容的变化、燃烧、聚合、固化、催化反应、模量、阻尼，热化学常数及纯度等性质的转变与反应，从而获得物质微观结构热变化的根源，寻找出微观与宏观性能内在的联系。

根据测试物理性能的差异，热分析仪器的品种繁多。一般的热分析仪的基础组成包括：①物性测量单元；②程序控温单元；③显示记录系统；④气氛控制单元；⑤数据采集及处理系统。

各种分析仪器的快速发展，推进了现代科学的研究进程。在仪器发展过程中，发现任何一种仪器均有其优势，也存在分析范围的局限性。因此各种仪器的连用得到开发应用。各种热分析仪和色谱或者光谱仪器联用，探究物质在温度变化过程中，分子结构的变化，进一步明确引发性能发生变化的根本原因。

第 11 章　差示扫描量热法

差示扫描量热（Differential scanning calorimetry，DSC）是测量输入到试样和参比物的热流量差或功率差与温度或时间的关系。其纵坐标是试样与参比物的功率差 dH/dt，也称热流率，单位为毫瓦（mW）；横坐标为温度（T）或时间（t）。可以测量多种热力学和动力学参数，记录材料在程序升温或者降温过程中发生的相转变过程。测定比热容、反应热、转变热、反应速率、结晶速率、高聚物结晶度、样品纯度等。因此 DSC 可以获取的信息量非常丰富，在材料研究中的应用非常广泛，是热分析中最为重要的一种表征方法。

11.1　DSC 的基本原理

目前主流应用的 DSC 有两种：一种是热流型，另一种是功率补偿型。二者在设计原理上有所区别，下面分别加以介绍。

功率补偿型 DSC 的原理：在程序升温过程中，始终保持试样与参比物的温度相同，为此试样和参比物各用一个独立的加热器和温度检测器。当试样发生吸热效应时，由补偿加热器增加热量，使试样和参比物之间保持相同温度。

功率补偿型的 DSC 是内加热式，装样品和参比物的支持器是各自独立的元件，如图 11-1 所示，在样品和参比物的底部各有一个加热用的铂热电阻和一个测温用的铂传感器。采用动态零位平衡原理，即要求样品与参比物温度，不论样品吸热还是放热时都要维持动态零位平衡状态，也就是要维持样品与参比物温度差趋向零（ΔT）。DSC 测定的是维持样品和参比物处于相同温度所需要的能量差 ΔE，反映样品热焓的变化。

$$\Delta E=\frac{dQ_S}{dt}-\frac{dQ_r}{dt}=\frac{dH}{dt} \tag{11-1}$$

式中　$\frac{dQ_S}{dt}$——单位时间给样品的热量；

$\frac{dQ_r}{dt}$——单位时间给参比物的热量；

$\frac{dH}{dt}$——热焓的变化率或称热流率。

功率补偿型 DSC 的工作原理如图 11-1 所示。一侧回路是平均温度控制回路，它保证试样和参比物能按程序控温速率进行。检测的试样和参比物的温度信号与程序控制提供的程序信号在平均温度放大器相互比较，如果程序温度高于试样和参比物的平均温度，则由放大器提供更多的热功率给试样和参比物，以提高它们的平均温度，与程序温度相匹配，达到程序控温过程。另一侧是补偿回路，当由于试样产生放热或吸热反应，导致试样和参比物产生温差时，能及时由温差 ΔT 放大器输入功率以消除这一差别。

热流型 DSC 是在程序控温下测量试样与参比物之间温差与温度关系。热流型 DSC 是

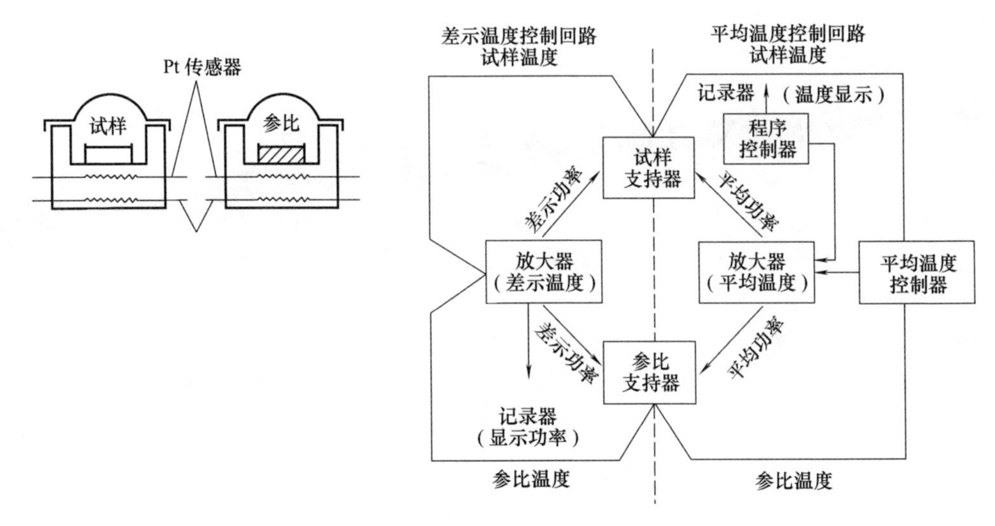

图 11-1　功率补偿型 DSC 仪器结构及原理图

外加热式，检测的是温差 ΔT，反映试样热量变化。

11.2　实验技术

11.2.1　试样的制备

固态、液态或黏稠状样品都可以进行 DSC 测定。尽可能将样品均匀、密实地分布在样品皿内，以减少试样与样品皿之间的热阻，提高传热效率。较大样品需要剪或切成薄片或小粒，并尽量铺平。高分子材料在 DSC 测试时一般温度应低于 500℃，选择铝制样品皿即可；由底盘与样品盖两部分组成，样品放在底盘中间，覆上样品盖后，使用专用卷边压制器冲压。挥发性液体需要使用耐压密封皿。

当超过 500℃时，铝会变形，可用金、铂、石墨、氧化铝皿等；需要注意的时铂皿与熔化的金属会形成合金，也易被含有磷或卤素气体侵蚀。

11.2.2　基线、温度和热量的校正

仪器在刚开始使用或使用一段时间后，需要进行基线、温度及热量的校正，以保证数据的准确性。基线校正是在所测温度范围内，空置样品池和参比池，进行温度扫描，仪器正常时会得到一条直线；如果出现曲率、斜率甚至出现小的吸热或放热峰，则需要进行仪器维护和加热炉清洗，使基线恢复平直。温度和热量校正采用标准纯物质，某些纯物质的熔点和熔融热见表 11-1。

DSC 曲线上的吸热峰面积（A）与熔融热（ΔH_m）成正比。

$$\Delta H_m = k\frac{A}{m} \tag{11-2}$$

式中　k——仪器常数；

　　m——样品质量。

表 11-1　　几种纯物质的熔点（T_m）和熔融热（ΔH_m）

	T_m/℃	ΔH_m/(J/g)
偶氮苯	34.6	21.6
硬脂酸	69.0	47.5
铟	156.6	28.5
锡	232.0	60.5
铅	327.5	23.0
锌	419.6	108.4
硫酸钾	585.0	33.2

功率补偿型 DSC 采用动态零位平衡原理，即始终保持样品与参比物的温差为零。k 为仪器常数，与温度变化无关。能量校正时只需单点校正，如用金属铟（In）测试，应与标准物 In 的 ΔH_m=28.45J/g 相符，即可用于其他温度范围。温度校正一般通过两种标准物质测定。

11.2.3　主要影响因素

（1）样品量

在进行 DSC 测试时，一般需要 3~5 mg 样品，根据样品热效应大小，可以适当调节样品量，但不超过 10 mg。样品量越少，分辨率越高，但同时灵敏度下降，样品量对 DSC 曲线的影响如图 11-2（a）所示。

样品量对相转变温度也会产生影响。如图 11-2（b）所示，随着样品铟的质量增加，熔融峰起始点温度基本不变，但峰顶温度向高温移动，峰结束温度也提高。因此，如同类样品要相互比较，最好采用尽量相同的量。

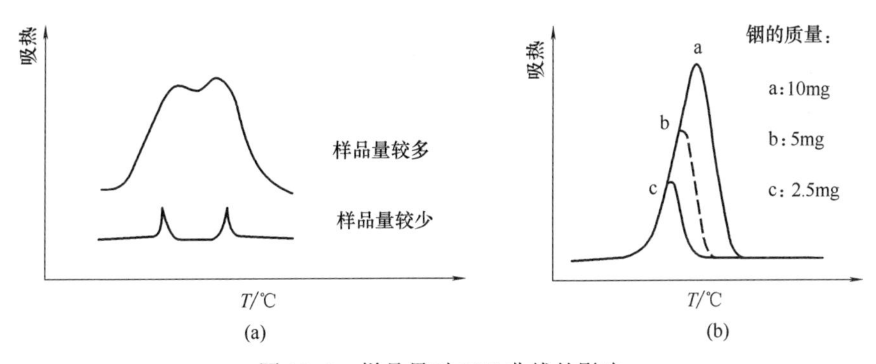

图 11-2　样品量对 DSC 曲线的影响

（2）升温速率

在 DSC 测试中，通常升温速率范围在 5~20℃/min。一般来说，升温速率越快，灵敏度越高，分辨率低。灵敏度和分辨率是一对矛盾，可以选择较慢的升温速率以保持好的分辨率，而适当增加样品量来提高灵敏度。

金属铟在不同升温速率下的 DSC 曲线如图 11-3（a）所示，随升温速率的增加，熔融峰起始温度变化不大，而峰顶和结束温度升高，峰形变宽。由此可见，测试时若改变升温速率，需要重新校正温度。

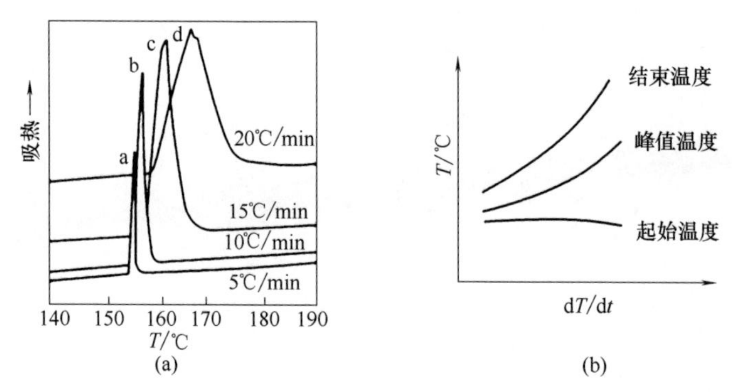

图 11-3　铟在不同升温速率下的 DSC 曲线和升温速率对峰位的影响

（3）气氛

为了避免样品与空气中的氧气发生反应，同时又要减少试样挥发物对检测器的腐蚀，DSC 测试中一般使用 N_2、Ar、He 等惰性气体，气流流速恒定在 10mL/min。

不同的气氛条件对测定结果有显著影响。如 He 的热导率比 N_2、Ar 的热导率高大约 4 倍，所以在做低温 DSC 时如果使用 He，冷却速度加快，测定时间缩短，但因 He 的热导率高，使检测灵敏度降低，约是 N_2 中的 40%，因此在 He 中测定热量时，需要重新校正。

为探知材料在真实使用中热性能的变化，可以使用流动空气或者氧气气氛。来解释某些氧化反应。

（4）颗粒形状及粒径

样品的几何形状对 DSC 峰形亦有影响：颗粒直径越大，传热速度降低，导致峰形不规则，不利于计算；颗粒尺寸小或薄的样品，得到的 DSC 峰形更准确。因此粉末状样需要首先充分研磨，降低颗粒直径及直径分布。

11.2.4　熔点（T_m）和玻璃化转变温度（T_g）的确定

（1）熔点

结晶型聚合物，在 DSC 升温过程中出现晶区熔融的吸热峰，如图 11-3（b）所示，一般有三种确定 T_m 的方法，如图 11-4 所示。

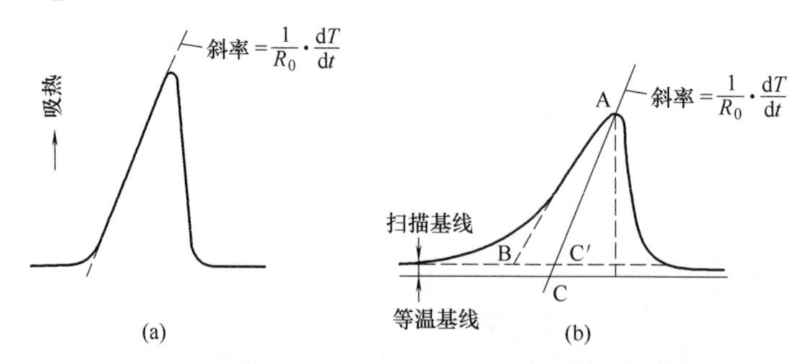

图 11-4　高纯铟的熔融峰和高分子熔融曲线及熔点的测定

从样品的熔融峰的峰顶作一条直线，其斜率为金属铟熔融峰前沿的斜率$\frac{1}{R_0}\cdot\frac{dT}{dt}$，其中 R_0 是样品皿和样品支持器之间的热阻，它是热滞后的主要原因，如图 11-4（a）所示。

该直线与等温基线相交的 C 点定义为熔点，其测定误差不超过±0.2℃。这只有在需要非常精密测定熔点时才用（如用熔点计算物质的纯度）。一般与扫描基线的交点 C'所对应的温度作为 T_m。

第二种最通用的确定 T_m 的方法，是以峰前沿最大斜率点的切线与扫描基线的交点 B 作为 T_m。

第三种有直接用峰 A 点为 T_m，但样品量和升温速率不同，峰位会发生变化。如图 11-4（a）所示。

（2）玻璃化转变温度（T_g）

如图 11-5 所示，非晶态的高分子材料在 DSC 升温曲线中出现一个台阶，即为玻璃化转变过程。玻璃化转变是一种松弛现象，是高聚物从玻璃态转变为高弹态的过渡阶段。在 T_g 以下，分子链处于冻结状态；到达 T_g，链段解冻并开始运动。高聚物的玻璃化转变类似于热力学二级转变，表现为自由体积、比热容和线膨胀系数等的突变。到达 T_g 以上，材料表现为高弹态。相变过程如图 11-6 所示，由于玻璃化转变是一种非平衡过程，因此操作条件对实验结果也有很大的影响，主要影响因素有：

① 升温速率。升温速率越快，玻璃化转变越明显，测得的 T_g 也越高。推荐采用的升温速率为 10~20℃/min。

② 样品中残留的水分或溶剂。水或溶剂等小分子化合物的存在利于高聚物分子链的松弛，使测得的 T_g 偏低。因此实验前，应将样品烘干，彻底除尽残留的水分或溶剂。

③ 样品的热历史。具有不同热历史的同一样品的 T_g 不同。为保证同类样品的 T_g 具有可比性，需消除热历史的影响。采用的方法是在高于 T_g 的温度下将样品进行退火处理。

除了对非晶态聚合物玻璃化转变的研究外，DSC 还可用于研究聚合物分子链的解缠结过程以及聚合物的交联和降解程度。

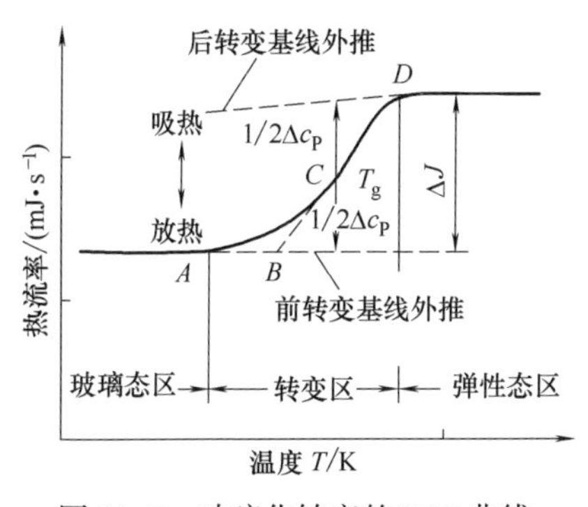

图 11-5　玻璃化转变的 DSC 曲线

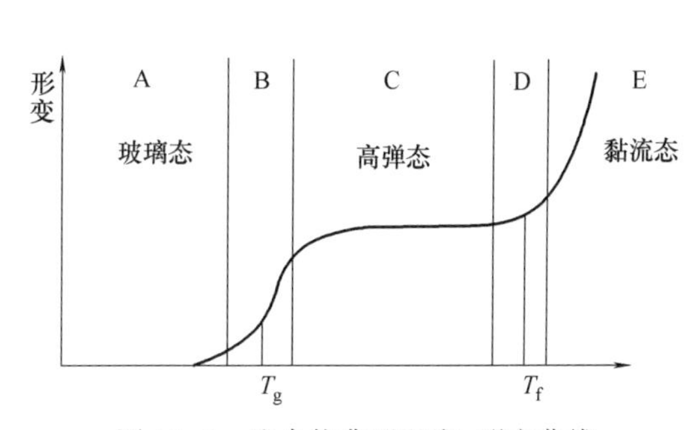

图 11-6　聚合物典型温度-形变曲线

11.3　DSC 的应用

11.3.1　影响 T_g 的因素

（1）化学结构

具有僵硬的主链或带有大的侧基的聚合物将具有较高的 T_g；链间具有强吸引力的高

分子，不易膨胀，有较高的 T_g；在分子链上挂有松散的侧基，使高分子结构变得松散，即增加了自由体积，而使 T_g 降低。几种典型聚合物的列于表 11-2 中。可以看出，无侧基碳链聚合物，聚乙烯、顺式-1,4-聚丁二烯具有很低的 T_g。带有取代基、苯基、氯基或带有甲酯基等立体效应使主链运动困难而使 T_g 升高。

表 11-2　　聚合物侧基对 T_g 的影响

聚合物	T_g/℃	聚合物	T_g/℃
聚乙烯	-68(-120)	顺式-1,4-聚丁二烯	-108(-95)
聚丙烯(全同)	-10(-18)	聚甲基丙烯酸甲酯	115(105)
聚苯乙烯	100	聚苯醚	220(210)
聚氯乙烯	87	尼龙 6	50(40)

$$\left[\!-CH_2-\underset{COOC_nH_{2n+1}}{\overset{CH_3}{C}}-\right]_n$$

图 11-7　聚甲基丙烯酸酯类聚合物的分子结构

聚甲基丙烯酸酯类聚合物含有柔性酯侧基，其结构如图 11-7 所示。从表 11-3 可以看出，随着侧基的增大，分子间距加大，相互作用减弱，将产生“内增塑”作用，T_g 反而下降。

表 11-3　　侧基柔性对聚甲基丙烯酸酯类 T_g 的影响

n	1	2	3	4	5	12
T_g/℃	105	65	35	20	-5	-65

（2）相对分子质量

随着相对分子质量的增加，一般聚合物的 T_g 升高。见表 11-4 所示，随着 PS 相对分子质量的升高，T_g 升高。

表 11-4　　聚苯乙烯相对分子质量对 T_g 的影响

聚苯乙烯体系	$\overline{M}_{r,n}$	T_g/℃	聚苯乙烯体系	$\overline{M}_{r,n}$	T_g/℃
A	111000	100	E	2740	43
B	10400	83	F	1530	43
C	5400	70	G	650	-25
D	3630	53			

当相对分子质量超过一定程度后，T_g 不再随相对分子质量的增加而明显增加。这是因为分子链两端的端基链段的活动能力，比分子链中间受到牵制的链段的活动能力更高，将贡献一定的自由体积。相对分子质量越低，端基链段比例越高，T_g 越低，随相对分子质量增大，端基链段减少，所以 T_g 逐渐增大。如图 11-8 所示，含有不同端基结构的两种聚甲基丙烯酯，都出现随着相对分子质量增加，T_g 增加的现象；但是增加的幅度有所区别，端基基团自身的活动能力，也会对整体分子链带来影响。含有对叔丁基酯（BPh）端基结构的分子，T_g 的增高趋势明显高于含有对丁基环己酯（BCy）的分子。

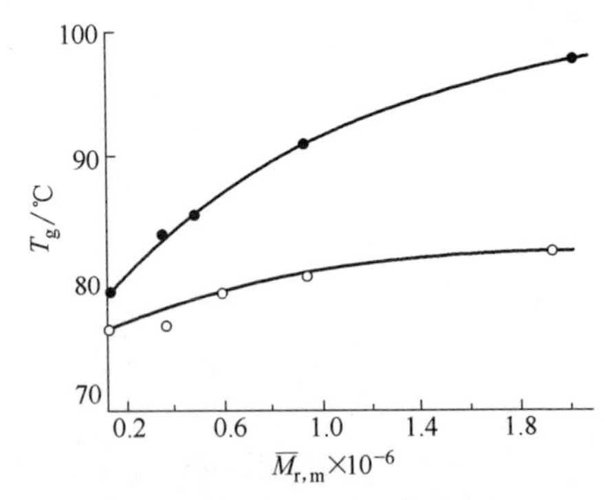

图 11-8　两种不同端基结构的两种聚甲基丙烯酯的 T_g 与相对质均分子质量（$\overline{M}_{r,m}$）的关系图

—●— 含对叔丁基酯（BPh）端基

—○— 含对丁基环己酯（BCy）端基

（3）结晶度

不同聚合物的结晶度对 T_g 的影响规律并不完全不同。聚对苯二甲酸乙二醇酯、等规聚苯乙烯、聚 ε-己内酰胺、等规甲基丙烯酸甲酯等，随着结晶度的提高，无定形部分的分子链运动的阻力增加，导致 T_g 升高。

对聚 4-甲基-1-戊烯的 T_g 随结晶度的增加而降低。因提高结晶度后，低 T_g 对应得等规结构增加，而高 T_g 对应的间规部分减少，从而使 T_g 降低。

有些聚合物如等规聚丙烯、聚三氟氯乙烯等，由于结晶度的提高并不影响该聚合物无定形部分软硬程度，因此结晶度对 T_g 的影响可以忽略。

（4）交联度

交联一般引起 T_g 的升高。图 11-9 所示是一种环氧-酸酐体系经不同预固化温度固化测试得到的 DSC 升温曲线，由于固化温度不同，交联程度不同，在 400K 以下固化的试样，随固化温度升高交联度增加，T_g 升高，推断存在剩余效热。在更高的温度固化，T_g 反而降低，推测是由于高温裂解，使交联密度降低，致使 T_g 降低。

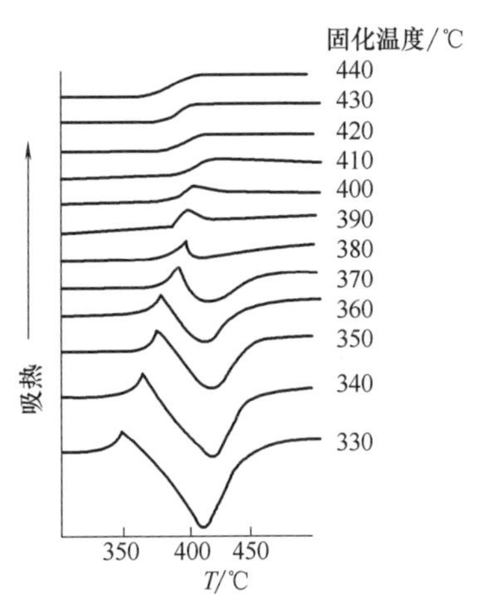

图 11-9　在不同温度完成预固化的环氧-酸酐体系的 DSC 升温曲线

（5）成型过程中的历史效应

① 热历史。热历史对 T_g 的影响，可以用图 11-10 所示得比热容-温度曲线来说明。在 10～30℃当加热速率与冷却速率相近时（曲线 1 和 3），不出现明显的热效应；当加热与冷却速率不同时（曲线 2 和 4），出现放热式吸热峰。制备样品时，如果加热速率大于冷却速率，会出现吸热的“滞后峰”，反之则出现放热峰，只有冷却速率与测定加热速率相同时，才有标准的转变曲线，如图 11-11 所示。

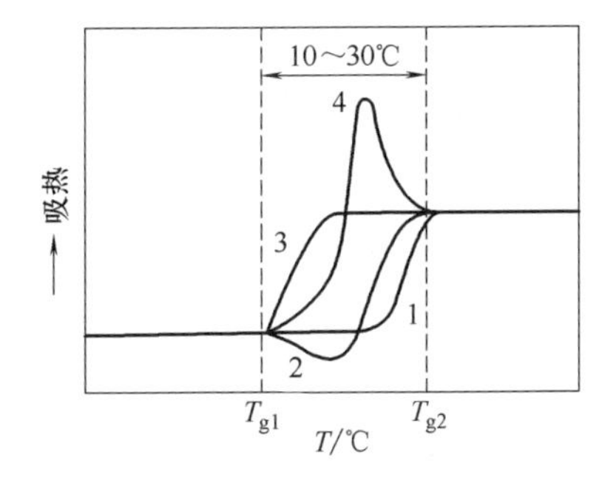

图 11-10　在玻璃化转变区比热容与温度的关系

1—快冷却，快加热　2—快冷却，慢加热

3—慢冷却，慢加热　4—慢冷却，快加热

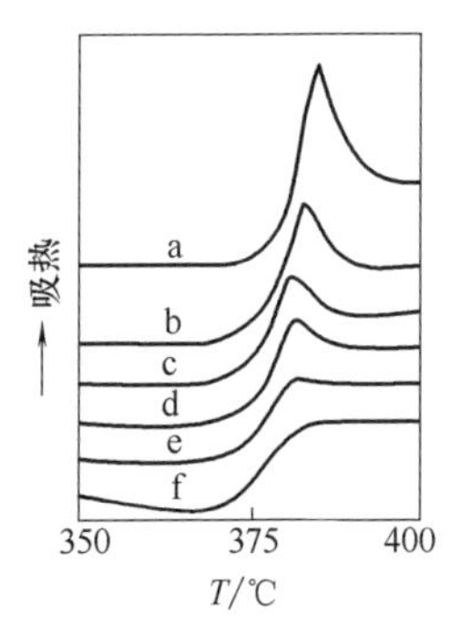

制样的冷却速率（℃/s）

图 11-11　聚苯乙烯 DSC 曲线中的玻璃化转变区

a—1.4×10^{-4}　b—3.2×10^{-3}

c—1.81×10^{-2}　d—4.13×10^{-2}

e—8.7×10^{-2}　f—5.0

② 应力历史。储存在样品中的应力历史，在玻璃化转变区会以放热式膨胀的形式释放。如图 11-12 所示，制样压力越大，释放的放热峰越大。零压力的滞后吸收峰是由于慢冷却的热历史造成的。随压力增加，T_g 起始转变温度降低，但结束温度却没有变化，从而转变区加宽。

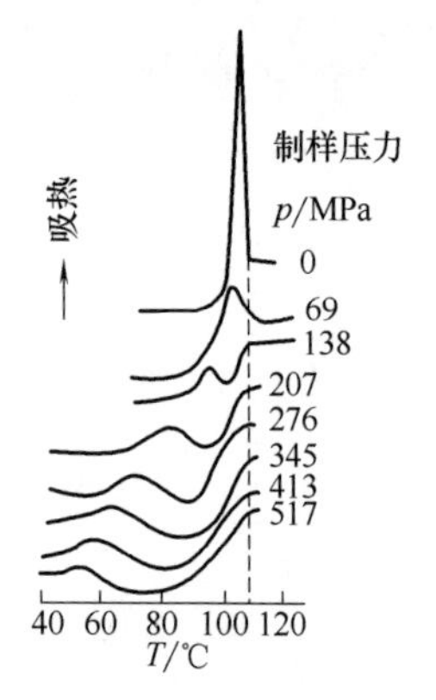

图 11-12　聚苯乙烯的 DSC 曲线

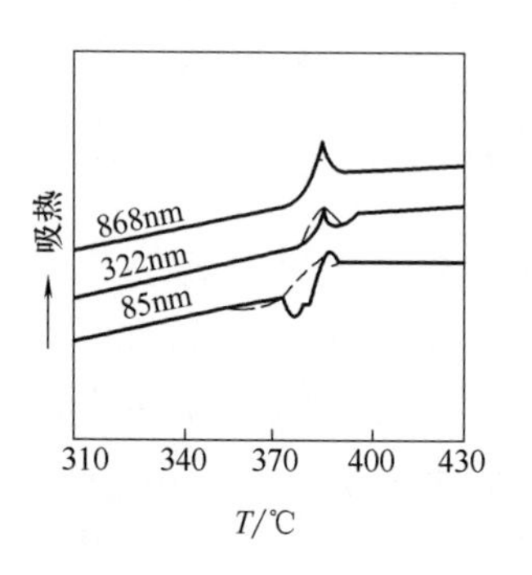

图 11-13　三种粒径的珠状 PS 的 DSC 曲线

③ 形态历史。当样品的表面积与体积之比很大时，样品的形态变得很重要。如图 11-13 所示是三种粒径的粉末状聚苯乙烯样品，尺寸越小的样品 T_g 开始的温度大为降低，而结束温度基本不变，使转变区变宽。这与样品粒径与形态对导热速率的影响有关。

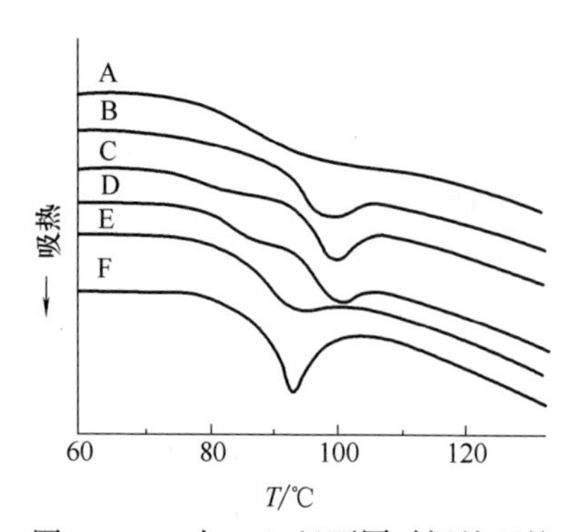

图 11-14　在 60℃经不同时间处理的单分散 PS（$M_{r,n}=1.03\times10^4$）的 DSC 曲线（升温速度：16℃/min）
退火时间：A—0h　B—2h　C—3h
D—4h　E—17h　F—29h

④ 退火历史。当样品从熔融态迅速降至低于 T_g 温度下退火，不同温度或相同温度不同退火时间将会有不同的热效应。图 11-14 所示是 PS 在相同温度下经不同退火时间处理，T_g 随退火时间的增加而向高温移动。

11.3.2　聚合物熔融/结晶转变的研究

（1）测定聚合物的熔点（T_m）和平衡熔点（T_m^0）

熔点是物质从晶相到液相的转变温度。用 DSC 测定聚合物熔点具有简单、方便、准确等优点，测量精度可达±0.1℃。样品的性质、操作条件等是影响测定结果的主要因素。升温速度越快、样品的用量越大，则产生的热滞后越显著，测定的熔点也越高。样品经退火、淬火处理，或样品中含有溶剂、增塑剂、填料等，都会对其熔点产生一定影响。

平衡熔点（T_m^0）定义为具有完善晶体结构的高聚物的熔融温度，在实验上无法直接测得，只能通过外推的方法测定。T_m^0 和 T_m 的关系可用 Hoffman-Weeks 方程来表示。

$$T_m = T_m^0(1-\eta)+\eta T_c \tag{11-3}$$

式（11-3）中，参数 η 反映了晶体热稳定性，数值在 0～1，数值越小，表明晶体热稳定性越高；T_c 为样品的结晶温度。

测定 T_m^0 的方法如下：测定样品在不同 T_c 时等温结晶所对应的 T_m，以 T_m 对 T_c 作图，并外推到与 $T_c=T_m$ 直线相交，其交点即是该样品的 T_m^0。依据的原理为聚合物晶体的完善程度与 T_c 有关，T_c 越高，生成的晶体越完善，其相应的 T_m 也越高。图 11-15 为不同比例聚偏氟乙烯（PVDF）/聚丁二酸己二醇酯（PBA）共混体系的 Hoffman-Weeks 曲线。

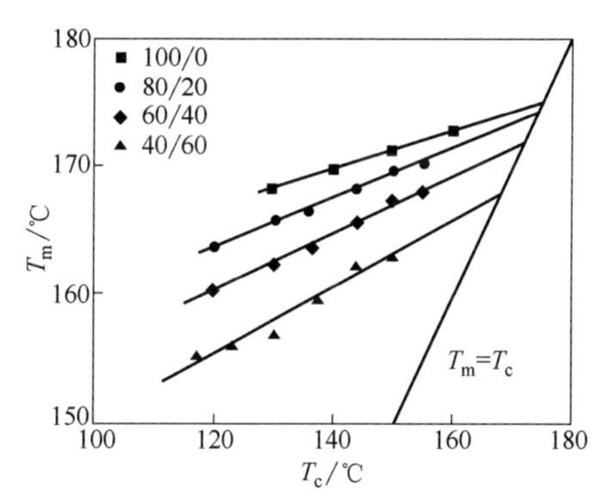

图 11-15　PVDF 与 PBA 共混物的 Hoffman-Weeks 曲线

（2）结晶形态对熔点的影响

不同制备条件下，PE 具有不同的结晶形态，其熔点和升温速率的关系如图 11-16 可见，伸直链结晶的熔点最高，由溶液生成的单晶熔点最低，不同形态的 PE 的 T_m 可相差多达 25℃。有一种测定 T_m^0 的方法，是在高压下结晶制备伸直链的晶体样品，该晶体非常接近热力学平衡。

（3）晶片厚度对熔点的影响

晶片越厚，T_m 越高。晶片厚度一般用 X 射线衍射获得。分子熔点与晶片厚度的关系式为式（11-4）所示：

$$T_m=T_m^0\left[1-\frac{2\sigma_e}{l\cdot\Delta H_f}\right] \tag{11-4}$$

式中　σ_e——比表面自由能，kJ/mol；

l——晶片厚度，mm；

ΔH_f——熔融热，kJ/mol。

测定不同厚度样品的熔点，外推到晶片无限厚（即 $1/l\to 0$）即得到 T_m^0。实验证明高分子晶片厚度是由结晶温度决定，高分子单晶的厚度随结晶温度增加基本上按指数规律增加。如图 11-17 所示。

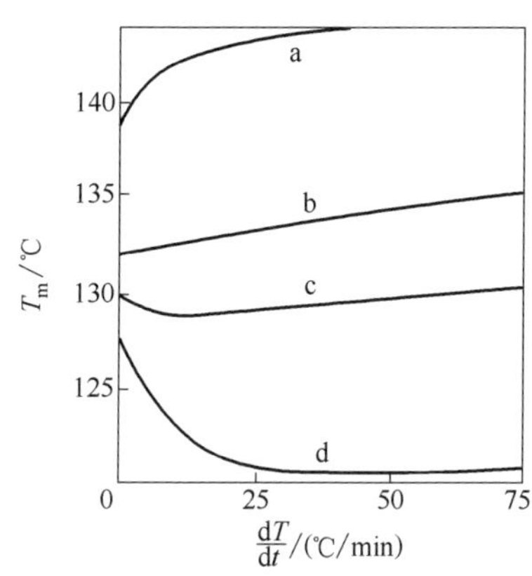

图 11-16　不同结晶形态 PE 的熔融峰温与升温速率的关系

a—伸直链晶　b—从熔体慢冷却的球晶

c—从熔体快冷却的球晶　d—溶液生长的单晶

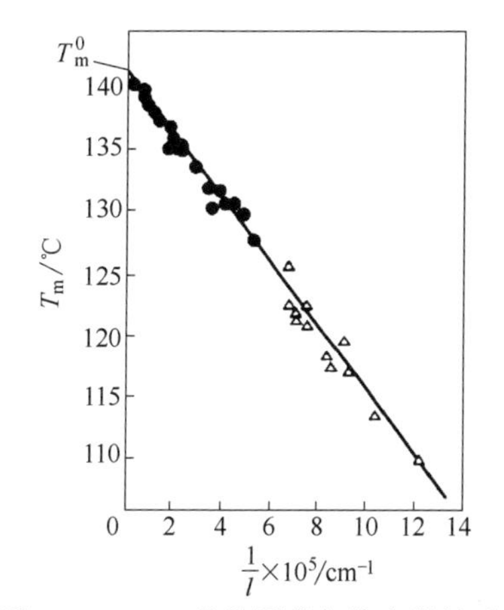

图 11-17　PE 晶片厚度与熔点的关系

（4）聚合物多重熔融行为

许多聚合物熔融时会出现多重熔融峰，如PE经过等温结晶或退火后淬火冷却，再升温熔融时有两个熔融峰。出现多重熔融现象的原因复杂，要通过其他仪器测试加以验证。

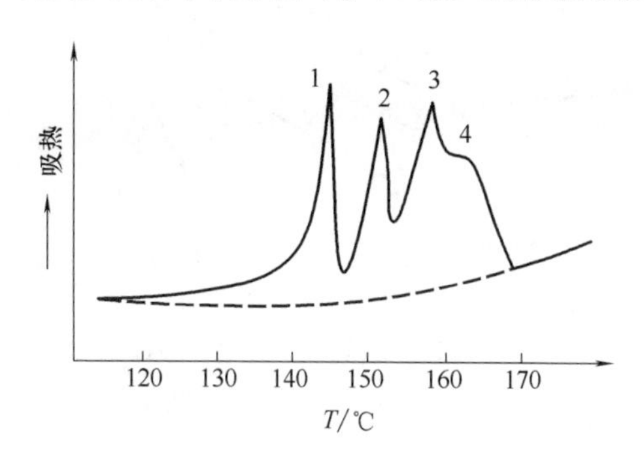

图11-18 用6%~10%喹吖啶成核剂结晶的IPP的DSC曲线（升温速率5℃/min）

图11-18所示为全同聚丙烯（IPP）的DSC曲线中出现4个峰熔融峰，第1个峰被认为是β晶型的熔融峰，β晶型熔融后再结晶出现第2个峰，剩下3和4峰对应于α晶型。不同晶型导致多重峰的聚合物，还有聚1-丁烯、聚异戊二烯等。

Holden用DSC研究加热条件对聚乙烯熔融行为的影响，在非等温结晶样品中观察到双重峰，认为是由非均相核和均相核两种不同方式成核结晶引起的双峰。对全同聚氧化丙烯的研究也有同样的结论。

也有研究认为多重峰的出现，是不同形态和不同完善程度的结晶引起的。Hoashi研究线型聚乙烯时，从熔体结晶或在110℃热处理时都观察到双峰，低温峰比重峰低10~20℃。有趣的是把这种样品在低温峰温附近再次退火处理，结果低温峰分裂成两个峰，一个峰比原来的峰温更高，而另一个峰则更低。他认为是一部分结晶形成更完善更厚的晶片，而另一部分结晶因从熔化冷却至该温度过程中形成更小、更不完善的结晶。

（5）历史效应对熔点的影响

熔融并不是结晶的逆过程，结晶包括成核和生长两步，这两步都需要适当的过冷，因此都可能产生历史效应。

① 热历史。一个结晶高分子的最初历史是与成核和结晶动力学有关。一般是冷却速率越快，结晶越小越不完善，其熔点越低。实际上聚合物结晶总是处于各种亚稳态。高分子材料的生产或加工过程中常经过各种热处理，相当于退火。小分子结晶很易退火到平衡完善化而消除热历史，但高分子结晶很少能退火到这个程度，这意味着退火是在原先热历史（可能还有应力历史、形态历史和结构历史）上叠加退火历史。这样使实际的聚合物材料的DSC曲线相当复杂。

PA6在不同温度下结晶16h，从DSC图上可看到不同热历史，最多能观察到5个峰，其结晶温度T_c与熔点T_m的关系如图11-19所示。曲线3和4是原样品中存在的α和γ两种晶型结晶的正常熔融；曲线1和2是原样品中没有α和γ晶型晶体重组后产生的结晶熔融；曲线5是个小的“退火峰”，它总是出现在比结晶温度高约4℃的地方，表明结晶后从结晶温度冷却至室温，已经“二次结晶”，在原结晶间产生了小晶粒的熔融。将PE样品依次在不同温度下退火，每隔10℃退火1h，结果升温时出现一系列小退火熔融峰，每一退火峰熔融温度均比退火温度高10℃左右，如图11-20所示。

② 应力历史。结晶聚合物材料经过取向后，其T_m升高。图11-21所示是取向PE，可以看到拉伸后T_m明显增加许多。这是由于在无定形相中分子取向的亚稳定性。如果把聚合物中无定形相蚀刻掉，剩下晶区，则T_m下降与结晶尺寸相当。样品自由收缩和固定长度，有不同熔融行为，说明不是平衡态。图11-22所示ΔH_f和T_m随拉伸比的增加而

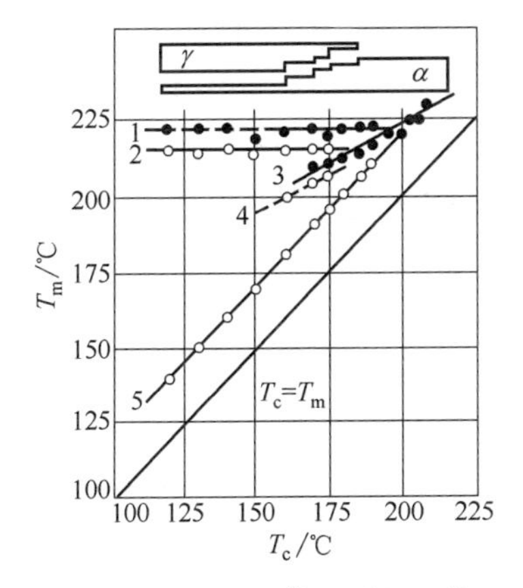

图 11-19　PA6 的 T_m 与 T_c 的关系（升温速率 8℃/min）

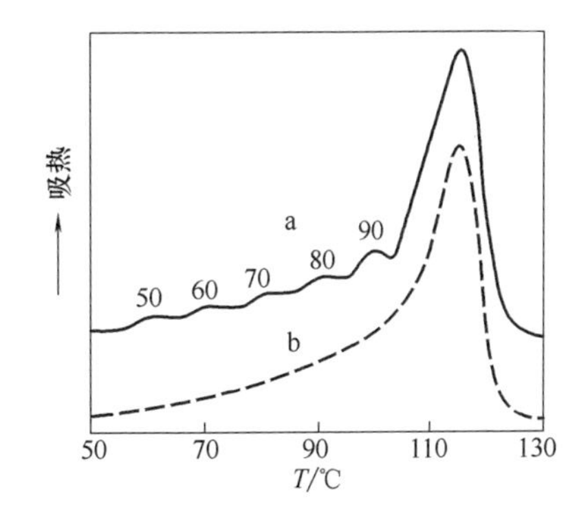

图 11-20　经退火处理的 PE 的 DSC 曲线

a—退火后，退火温度示意图　b—退火前

增高。

(6) 结晶聚合物的研究

聚合物的结晶一般包括成核、生长和后生长（形成次级结晶和结晶的完整化）3 个步骤。使用 DSC 可以测定结晶温度（T_c）、结晶焓（ΔH_c），结晶度（X_c）并展开结晶动力学研究。

① 结晶温度（T_c）、结晶焓（ΔH_c），结晶度（X_c）的定义及测定方法。等速降温过程中得到的降温曲线中出现的放热峰的峰尖温度取作结晶温度（T_c），放热峰的面积所对应的为结晶过程放热的热焓（ΔH_c），如图 11-23 所示。

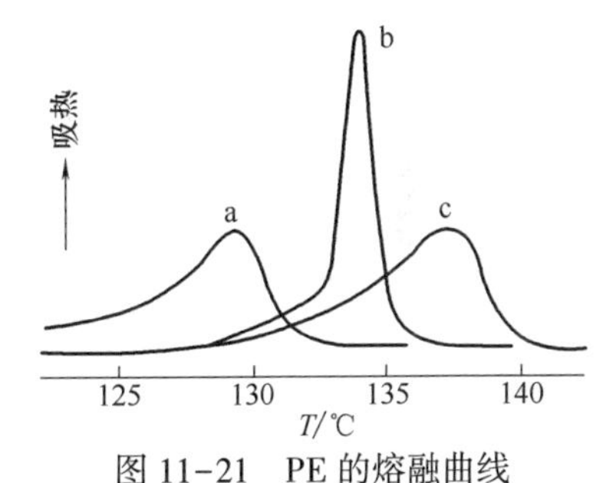

图 11-21　PE 的熔融曲线

（升温速率 2℃/min）

a—未拉伸　b—拉伸 13 倍，测定时自由收缩

c—拉伸 13 倍，测定时固定长度

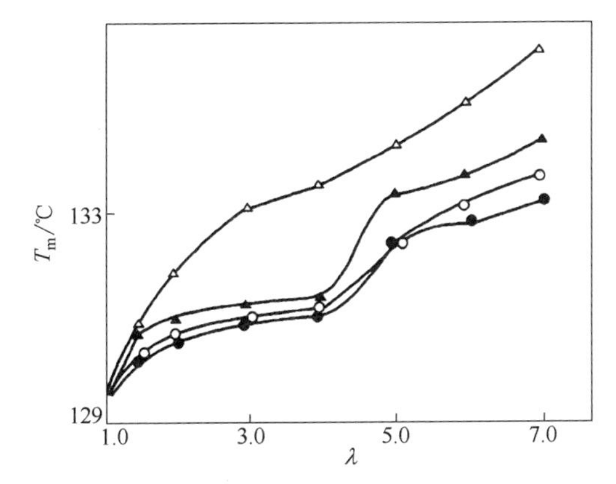

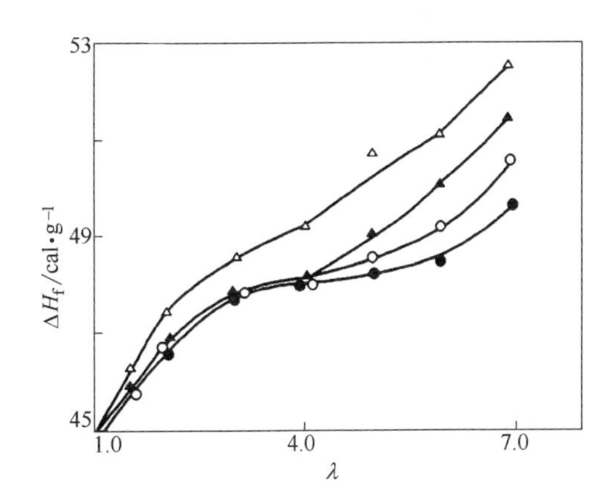

图 11-22　PE 样条的 T_m 和 ΔH_f 与拉伸比 λ 的关系（1cal=4.186kJ）

△—64℃/min　▲—32℃/min　○—16℃/min　●—8℃/min

结晶度（X_c）对聚合物的物理性质，如模量、强度、硬度、脆性、透气性等有显著的影响。X_c 定义为聚合物中结晶部分的占比，可以根据体积占比和重量占比计算。在实际测量中，一般通过熔融热测定样品的 X_c，为结晶部分熔融所吸收的热量与 100%结晶的

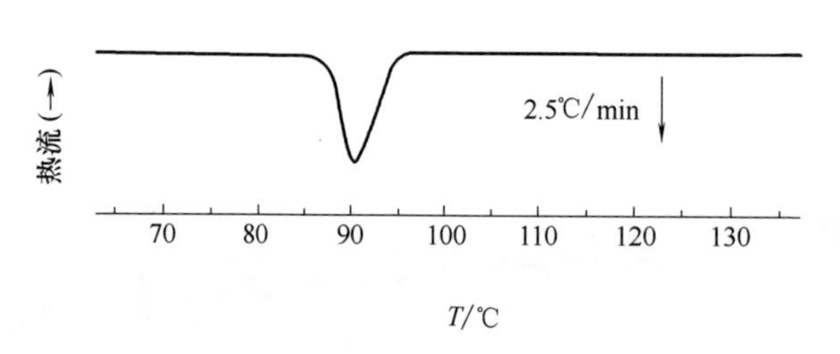

图 11-23　聚丁二酸丁二醇酯（PBSU）消除热历史后以 2.5℃/min 降温结晶

该聚合物熔融所吸收的热量之比。从理论上来讲，某一结晶样品的熔融焓 ΔH_m 与其结晶焓 ΔH_c 相等，但对于大多数结晶性聚合物，用 DSC 测定的 ΔH_m 总是稍大于相应的 ΔH_c。其差值大小取决于样品的结晶速度和结晶平衡过程。通常都采用 ΔH_m 来计算结晶度 X_c：

$$X_c = \frac{\Delta H_m}{\Delta H_m^0} \times 100\% \qquad (11-5)$$

式（11-5）中，ΔH_m 为样品的熔融焓，对应 DSC 等速升温过程中样品中晶体部分熔融产生的吸热峰的面积；ΔH_m^0 为样品 100%结晶的熔融焓，不能通过实验直接测得，但可通过外推的方法得到。ΔH_m^0 的数值一般可由以下两种方法。一种是从文献手册或工具书中直接查找。第二种是取不同结晶度（用其他方法测得如 WAXD、密度法等）的系列样品，用 DSC 测定其相应的 ΔH_m，对结晶度作图，并将所得的曲线外推到 $X_c = 100\%$，求得相应的 ΔH_m^0。

② 结晶动力学研究。利用 DSC 研究聚合物的结晶动力学有等温和非等温两种方法。等温结晶法是将样品加热到其 T_m 以上 20～30℃，恒温数分钟消除热历史后迅速降温至等温结晶温度，记录的 DSC 曲线上出现的结晶放热峰。曲线开始偏离基线的时间取作开始结晶时间 t_0，曲线回到基线的时间取作结晶结束时间 t_∞。等温结晶的动力学参数可由式（11-6）的 Avrami 方程求得

$$1 - X_t = e^{-kt^n} \qquad (11-6)$$

式中　X_t——结晶分数；

k——结晶速率常数；

n——与晶体成核和生长方式有关的参数。

将方程两边取对数，得：

$$\lg[-\ln(1-X_t)] = \lg k + n\lg t \qquad (11-7)$$

用 $\lg[-\ln(1-X_t)]$ 对 $\lg t$ 作图，得到一条直线，其斜率为 n，截距为 $\lg k$。

结晶完成 50%，即 $X_t = 50\%$ 的时间为半结晶时间（$t_{1/2}$），由式（11-6）得到：

$$t_{1/2} = (\ln 2/k)^{\frac{1}{n}} = (0.693/k)^{\frac{1}{n}} \qquad (11-8)$$

以聚羟基脂肪酸酯（P34HB）从熔体等温结晶为例，如图 11-24 所示。

非等温结晶过程是指在变化的温度场下的结晶过程。根据温度场的变化规律，还可分为等速升/降温过程和变速升/降温过程。在测定结晶动力学参数方面，非等温结晶一般在 DSC 上通过等速升温或等速降温的方法实现。在高分子材料加工过程中，结晶过程都是在非等温条件下进行的。因此，研究非等温结晶动力学更具有实际意义。目前提出的研究非等温结晶动力学的方法有很多种，现介绍其中主要的几种：

Jeziorny 法：直接把 Avrami 方程推广应用于解析等速变温 DSC 曲线的方法。即先将非等温结晶 DSC 曲线看成等温结晶过程，将得到的结晶速度常数 k 进行修正。假设非等温

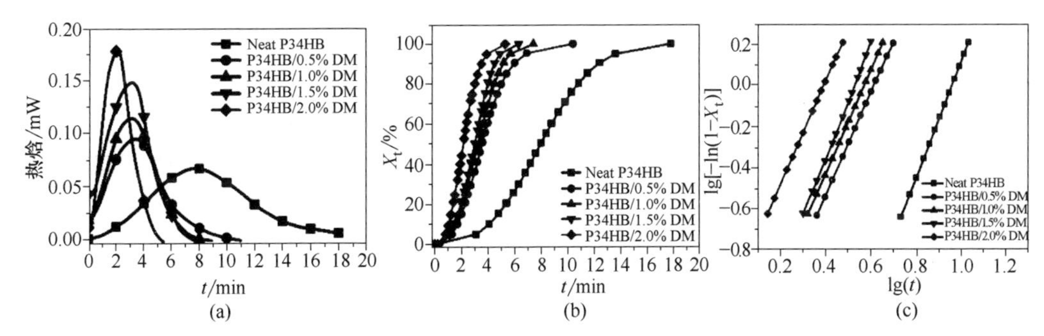

图 11-24　聚羟基脂肪酸酯（P34HB）的热焓随时间变化；X_t 随时间变化；Avrami 曲线

结晶样品的冷却速度（ϕ）为恒定值，修正后的结晶速度常数 k_c 可用式（11-9）表示：

$$\lg k_c = \frac{\lg k}{\phi} \qquad (11\text{-}9)$$

Ozawa 法：假设非等温结晶过程是由无限多个微小的等温结晶步骤组成的，并将 Avrami 方程扩展，用于描述非等温结晶过程。所提出的方程如式（11-10）所示。

$$1 - X_{(T)} = \exp[-k_{(T)}/\phi^m] \qquad (11\text{-}10)$$

式中　$X_{(T)}$——结晶温度为 T 时的相对结晶度；

$k_{(T)}$——冷却函数；

ϕ——冷却速度；

m——Ozawa 指数，是与成核机理和晶体生长维数有关的常数，即 Avrami 方程中的指数 n。

在给定的结晶温度 T_c，以 $\lg[-\ln(1-X_{(T)})]$ 对 $\lg\phi$ 作图，其截距为 $K_{(T)}$，斜率为 Ozawa 指数 m。如图 11-25 所示。

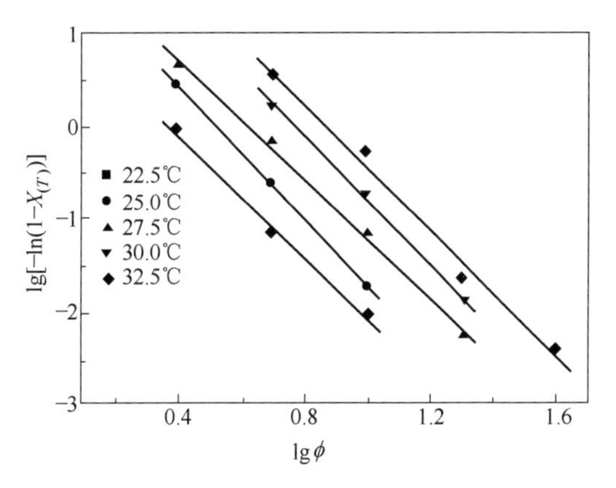

图 11-25　聚丁二酸乙二醇酯（PES）无定形态非等温结晶的 Ozawa 曲线

③ 聚合物的双重或多重熔融行为研究。在某些聚合物的 DSC 曲线上会出现双重或多重熔融峰。峰的个数、位置、形状等往往与试样的结构、热历史及测试条件等有关。图 11-26 为聚 β 羟基丁酸酯（PHB）/聚丁二酸丁二醇酯（PBSU）体系非等温结晶后的熔融行为，该共混体系呈现出复杂的熔融行为。

对于某些接枝或嵌段共聚物，如果共聚组分均可结晶，则相应的 DSC 曲线也会出现双重的熔融峰，并可由峰的面积（对应于熔融焓）粗略估算出共聚物的组成。

11.3.3　多组分聚合物的研究

（1）测定多组分体系的组成

① 不相容的非晶相多组分体系。通过测定各组分在玻璃化转变区的比热容可以定量

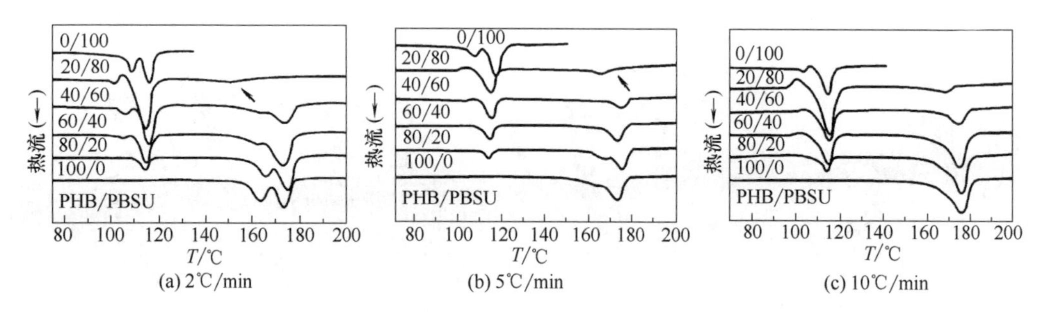

图 11-26 PHB/PBSU 以 2℃/min、5℃/min 和 10℃/min 降温进行非等温结晶后，再以 10℃/min 升温的 DSC 曲线

确定不相容、非晶相多组分体系的组成。非晶相多组分体系中某一组分 i 的含量 X_i 按式（11-11）计算：

$$X_i=\frac{c_{pi}}{\Delta c_{pi}} \tag{11-11}$$

式中　Δc_{pi}——纯组分 i 在玻璃化转变区的比热容增量；

c_{pi}——多组分体系中组分 i 在玻璃化转变区的比热容增量。

② 相容的非晶相多组分体系。根据式（11-12）的 Fox 方程可以确定相容的非晶相多组分体系的 T_g：

$$\frac{1}{T_g}=\frac{w_1}{T_{g1}}+\frac{w_2}{T_{g2}} \tag{11-12}$$

式中　T_g、T_{g1} 和 T_{g2}——分别为多组分体系、组分 1 和组分 2 的玻璃化温度；

w_1 和 w_2——分别为组分 1 和组分 2 的质量分数。

③ 不相容的含结晶组分的多组分体系。通过测定可结晶组分的熔融焓（ΔH_m）及多组分体系的熔融焓（ΔH_{mb}），按式（11-13）可计算可结晶组分在多组分体系中的含量（x），

$$x=\frac{\Delta H_{mb}}{\Delta H_m} \tag{11-13}$$

（2）通过多相聚合物中的 T_g 来判断相容性

通过 DSC 测定多相聚合物中的 T_g 来判断相容性是一种十分有效的方法。某共混体系只观察到单一的 T_g，其值介于两个纯组分之间，则可认为构成共混物的组分是相容的；如果出现两个独立的 T_g，则可推断共混物的组分间是不相容的，有相分离产生。图 11-27（a）中 PBSU/聚对乙烯基苯酚（PVPh）共混物在所有组分中呈现单一组分的 T_g，故为完全相容体系。图 11-27（b）为 3-羟基丁酸酯与 3-羟基戊酸酯共聚物（PHBV）/PBSU 共混体系消除热历史后的 DSC 曲线，从图中两个独立的 T_g 可以判断出该体系为不相容的结晶/结晶共混体系。

利用 T_g 作为多组分体系相容性的判据时应注意以下两点：一是如果两组分的 T_g 相近，则相应双组分体系可能只有一个 T_g；如果转变区比较宽，则对样品进行退火处理或对 DSC 谱图进行微商处理，可能会得到两个 T_g，这样的体系不要误认为是相容体系。二是如果体系的分散相尺寸很小，用 DSC 可能检测不出其 T_g，这样的体系也容易误认为是

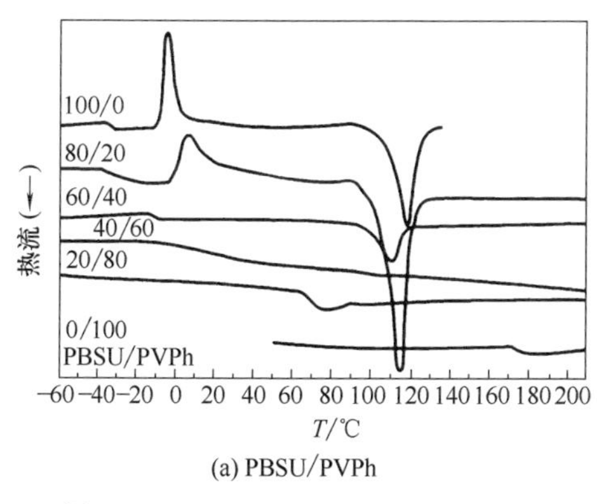

(a) PBSU/PVPh

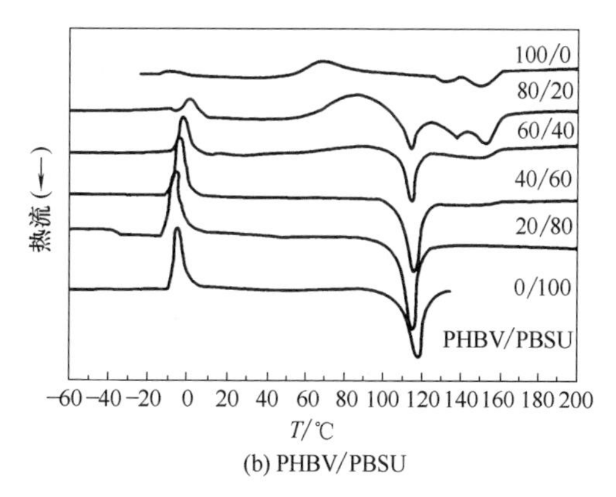

(b) PHBV/PBSU

图 11-27　PBSU/PVPh 和 PHBV/PBSU 共混物消除热历史后以 20℃/min 升温的 DSC 曲线

相容的。应辅以其他表征手段（如偏光显微镜等），才能做出正确的判断。

对于相容的聚合物共混物，可用不同的理论和经验方程描述相容共混物 T_g 与组成的关系。前面介绍的 Fox 方程适用。另一个使用的是式（11-14）的 Gordon Taylor 方程。

$$T_g=\frac{w_1T_{g1}+kw_2T_{g2}}{w_1+kw_2} \tag{11-14}$$

式（11-14）中，k 与玻璃化转变前后的热容增量有关。

Fox 方程和 Gordon-Taylor 方程的应用如图 11-28 所示。

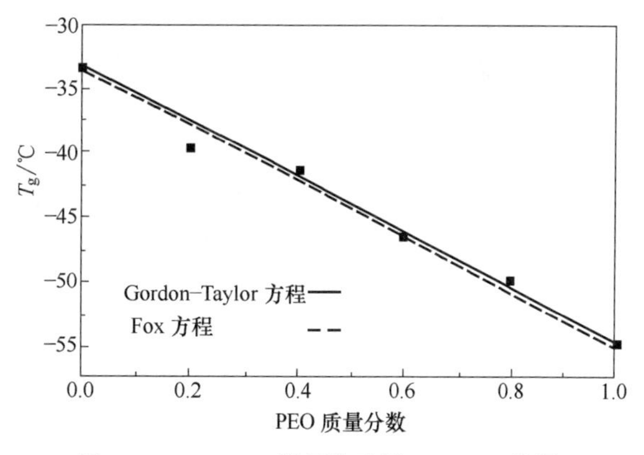

图 11-28　PBSU/聚氧化乙烯（PEO）共混物的 T_g 随 PEO 含量的变化曲线

还有一个 Kwei 方程可用于分子间存在特殊作用如氢键相互作用的聚合物体系。Kwei 方程如式（11-15）所示。

$$T_g=\frac{w_1T_{g1}+kw_2T_{g2}}{w_1+kw_2}+qw_1w_2 \tag{11-15}$$

式中　k 和 q——拟合常数。

如图 11-29 所示。k 和 q 可通过非线性最小二乘法拟合获得。q 与氢键强度有关，反映的是混合物中一个组分内氢键的解离和两组分分子间氢键形成的平衡。

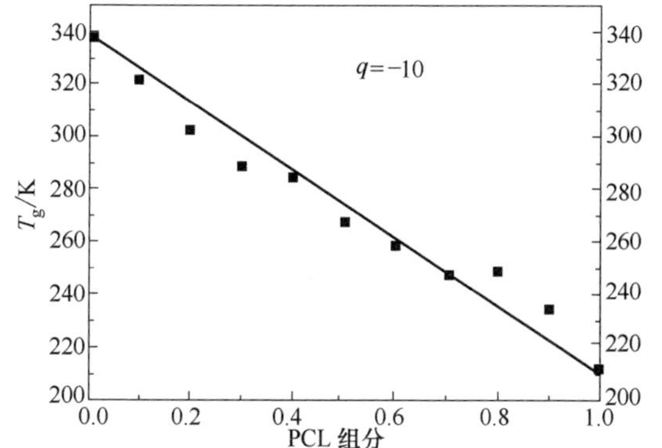

图 11-29　T_g 随聚己内酯（PCL）组分含量的变化曲线（实线对应的是 Kwei 方程）

（3）通过多组分中结晶相的 T_m、T_c、X_c 和结晶速率判断相容性

若多组分体系中含有一种或一种以上结晶性聚合物时，可以通过测定体系中结晶聚合物的 T_m、T_c、X_c 和结晶速率等参数的变化来判断体系的相容性。

① T_m 或 T_m^0 降低。多组分体系中可结晶组分的 T_m 与纯态相比如有显著下降，该体系可能为相容体系。导致 T_m 下降的

原因有两种，一是引入的非晶态聚合物组分对可结晶组分有稀释作用，即热力学方面的原因；二是引入的非晶组分使结晶聚合物的晶态结构产生了缺陷、或使片晶厚度下降，即形态方面的原因。Nishi 和 Wang 用 Flory-Huggins 理论导出了聚合物共混物熔点降低的表达式。

$$\Delta T_m = T_m^0 - T_m = -T_m B\phi_1^2 (V_{m,2u} - \Delta H_{2u}) \qquad (11-16)$$

式中 T_m^0——纯结晶组分的平衡熔点；

T_m——结晶组分在共混物中的平衡熔点；

ϕ_1——非晶组分的体积分数；

$V_{m,2u}$——结晶组分的摩尔体积；

ΔH_{2u}——纯结晶组分的熔融热焓；

B——共混体系的相互作用能密度。

B 按式（11-17）计算。

$$B = \frac{-RT\chi}{V_2} \qquad (11-17)$$

式中 R——气体常数；

T——热力学温度；

χ——表征体系的相容性及相容程度的参数，$\chi \leqslant 0$ 的体系为相容体系，χ 越小，体系相容的程度越高。

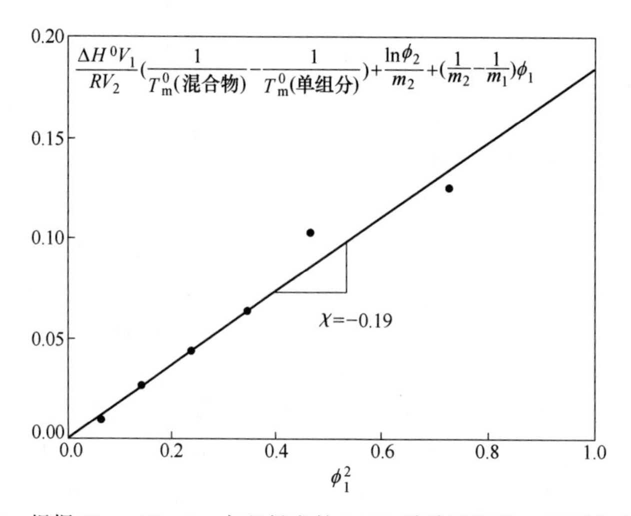

图 11-30 根据 Flory-Huggins 方程得出的 PVF2 随共混组分 ϕ 的熔点变化曲线

如图 11-30 所示，对于所有组分 χ 均为负，表明该体系属于热力学相容体系。

对于两组分的共混物，若随着第二组分的加入，T_m^0 下降，则同样可以表明共混物是相容的，如图 11-31 所示。

② 结晶速度下降。相容性结晶/非晶共混体系中，非晶组分的存在不但影响结晶组分的结晶度，还会影响其结晶速度。通过测定结晶过程中动力学参数随组成的变化，可为判断体系的相容性提供进一步的佐证。如图 11-32 所示，Shiao-Wei Kuo 等用 DSC 研究了 PCL/PVPh 共混体系的结晶动力学，并用 Avrami 方程处理，发现在 $T_c = 313K$ 时，纯 PCL 的 $t_{1/2} = 1.5s$，加入 20%的 PVPh 后，$t_{1/2}$ 增加至 42s。

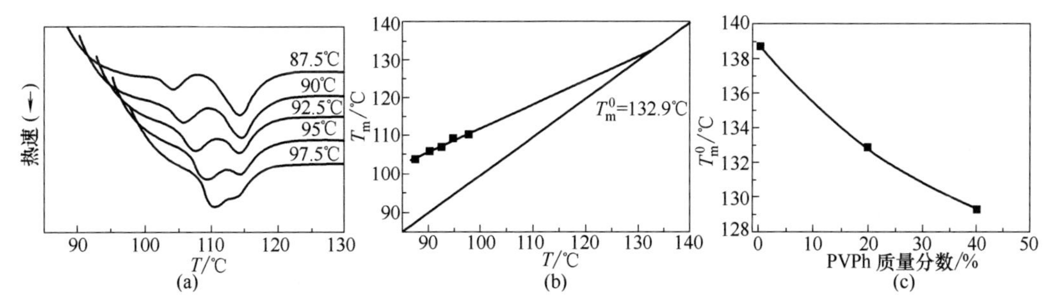

图 11-31　PBSU/PVPh（80/20）共混物在不同结晶温度下等温结晶后的熔融曲线；确定 T_m^0 的 Hoffman-Weeks 曲线；T_m^0 随 PVPh 含量的变化

11.3.4　比热容的测定

DSC 测量的是样品吸热或放热速率，纵坐标为$\frac{dH}{dt}$，该热流率除以升温速率$\frac{dT}{dt}$，就是定压热容（C_p），其表达式如式（11-18）所示。

$$C_p=\frac{dH}{dt}\div\frac{dT}{dt}=\frac{dH}{dT} \qquad (11-18)$$

比热容为式（11-19）所示。

$$c=\frac{C_p}{m}=\frac{dH}{dT}\cdot\frac{1}{m} \qquad (11-19)$$

结合式（11-19），结果如下：

$$\frac{dH}{dt}=cm\frac{dT}{dt} \qquad (11-20)$$

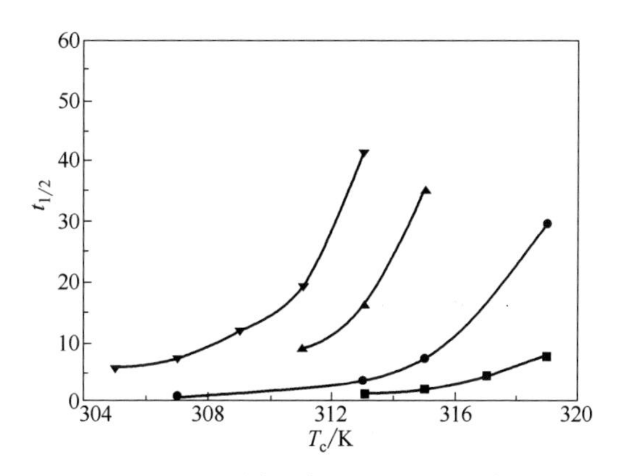

图 11-32　不同组分的 PVPh/PCL 共混体系中 $t_{1/2}$ 的温度依赖性

可从纵坐标的位移$\frac{dH}{dt}$和$\frac{dT}{dt}$代入式（11-20），获得材料比热容。

另一种间接的办法为比例法，结果较准确。它是在相同条件下对样品和标准物进行温度扫描，然后量出二者纵坐标进行计算。标准物常用蓝宝石，此热容为已知。把样品的热焓变化率与蓝宝石的热焓变化率相比可得到：

$$\frac{c}{c'}=\frac{ym'}{y'm} \qquad (11-21)$$

式中　c，c'——样品和标准物蓝宝石的比热容；

m，m'——样品和标准物蓝宝石的质量；

y——样品在纵坐标上的偏离；

y'——蓝宝石在纵坐标上的偏离。

如图 11-33 所示，量取 y' 和 y 高度代入上式可算出样品的比热容。

11.3.5　聚合物的化学转变的研究

一些聚合物的氧化、分解及交联在加热过程均有很明显的反映，氧化、交联反应会出

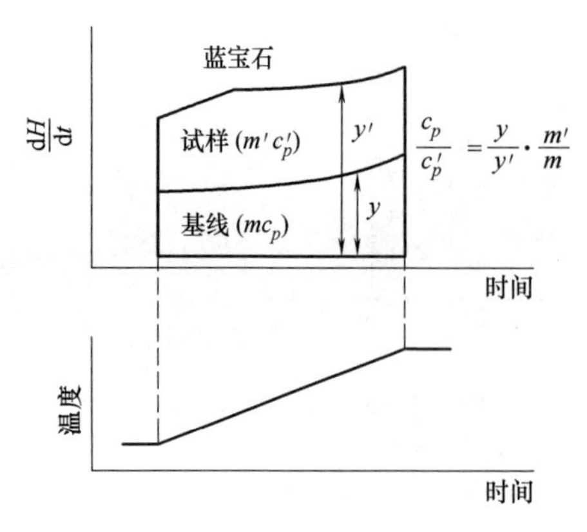

图 11-33　用 DSC 比例法测定比热容

现放热峰，而分解反应则出现吸热峰。对这类反应，既可用升温法也可用等温法试验。如用DSC 研究环氧树脂固化可以采用恒温、升温以及先在烘箱中作不同温度和时间固化，然后再作等速升温扫描以观察固化完全程度等三种方法。图 11-34 所示是部分固化环氧树脂的重复DSC 谱图。从曲线 a 看到在 373℃附近出现 T_g，基线向吸热侧移动，随后样品中尚未固化部分继续固化出现放热峰。曲线 b~e 是将样品 a 反复作温度扫描所得曲线，可以看出 T_g 随加热次数增加而移向高温，由 b 开始在曲线上看不到放热的迹象，加热后交联网络重排使结构更为致密导致 T_g 的增高。

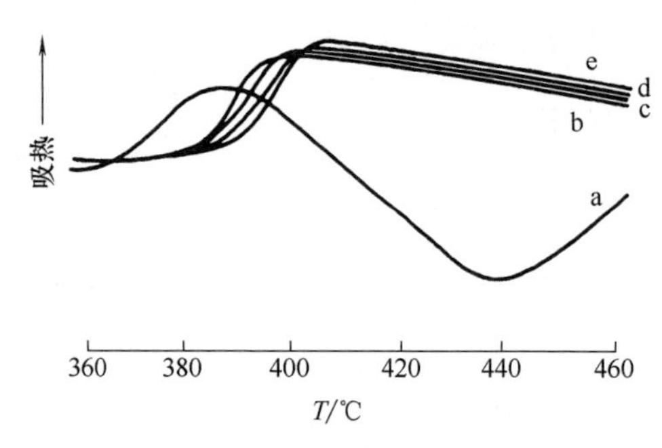

图 11-34　部分固化环氧树脂的重复 DSC 曲线

第 12 章　热 重 分 析

热重分析法（Thermo-gravimetric Analysis，TGA）是在程序控温下，探究物质的质量随温度（或时间）的变化关系的一类研究方法。

12.1　基本原理及仪器结构

天平是测定物质质量最通用的方法，在温度变化中，物质发生成分变化，导致质量增加或者降低，天平测量的原理一般使用变位法和零位法。变位法是根据天平梁倾斜度与质量变化成比例的关系，用差动变压器等检测倾斜度，记录质量变化。零位法是采用差动变压器，通过光学法测定天平梁的倾斜度，再去调整安装在天平系统和磁场中线圈的电流，使线圈转动恢复天平梁的倾斜，即所谓零位法。由于线圈转动所施加的力与质量变化成比例，这个力又与线圈中的电流成比例，因此只需测量并记录电流的变化，便可得到质量变化的曲线，该方法的测试结果能准确快速地反映样品质量的变化。仪器结构及测试原理如图 12-1 所示。

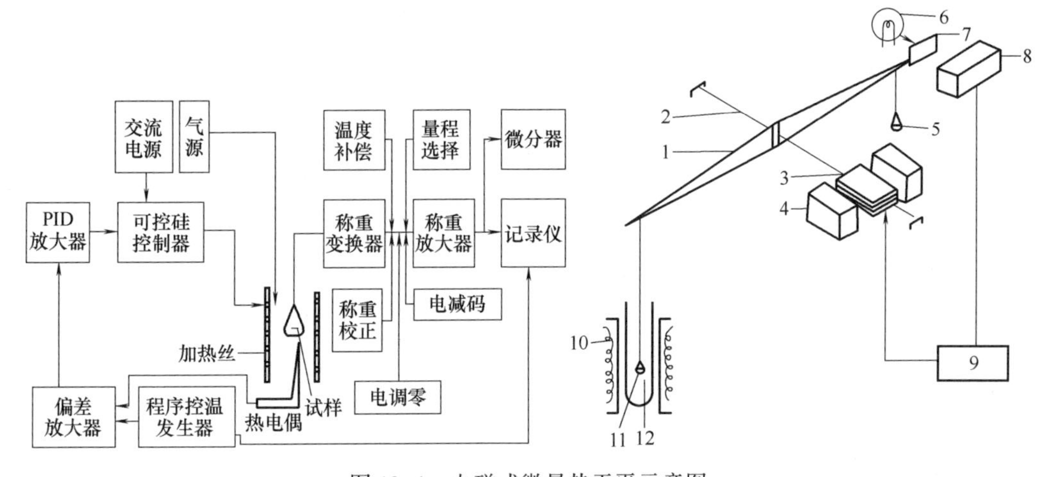

图 12-1　电磁式微量热天平示意图

1—梁　2—支架　3—感应线圈　4—磁铁　5—平衡砝码盘　6—光源　7—挡板　8—光电管
9—微电流放大器　10—加热器　11—样品盘　12—热电偶

12.2　实 验 技 术

12.2.1　试样量和试样皿

在 TG 测试中，样品质量一般为 2~8mg。样品质量增加，会增加传质阻力，造成样品内部温度梯度增加，样品内部的热效应会使温度偏离线性程序升温，使 TG 曲线发生变化。样品粒径增大，分解反应向高温移动。在测试前，颗粒样品应经过充分研磨，降低粒径尺寸及分散度，之后均匀分布在样品皿底层。

试样皿的材质要求为高温下稳定，自身不发生分解；且对试样、中间产物、最终产物和气氛均为惰性，不具有反应活性和催化活性。通常用的试样皿有铂金、陶瓷、石英、玻璃、铝等。选择时应注意，在高温时碳酸钠会与石英、陶瓷中的 SiO_2 反应生成硅酸钠，含有碳酸钠的碱性样品，测试时不能使用铝、石英、玻璃、陶瓷材质的试样皿。而铂金对有加氢或脱氢的有机物有催化活性，与含磷、硫和卤素的样品也会发生炭化反应，均不适合。

12.2.2 升温速率

一般升温速度加快，TG 曲线向高温移动。如聚苯乙烯在 N_2 中升温速度为 1℃/min，在 357℃时达到 10%失重；升温速度为 5℃/min，在 394℃时达到 10%失重，相差 37℃。升温速度过快，会造成曲线的分辨力下降，失重平台不够准确，丢失某些中间产物的信息。

12.2.3 气氛的影响

热天平周围气氛的改变对 TG 曲线影响显著，图 12-2 所示是 $CaCO_3$ 在真空、空气和 CO_2 三种气氛中的 TG 曲线，其分解温度相差近 600℃，原因在于 CO_2 是 $CaCO_3$ 分解产物，气氛中存在 CO_2 会抑制 $CaCO_3$ 的分解，使分解温度提高。

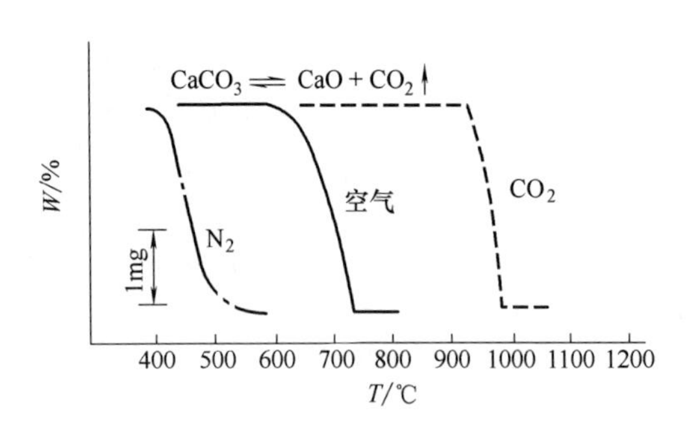

图 12-2 $CaCO_3$ 在流动的 N_2，空气及 CO_2 气氛中的 TG 曲线

聚丙烯（PP）在 N_2 和空气气氛的 TG 曲线如图 12-3 所示。

在空气气氛中，在 230~250℃下会出现一个非常小的增重，这是 PP 被氧化的结果，继续升温才会发生分解失重。在 N_2 中就没有增重的过程。

气流速度也会影响 TG 曲线，一般选择为 30~50mL/min，加大流速会增加传热和溢出气体扩散。

12.2.4 挥发物的冷凝

分解产物从样品中挥发出来，在低温处会再次冷凝，如果冷凝在试样皿吊钩上，会造成测得的失重结果偏低，而当温度进一步升高，冷凝物再次挥发会产生假失重现象，使 TG 曲线变形。解决的办法为一般采用加大气体的流速，使挥发物立即离开样品皿。

12.2.5 浮　　力

浮力变化是由于升温使样品周围的气体热膨胀从而相对密度下降，浮力减小，使样品

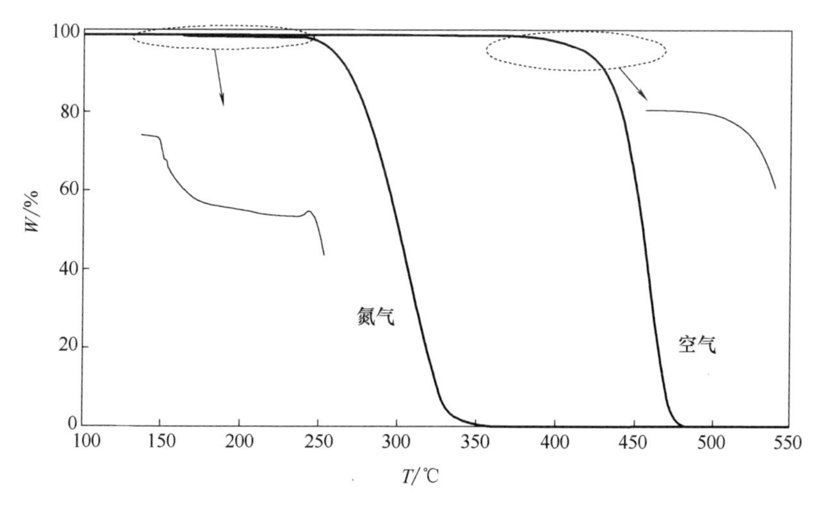

图 12-3 PP 在流动的氮气及空气气氛中的 TG 曲线

表观增重。300℃时的浮力可降低到常温时浮力的 50%，900℃时可降低到约 25%。实用校正方法是做空白（空载）试验，消除表观增重。

12.2.6 TG 曲线的处理和计算

（1）关键温度

在 TG 曲线上，可以选择关键的温度点，来说明样品热稳定性变化的规律。包括分解温度，分解的温度范围，分解基本结束的温度及其最终残炭比率等信息。关键温度点的选择没有统一规定，在样品间进行比较时，可以选择某一个固定失重率对应的温度。研究中，失重 2%，5%，10%及 50%的温度点均有使用。如图 12-4（a），选择 TG 曲线上 5%和 50%失重的温度，可以比较样品的热稳定性。

（2）微分曲线

DTG 是 TG 的一次微分数据曲线，反映始终速率的变化，如图 12-4（b）所示，可以更加精确反映出样品的起始反应温度，达到最大反应速率的温度（峰值）以及反应终止的温度。多组分样品或者分解过程较为复杂的样品，在受热分解过程中由于各阶段变化互相衔接，TG 曲线上不易分辨清晰，在 DTG 曲线中更为清晰地体现出来。

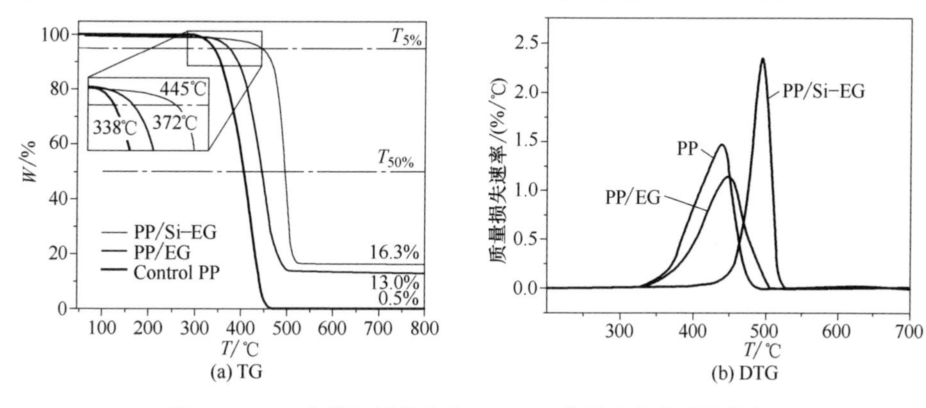

图 12-4 TG 曲线与微分热重（DTG）曲线上的典型温度点

12.3 TG的应用

12.3.1 聚合物热稳定性的评价

通过TG可以直观评价聚合物热稳定性。图12-5所示5种典型聚合物的TG曲线。最先出现失重的是PVC。PVC的分解分为两个主要阶段，在200~300℃出现第一个明显的失重阶段，是侧链脱出HCl，残留主链形成共轭双键；400~500℃在出现第二个失重阶段中发生主链断裂。

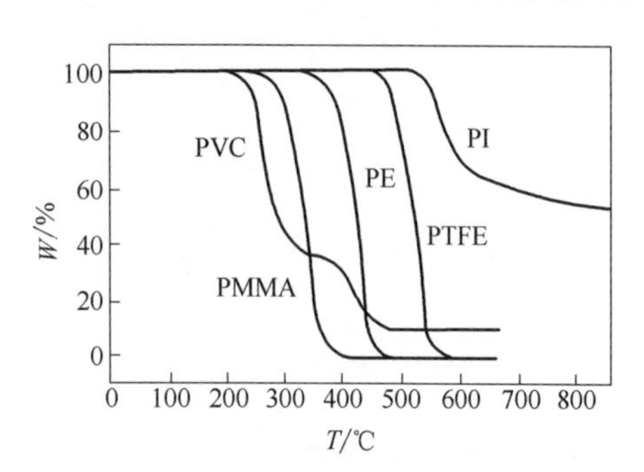

图12-5 五种典型聚合物的TG曲线
（N_2气氛，升温速率10℃/min）

PMMA、PE和PTFE的分解温度高于PVC，均为一步分解，且最终完全分解，基本不产生残留，但热稳定性依次增加。PMMA分解温度低是分子链中叔碳和季碳原子的键易断裂所致；PTFE由于链中C—F键键能高于C—H，其热稳定性高于PE。

聚酰亚胺（PI）由于含有大量的芳杂环结构，到850℃才能分解40%左右，表现出较优异的热稳定性。

12.3.2 组成比例确定

（1）添加剂的分析

使用TG可以确定聚合物基制品中各种添加剂的添加比例。图12-6所示为填充了油和炭黑的乙丙橡胶的TG和DTG曲线。首先在N_2中升温到400℃，填充油的热稳定性最低，形成第一个失重阶段，从其失重百分比可以确定油的填充比例；之后是乙丙橡胶部分失重，同样根据失重量确定其重量比例。之后切换气氛条件到空气并升温到600℃，其中填充的炭黑氧化，生成CO_2释放，可以确定炭黑比例，600℃之后的残渣量为样品中其他不确定填充组分，可以借助FTIR或者元素分析等手段加以判定。

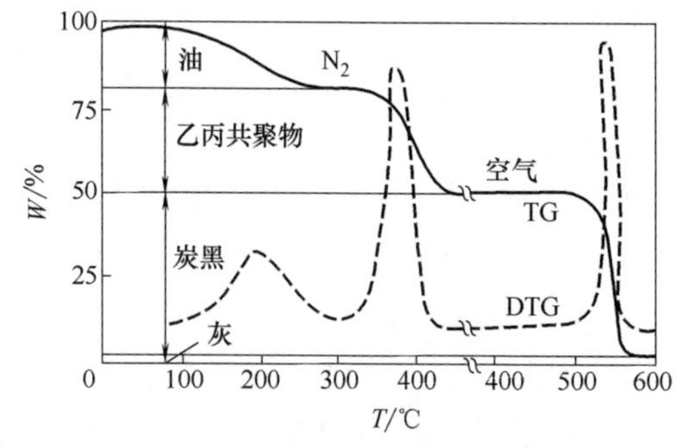

图12-6 填充油和炭黑的乙丙橡胶的TG和DTG曲线

（2）共聚物和共混物的分析

共聚物的热稳定性总是介于两种均聚物热稳定性之间，而且随组成比的变化而变化。如图12-7所示，为苯乙烯均聚体与α-甲基苯乙烯的共聚物（包括无规和本体共聚）的热稳定的TG曲线。

可以看出无规共聚物的TG曲线b介于a和d之间，且只有一个分解过程；嵌段共聚物 c 曲线也介于 a 和 d 均聚物之间，但有两个分解过程。通过 TG 分析能快速、方便的判断是无规共聚还是嵌段共聚物。

共聚物的共聚比例可以通过 TG 曲线获得组成比，如图 12-8 是乙烯-乙酸乙烯酯（EVA）的共聚体 TG 曲线，在初期失重是乙酸（AA）分解释放，每摩尔的乙酸乙烯酯（VA）释放 1mol 的 AA，共聚物中 VA 的含量，可通过式（12-1）求得。

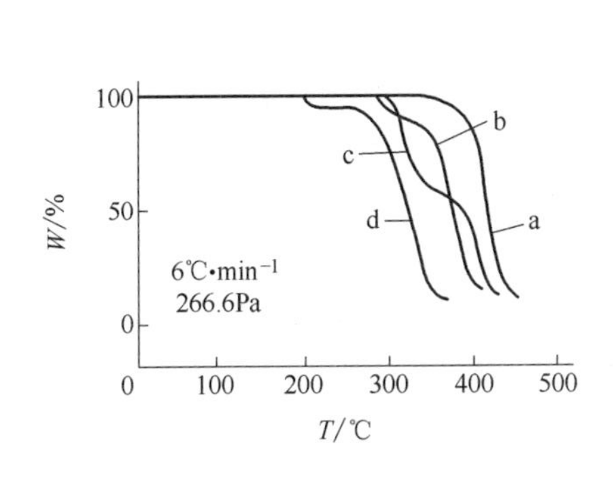

图 12-7 苯乙烯均聚物和 α-甲基苯乙烯共聚物的 TG 曲线比较

a—聚苯乙烯 b—苯乙烯-α-甲基苯乙烯的无规共聚体 c—苯乙烯-α-甲基苯乙烯的本体共聚体 d—聚 α-甲基苯乙烯

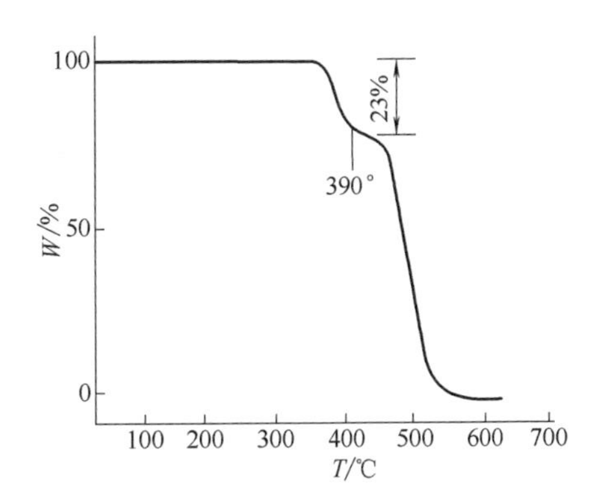

图 12-8 乙烯-乙酸乙烯酯共聚体的 TG 曲线

$$\text{乙酸乙烯酯含量}(\%)=\frac{\text{乙酸乙烯酯相对分子质量}}{\text{乙酸相对分子质量}}\times \text{TG 曲线第一阶段失重量} \qquad (12-1)$$

不同乙酸乙烯酯含量的 EVA，通过 TG 测试得到的 VA 含量结果见表 12-1，与化学分析法得到的结果比较，TG 测试结果的误差在 0.3%之内，准确度很高。

表 12-1　　EVA 的 TG 和化学分析结果的比较

乙酸乙烯含量/%(化学分析)	乙酸的失重率/%(TG)	乙酸乙烯含量/%(TG)	绝对偏差/%
4.3	3.2	4.6	0.3
8.3	5.8	8.3	0.0
11.2	7.6	10.9	0.3
14.9	10.2	14.6	0.3
27.1	18.9	27.1	0.0
31.1	21.7	31.1	0.0

12.3.3 聚合物固化反应程度

对固化过程中失去低分子物的缩聚反应，可用热重法研究。图 12-9 是酚醛树脂固化 TG 曲线。在 140~240℃一系列等温固化过程中，固化程度随固化温度的提高而增加，而在 260℃时固化程度反而下降。这是利用酚醛树脂固化过程中生成水，测定脱水失重量最多的固化温度，其固化程度必然最佳，从而确定 240℃为该树脂最佳固化温度。另外还可以看出，不同固化温度的酚醛树脂，相同固化时间，从低温到高温热稳定性逐渐提高。

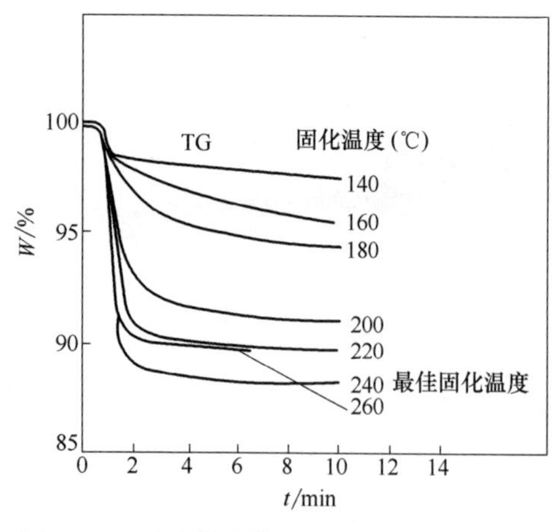

图 12-9 酚醛树脂等温固化产物的 TG 曲线

12.3.4 阻燃剂的作用机理研究

含有磷和氮的化学品组成的膨胀阻燃体系，近年来在聚合物中推广，用于取代卤素阻燃剂。IFR 加入到聚合物基体中，通常会引发聚合物基体的分解温度提前，但是 DTG 曲线上 T_{max} 对应的纵坐标值降低。IFR 中的酸源的分解温度低于聚合物基体，在受热过程中，酸源先于基体分解，释放的小分子酸会催化基体表层分解，形成炭层结构，在 TG 曲线上表现出分解温度提前。

如图 12-10 所示，环氧树脂（EP）中添加一种聚磷酸酰胺（PPA）阻燃剂，结合 TG 和 DTG 曲线，以及表 12-2 中的具体数据，可以发现添加 1%~2%的 PPA，起始分解温度提前，但是 DTG 曲线上的峰值，即分解速率（R_{max}）与 EP 相比降低了 50%以上，最终的残炭也高于基体。从 DTG 曲线还可以发现，EP 中只出现一个 T_{max}，但是添加 PPA 后，出现两个 T_{max}，说明 PPA 改变了 EP 的热分解历程。

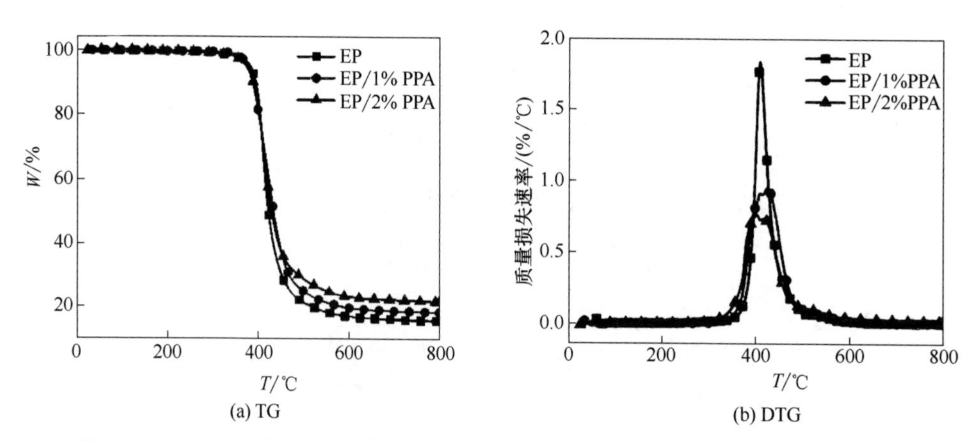

图 12-10 环氧树脂（EP）中添加聚磷酸酰胺（PPA）阻燃剂的 TG 和 DTG 曲线

表 12-2　EP/PPA 的 TG/DTG 曲线中的关键数据

物质	$T_{5\%}$/℃	$T_{50\%}$/℃	R_{max}/(%/℃)	$W_{残炭}$ at 800 ℃/%
EP	383. 3	421. 6	1. 83	16. 0
EP/1% PPA	353. 3	416. 9	0. 95	18. 6
EP/2% PPA	337. 4	411. 4	0. 77	21. 9

12.3.5 研究聚合物的降解反应动力学

化学反应动力学是研究化学反应的速度随时间、浓度、温度变化的关系，最终求出活化能和反应级数并对该反应机理进行解释。化学反应速度与浓度的关系，即质量作用定律：

$$v=Kc^n \tag{12-2}$$

或

$$v=K(1-x)^n \tag{12-3}$$

式中 K——反应速度常数，是温度的函数，温度不变时 K 是常数；

c——反应物浓度，g/mL；

x——反应产物浓度，g/mL；

n——反应级数；

v——反应速度。

K 与温度的关系符合阿伦尼乌斯（Arrhenius）方程：

$$K=A\mathrm{e}^{-E/RT} \tag{12-4}$$

式中 E——活化能；

A——频率因子；

R——气体常数其值为 8. 31J/kmol。

式（12-3）两边取对数，以 ln$K$ 对 1/T 作图，回归得到一条直线，斜率 E/R，截距 ln$A$。另一重要概念在热重法计算时称失重率，即变化率（α），以式（12-4）表示：

$$\alpha=\frac{\Delta m}{\Delta m_\infty} \tag{12-5}$$

式中 Δm_∞——最大失质量；

Δm——$T(t)$ 时的失质量。

如图 12-11 所示：$\Delta m=m_0-m$ （12-6）

$$\Delta m_\infty=m_0-m_\infty \tag{12-7}$$

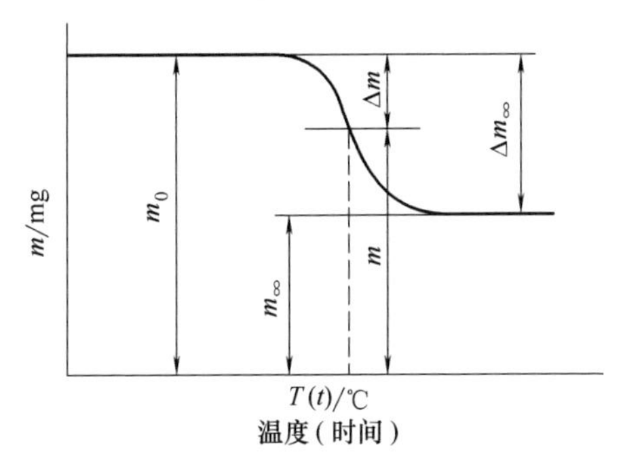

图 12-11 TG 曲线计算失重率

式中 m_0——初始质量；

m——$T(t)$ 时的质量；

m_∞——最终时剩余量，$m_\infty=0$ 为完全分解。

热分析动力学基本关系式为：

$$\frac{\mathrm{d}\alpha}{\mathrm{d}t}=K(1-\alpha)^n \tag{12-8}$$

将式（12-4）及升温速率 $\phi=\frac{\mathrm{d}T}{\mathrm{d}t}$ 代入式（12-8），得到

$$\frac{\mathrm{d}\alpha}{\mathrm{d}T}=\frac{A}{\phi}\mathrm{e}^{-E/RT}(1-\alpha)^n \tag{12-9}$$

把上式变量分离可写成下式

$$\frac{\mathrm{d}\alpha}{(1-\alpha)^n}=\frac{A}{\phi}\mathrm{e}^{-E/RT}\mathrm{d}T \tag{12-10}$$

上面两式是热重动力学微商法和积分法的最基本式，由此出发可以导出各种动力学式。下面介绍几种方法。

（1）Newkirk 法

它采用一条 TG 曲线求得分解反应的速率常数，如图 12-12 所示，失重曲线上点 1 和

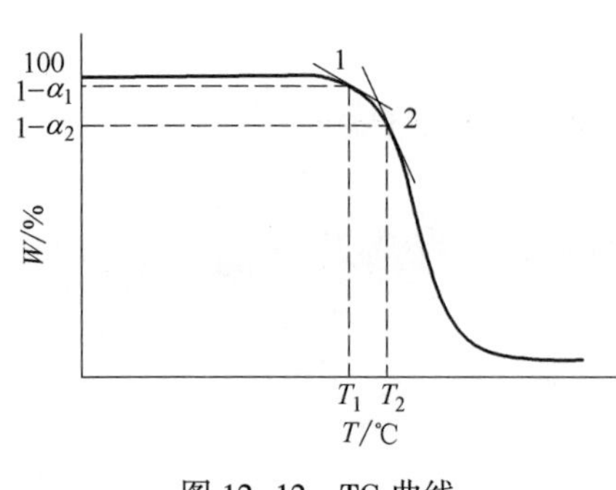

图 12-12　TG 曲线

点 2 作切线可得到反应速率$\frac{d\alpha_1}{dt_1}$和$\frac{d\alpha_2}{dt_2}$，以及对应样品剩余质量为（$1-\alpha_1$）和（$1-\alpha_2$）如果是一级反应 $n=1$，则可以由$\frac{d\alpha}{dt}=K(1-\alpha)$ 式代入已知值求出各反应速率常数 K_1，K_2；然后由 $\ln K=\ln A-\frac{E}{R}\frac{1}{T}$式作 K 的对数与$\frac{1}{T}$的图像是一条直线，从斜率和截距可求得 E 和 A。此法缺点是求切线斜率误差较大，$n\neq1$ 时计算较麻烦。

（2）多个升温速率法

若用几个不同升温速率的 TG 曲线求解动力学参数，为此把式（12-8）变换成：

$$\ln\left[\phi\left(\frac{d\alpha}{dT}\right)\right]=\ln[A(1-\alpha)^n]-\frac{E}{RT} \tag{12-11}$$

因为已假设（$1-\alpha$）^{n} 只与 α 有关，所以当 α 为常数（不同升温速率 TG 曲线取相同的失重率 α），则（$1-\alpha$）^{n} 也为常数，这样，对不同的 ϕ 值，在给定的 α 值下，作 $\ln\left[\phi\left(\frac{d\alpha}{dT}\right)\right]$对$\frac{1}{T}$作图是一条直线，由斜率求出活化能 E，再根据

$$\ln[A(1-\alpha)^n]=\ln A+n\ln(1-\alpha) \tag{12-12}$$

以（12-11）式中截距对 $\ln(1-\alpha)$ 作图，就可求出反应级数 n 和频率因子 A。

（3）Coast-Redfern 法

这是一种近似积分法求解动力学参数，从式（12-10）出发得到：

$$\int_0^\alpha \frac{d\alpha}{(1-\alpha)^n}=\frac{A}{\phi}\int_{T_0}^T e^{-E/RT}dT \tag{12-13}$$

左边

$$\int_0^\alpha \frac{d\alpha}{(1-\alpha)^n}=\begin{cases}-\ln(1-\alpha) & 当\ n=1\\ \frac{(1-\alpha)^{1-n}-1}{n-1} & 当\ n\neq1\end{cases}$$

根据 Doyle 近似积分关系：

$$\frac{A}{\phi}\int_{T_0}^T e^{-E/RT}dT=\frac{AE}{\phi R}p(y) \tag{12-14}$$

$$p(y)=\frac{e^{-y}}{y^2}\left(1+\frac{2!}{y}+\frac{3!}{y^2}+\cdots\right) \tag{12-15}$$

其中 $y=-\frac{E}{RT}$

若使用 $p(y)$ 近似式的前三项，可以得到

$$\frac{[1-(1-\alpha)^{1-n}]}{1-n}=\frac{ART^2}{\phi E}\left[1-\frac{2RT}{E}\right]e^{-E/RT} \tag{12-16}$$

两边取对数得到

$$\lg\left\{\frac{1-(1-\alpha)^{1-n}}{T^2(1-n)}\right\}=\lg\left\{\frac{AR}{\phi E}\left[1-\frac{2RT}{E}\right]\right\}-\frac{E}{2.3RT} \tag{12-17}$$

作 $\lg\left\{\frac{1-(1-\alpha)^{1-n}}{T^2(1-n)}\right\}$ 对 $\frac{1}{T}$ 图，斜率 $-\frac{E}{2.3R}$ 可求 E。

当 $n=1$ 时，式（12-16）变成

$$\frac{-\ln(1-\alpha)}{T^2}=\frac{AR}{\phi E}\left(1-\frac{2RT}{E}\right)e^{-E/RT} \tag{12-18}$$

取对数：

$$\lg\left[\frac{-\ln(1-\alpha)}{T^2}\right]=\lg\frac{AR}{\phi E}\left(1-\frac{2RT}{E}\right)-\frac{E}{2.3R}\cdot\frac{1}{T} \tag{12-19}$$

作 $\lg\left[\frac{-\ln(1-\alpha)}{T^2}\right]$ 对 $\frac{1}{T}$ 图，由斜率可求 E。

（4）Flynn-Wall-Ozawa 法

Flynn-Wall-Ozawa 是一种常用的积分方法，基本经验公式为：

$$\log\beta=\log\frac{AE}{g(\alpha)R}-2.315-0.4567\frac{E}{RT} \tag{12-20}$$

式中　α——样品的转化率，%；

$g(\alpha)$——动力学机理函数的微分表达式；

β——升温速率，$K\cdot min^{-1}$；

T——绝对温度，K；

A——指前因子；

E——表观活化能，$kJ\cdot mol^{-1}$；

R——气体常数，值为 $8.314\ J\cdot mol^{-1}\cdot K^{-1}$。

当 β 不同时，在特定的转化率对应的温度下，利用 $\log\beta$ 对 $1/T$ 来绘制曲线，通过对动力学曲线拟合得到斜率，从而求得活化能 E。

该方法避免了对反应机制的不当假设而得到错误的动力学参数，只需知道转化率值，即可求得热降解反应的活化能，较为简便。

（5）Kissinger 法

Kissinger 法是一种等转换率法微分方法，常用来研究不同升温速率下的热分解行为。其基本方程为：

$$\ln\frac{\beta}{T_{max}^2}=\ln\frac{AR}{E}-\frac{E}{RT} \tag{12-21}$$

式中　T_{max}——最大热失重速率下的热力学温度，K；

根据 $\ln(\beta/T_{max}^2)$ 对 $1/T_m$ 作图得到直线的斜率和截距，进一步求出 E 和 A。

由于该法根据热失重微分 DTG 曲线的峰值所对应的温度来计算活化能，因此只能用于计算热降解速率最大时的热降解活化能。

（6）Freeman-Carroll 法

Freeman-Carroll 法是取 TG 曲线上若干点的转化率 α 及对应的温度 T，根据式（12-20）求出相邻两点的差值来计算热降解活化能。

$$\frac{\Delta\lg\left(\frac{d\alpha}{dT}\right)}{\Delta\lg(1-\alpha)}=-\frac{E}{2.303R}\cdot\frac{\Delta\left(\frac{1}{T}\right)}{\Delta\lg(1-\alpha)}+n \tag{12-22}$$

由$\dfrac{\Delta\lg\left(\dfrac{d\alpha}{dT}\right)}{\Delta\lg(1-\alpha)}$对$\dfrac{\Delta\left(\dfrac{1}{T}\right)}{\Delta\lg\ (1-\alpha)}$作图，拟合后得到直线斜率和截距，进而求得活化能 E 和反应级数 n。

12.3.6 TG 联用技术

为了获得更多关于分解产物的信息，TG 通常与其他技术联用。目前主要包括 TG-DSC、TG-FTIR、TG-MS、TG-GC/MS 等。可以快速分析样品热解过程中释放的挥发性产物随温度变化的变化，热解过程中气体产物的形成及释放，从而推断反应机理。

（1）TG-DSC

TG-DSC 热分析仪在程序控温下同时检测样品的质量变化以及热流变化，研究样品随温度的质量变化、热效应变化，从而能够分析各组分之间的热效应。如图 12-13 所示，186~208℃出现较为尖锐的吸热峰，峰值为 197℃，但是 TG 曲线没有明显的质量变化，这是因为季四戊醇的晶型发生了转变，此晶型转变吸收峰单独出现，因此可与其他组分的物理变化区别。

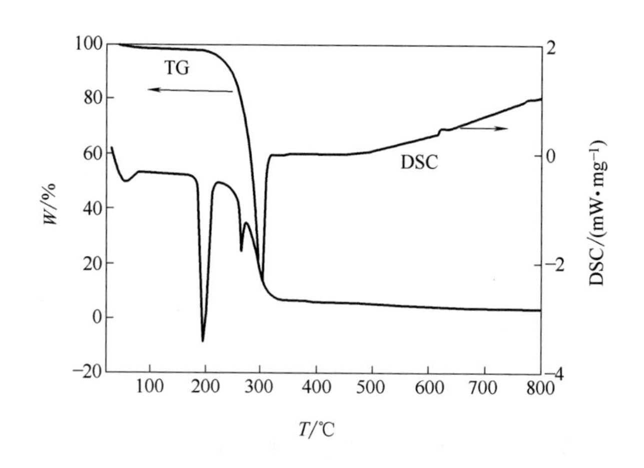

图 12-13　季四戊醇的 TG-DSC 联用曲线

（2）热重-红外光谱（TG-FTIR）联用技术

TG-FTIR 联用技术是通过 FTIR 直接测定样品在各失重过程中所得的分解或降解的挥发性气体产物的化学成分。将阻燃剂（4PTau）通过化学接枝引入到锦棉混纺织物（NY-CO）表面，其样品的热解过程三维谱图如图 12-14（a）所示。提取分解速率最高对应温度的 FTIR 谱图，如图 12-14（b）可知，主要分解产物分别为 H_2O、CO_2、NH_3、SO_2/SO_3 等，这些气体稀释了气相中的可燃气体，从而起到了气相阻燃的作用。

（3）热重-质谱（TG-MS）联用技术

TG-MS 是研究物质释放的挥发性物质的成分和质量随温度变化的一项重要技术。可在线动态检测物质在特定气氛和恒定升温速率下的热解行为和热失重过程，有助于建立反应模型，阐述反应机理。如图 12-15 所示，次磷酸铝（AHP）的主要析出产物分别为 m/e=18（H_2O），m/e=34、32、33（PH_3），这说明 AHP 的降解主要包括 PH_3 的解离以

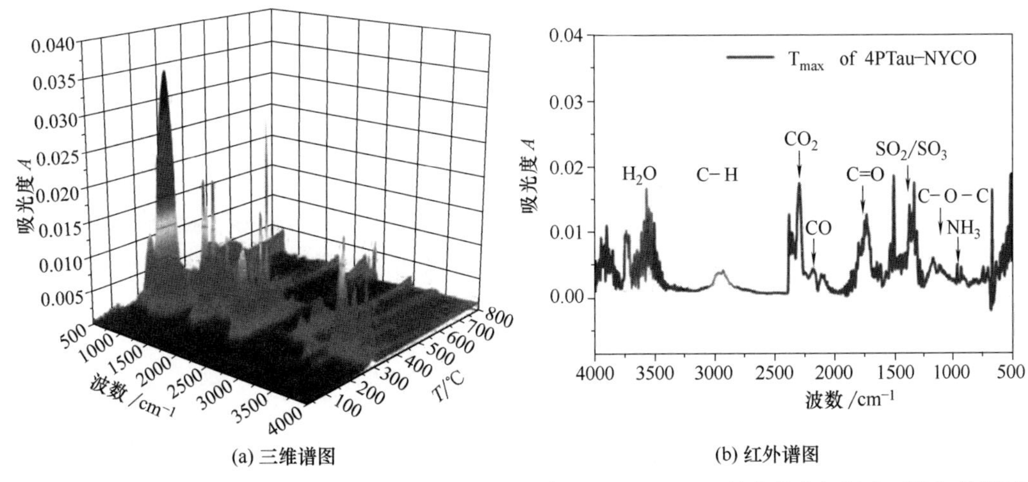

图 12-14 4PTau-NYCO 在 10℃/min 下热解的三维谱图 4PTau-NYCO 最大热分解温度下的红外谱图

及磷酸氢铝的脱水反应。

（4）热重-色谱/质谱（TG-GC/MS）联用

TG-MS 以及 TG-FTIR 分析很难对气体的各个要素进行鉴别，而采用 GC-MS 的联用系统则可以得到更多的信息。TG-GC/MS 技术优点在于 GC 可以分离不同的分解产物，后由质谱识别，并且在理论上可以进行量化。如图 12-16 所示，由色谱分析可知，400℃下天然橡胶（NR）主要分解产物为柠檬烯，丁苯橡胶（SBR）主要分解产物为苯乙烯。

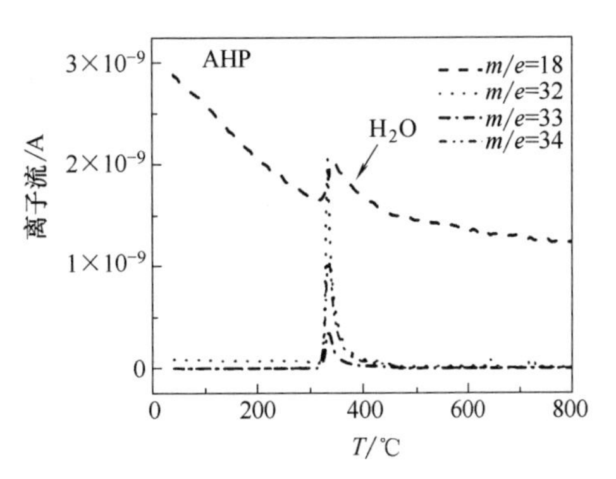

图 12-15 次磷酸铝（AHP）热解产物的质谱曲线

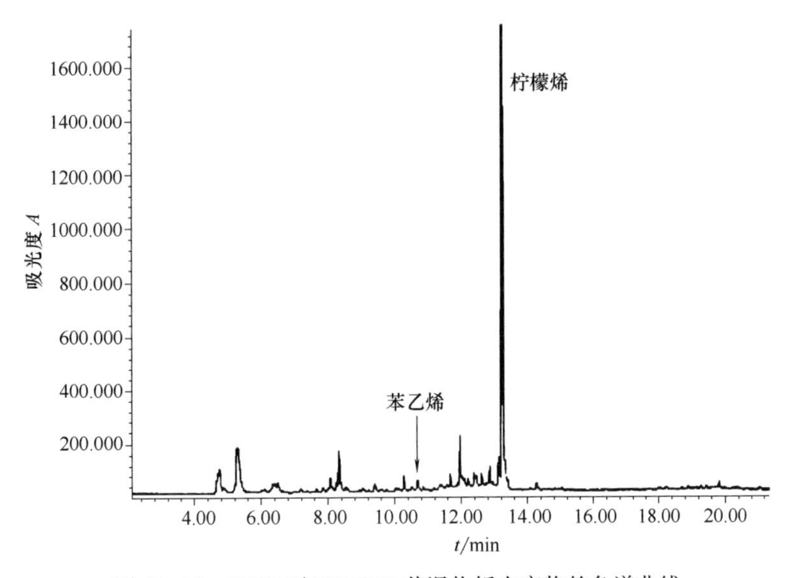

图 12-16 400℃下 NR/SBR 共混物析出产物的色谱曲线

第 13 章　动态力学热分析

材料的动态力学行为是指材料在交变应力（或交变应变）作用下做出的力学响应。测定材料在一定温度范围内动态力学性能的变化即是动态力学热分析（Dynamic Mechanical Thermal Analysis，DMTA）或动态力学分析（Dynamic Mechanical Analysis，DMA）。

材料的结晶度、分子取向、相对分子质量、交联、共混、固化等结构上的变化，均会在材料的宏观性能上反映出来。所以聚合物结构与性能的关系一直是核心研究内容。联系结构与性能的桥梁是分子的热运动，动态力学分析方法在测定聚合物的各级相转均变具有极高的灵敏度。相对其他研究方法，DMTA 主要有如下优点。

① 在交变力作用下，材料的动态力学性能结果更能反映出实际使用性能。例如车辆行驶中的轮胎，机器转动中的齿轮，传运带在传动中，吸音、减震材料等，使用过程中均受到周期性外力作用。

② 动态力学性能同时提供弹性性能与黏性性能，能提供因物理与化学变化所引起的黏弹性变化及热膨胀性质，可以直接提供材料在所使用的频率范围内的阻尼特性。

③ 动态力学热分析在宽阔的温度范围或频率范围内进行连续测试，因而可以在较短的时间内获得材料的模量随温度、频率和时间的变化。

④ 在测定高分子材料的主转变（玻璃化转变 T_g）和次级转变等方面，其灵敏度高于 DSC，可以提供长链分子的主链运动，侧基运动，及基团运动等多方位信息。用于评价材料的耐热性与耐寒性，研究共混聚合物的相容性，跟踪树脂的固化过程，复合材料中的界面特性和高分子运动机理等。

13.1　材料黏弹性的基本概念

13.1.1　黏　弹　性

固体材料如金属、陶瓷（包括玻璃）等，在力学性能上有一个共性，就是具有弹性。外力作用下立即产生形变；外力除去后，形变立即回复，形变对外力产生瞬间响应。但这种弹性形变通常小于 1%。形变较大时，金属材料会产生不可回复的塑性形变，陶瓷材料可能发生脆性断裂。聚合物在较小形变下也具有上述弹性。理想弹性体的应力-应变关系服从胡克定律，即应力（σ）与应变（ε）成正比，如式（13-1）所示。

$$\sigma = E\varepsilon \tag{13-1}$$

式中　σ——应力，Pa；

ε——应变；

E——弹性模量，Pa。

这种应力-应变关系如图 13-1 所示。直线的斜率即为 E，表示材料的刚度，即材料抵抗变形的能力。材料弹性模量越高，抵抗变形的能力就越强。当受到恒定外力作用时，如

图 13-2 所示，理想弹性体的应变不随时间发生变化，外力去除，其应变立即完全回复。外力对它所做的功全部以弹性能的形式储存起来。根据材料形变模式的不同，弹性模量有拉伸模量、压缩模量、弯曲模量和剪切模量。

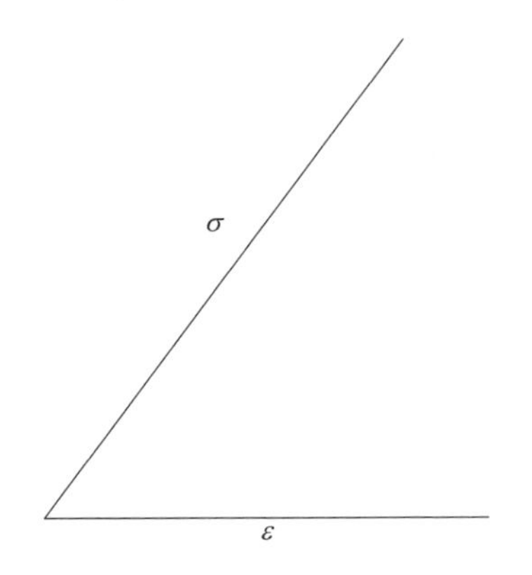

图 13-1　理想弹性体应力与应变的关系

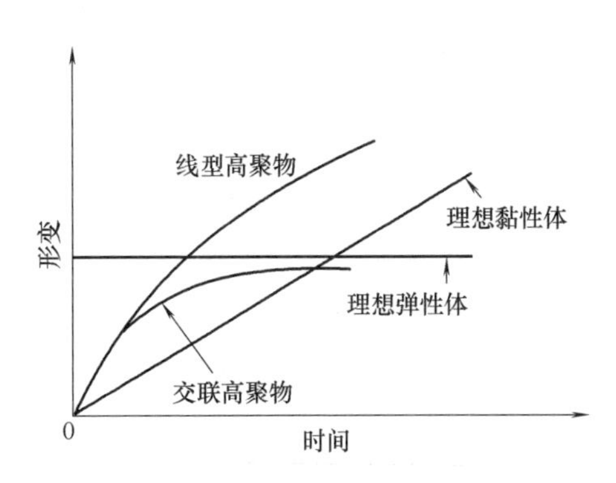

图 13-2　不同材料的形变随时间延长的变化

理想黏性流体的流变行为服从牛顿定律，即应力与应变速率成正比，比例系数为黏度。以剪切为例，牛顿定律如式（13-2），表达为：

$$\tau=\eta\frac{d\gamma}{dt}=\eta\dot{\gamma} \tag{13-2}$$

式中　τ——剪切应力，Pa；

$\dot{\gamma}$——切变速率，s^{-1}；

η——剪切黏度，Pa·s。

受到外力作用时，理想黏性体的应变随时间线性增加，去除外力后，产生的形变完全不可回复。外力所做的功全部以热能的形式消耗掉，用以克服分子间的摩擦力，从而实现分子间的相对迁移。

对于黏弹性材料，其力学行为既不完全服从胡克定律，也不完全服从牛顿定律，而是介于两者之间，即应力同时依赖于应变和应变速率。当受到外力作用时，黏弹性材料的应变随时间发生非线性变化；当外力去除，所产生的形变随时间逐渐且部分回复，其中弹性形变部分可以回复，黏性形变部分不能回复。外力对黏弹体所做的功一部分以弹性能的形式储存起来，另一部分则以热能的形式耗散。

聚合物是典型的黏弹性材料，兼有黏性流体和弹性固体的某些特性。当聚合物作为结构材料使用时，主要利用它的弹性和强度，要求它在使用温度范围内有较大的储能模量。当聚合物作为减震和吸音材料使用时，主要利用它的黏性，要求在一定频率范围内有较高的阻尼。汽车轮胎材料首先应具有良好的弹性，黏性模量过高会时轮胎生热明显，发生爆胎；黏性模量过低就不能形成轮胎与地面的摩擦力，降低安全性能。

13.1.2　静态及动态黏弹性

材料的静态黏弹性主要表现在蠕变和应力松弛两个方面。蠕变（creep）是指材料在恒定应力下，随时间延长，形变增加的现象。应力松弛（stress relaxation）指聚合物在恒应变下，随时间延长，应力衰减的现象。蠕变和应力松弛两种现象的实质相同，都是随时间发生的非弹性变形的积累过程。所不同的是应力松弛是在总变形量一定时，一部分弹性变形转化为非弹性变形；而蠕变则是在恒定应力长期作用下直接产生非弹性变形。

金属、聚合物和岩石等在一定条件下都具有蠕变性质。聚合物的蠕变机理是在恒定的较小外力长时间作用下，大分子链段运动，发生的分子链取向重排的结果。受分子相互作用的影响，聚合物分子链相对移动，发生取向重排的行为不能瞬时完成，而需一定的时间，因此在整个蠕变过程中表现出不同的蠕变阶段。从分子运动和变化的角度看，蠕变过程包括普弹形变、高弹形变和塑性形变三种形式。当高分子材料受到应力（σ_0）作用时，分于链内部键长和链角立刻发生变化，这种形变相对较小，称为普弹形变（ε_1），当外力除去时普弹形变立刻完全回复。

$$\varepsilon_1=\frac{\sigma_0}{E_1} \tag{13-3}$$

式中　E_1——弹性模量。

当外力作用时间和链段运动所需要的松弛时间有相同的数量级时，链段的热运动和链段间的相对滑移使卷曲的分子链逐渐伸展开来，这种形变相对较大，称为高弹形变（ε_2）。外力去除后，高弹形变会逐渐恢复。

$$\varepsilon_2=\frac{\sigma_0(1-e^{-\frac{t}{\tau}})}{E_2} \tag{13-4}$$

式中　E_2——高弹模量；

τ——蠕变推迟时间；

$\varepsilon(\infty)$——$t(\infty)$ 的平衡应变值。

如果分子间没有化学交联，当外力作用时间与整个分子链的松弛时间为相同的数量级时，则会产生分子间的相对滑移，称为塑性形变（ε_3）。外力除去后，塑性形变不能恢复。

$$\varepsilon_3=\frac{\sigma_0}{\mu_0 t} \tag{13-5}$$

式中　μ_0——本体黏度。

由于聚合物有链段长度分布和相对分子质量的多分散性，所以受到外力作用时，以上三种形变同时发生，材料的总形变为：

$$\varepsilon=\varepsilon_1+\varepsilon_2+\varepsilon_3 \tag{13-6}$$

聚合物典型的蠕变及回复曲线如图 13-3 所示。图 13-4 是用蠕变实验表征包装薄膜质量的曲线，可以用来预估薄膜产品制造的稳定性。在回复阶段，平衡回复柔量 *Jer* 可以通过计算得到。如果样品柔量太高，即 *Jer* 值较高，在成型温度下材料的弹性可能太低以至无法保持理想形状。从图 13-4 可以预测，从 1 号到 3 号薄膜的尺寸稳定性依次增加。

同一材料在不同的应力水平或温度下，会处在不同的蠕变阶段。通常温度升高或应力增大会使蠕变加快。研究材料的蠕变性质对安全而经济地设计结构和机械零件具有重要意义。

应力松弛是聚合物独特的松弛现象之一。应力松弛不仅反映聚合物的结构特征，而且可帮助了解在实际生产中，制品成型之后形状不稳定（翘曲、变形、应力开裂）的原因及寻求稳定产品质量的工艺方法。例如高温下的紧固零件，随时间延长，其内部的弹性预

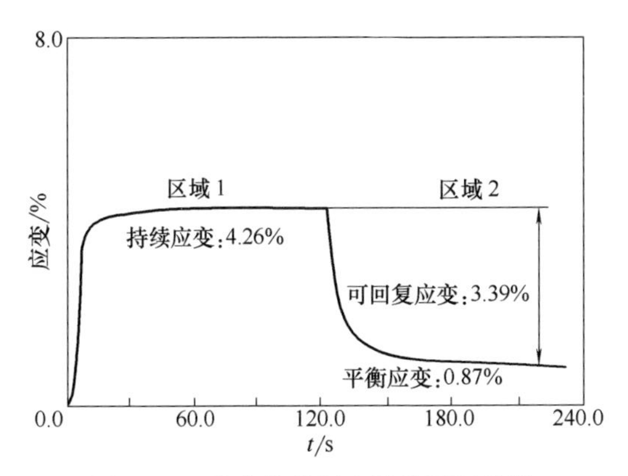

图 13-3　聚合物的蠕变及其回复曲线

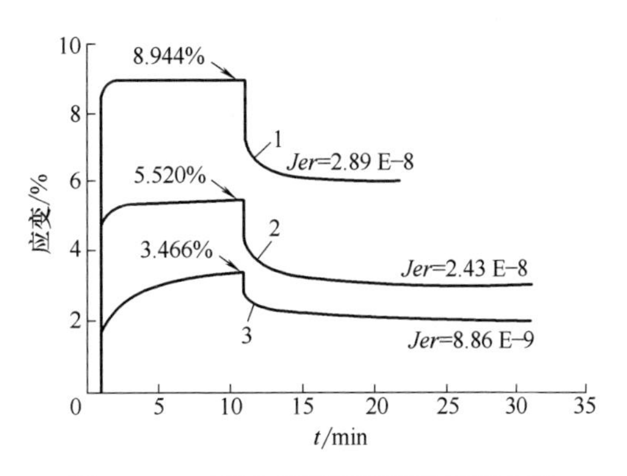

图 13-4　三种包装薄膜蠕变及回复曲线

紧应力衰减，会造成密封泄漏或松脱事故；生产上常采用退火的办法，即维持固定形状。通过应力松弛来消除内应力，实现制品的形状稳定。图 13-5 所示为典型应力松弛曲线。

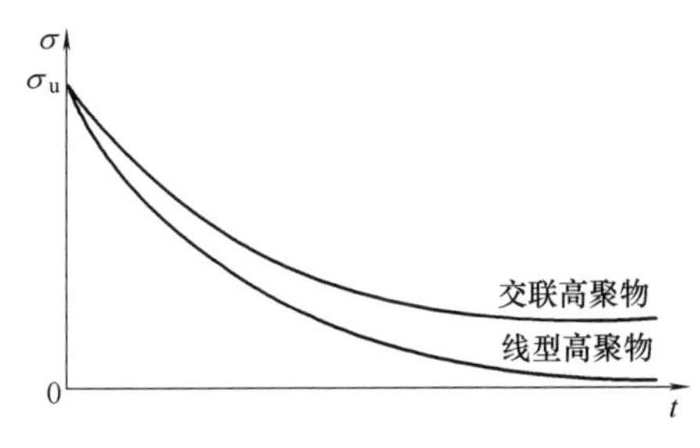

图 13-5　聚合物典型应力松弛曲线

应力松弛按的产生由两部分原因。一是由于分子运动滞后于应力而产生的物理松弛。另一部分是由于分子断裂，交联点密度下降引起的，称为化学松弛。在实际中物理松弛和化学松弛往往交织在一起。

13.1.3　动态力学性能测量原理

当材料受到交变外力作用时，所做出的应变响应随材料的性质而不同。以最常用的正弦交变应力为例，如果给试样施加一个正弦交变应力

$$\sigma(t)=\sigma_0\sin\omega t \tag{13-7}$$

式中　ω——角频率，弧度；

t——时间，s；

σ_0——应力振幅（应力最大值）。

对于理想弹性体，应变对应力瞬间响应，如图 13-6（a）所示。

$$\varepsilon(t)=\varepsilon_0\sin\omega t \tag{13-8}$$

式中　ε_0——应变振幅（应变最大值）。

对于理想黏性体，应变响应滞后于应力 90°相位角，如图 13-6（b）所示。

$$\varepsilon(t)=\varepsilon_0\sin(\omega t-90^\circ) \tag{13-9}$$

对于黏弹性材料，应变将始终滞后于应力一个 0°～90°的相位角 δ，如图 13-6（c）所示。

$$\varepsilon(t)=\varepsilon_0\sin(\omega t-\delta)\quad(0^\circ<\delta<90^\circ) \tag{13-10}$$

式中　δ——应力或应变相位角差值（滞后相位角）。

将式（13-10）展开为：

$$\varepsilon(t)=\varepsilon_0\cos\delta\sin\omega t-\varepsilon_0\sin\delta\cos\omega t \tag{13-11}$$

从式（13-11）可以看出应力由两部分组成，一部分 $\varepsilon_0\cos\delta\sin\omega t$ 与应变同相位，峰值

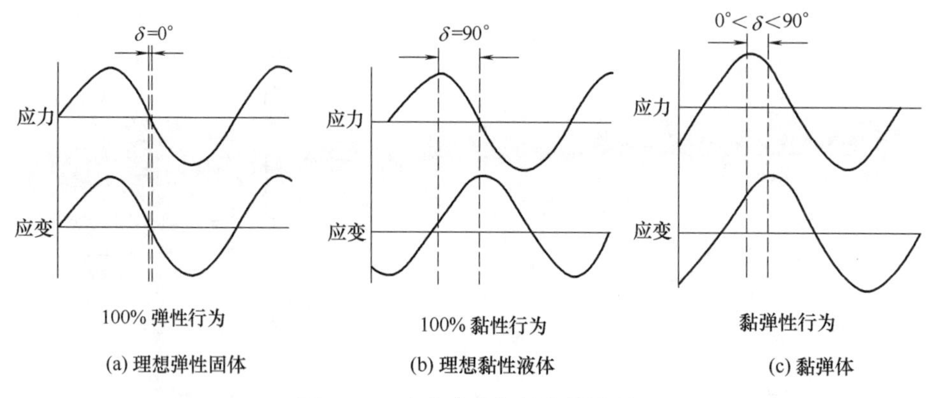

图 13-6　应力应变与频率的关系

为 $\varepsilon_0\cos\delta$，与储存的弹性能有关；另一部分 $\varepsilon_0\sin\delta\cos\omega t$ 与应变相差 $\pi/2$，峰值为 $\varepsilon_0\sin\delta$，与能量的损耗有关。储能模量（E'），损耗模量（E''）和力学损耗（$\tan\delta$）分别如式（13-12）至式（13-14）。

$$E'=\frac{\sigma_0}{\varepsilon_0}\cos\delta \tag{13-12}$$

$$E''=\frac{\sigma_0}{\varepsilon_0}\sin\delta \tag{13-13}$$

$$\tan\delta=\frac{E''}{E'} \tag{13-14}$$

复数模量可表示为：

$$E^*=E'+iE'' \tag{13-15}$$

式中　E'——与应变同相的模量，称为实数模量，它表征材料在形变过程中由于弹性形变而储存的能量，又叫储能模量；

E''——与应变异相的模量，称为虚数模量，它表征材料在形变过程中因黏性形变而以热的形式损耗的能量，又叫损耗模量；

$\tan\delta$——损耗角正切，又叫损耗因子。

在静态的恒定载荷作用下，材料变形响应充分，不仅有弹性范围内的瞬间变形，还有流动发生的黏弹变形；而在动态载荷作用下，载荷周期变化、材料变形响应的滞后，使得模量值有所增大。动态模量一般为静态模量的 1.5～2.0 倍，并且随着载荷的增加，动态模量和静态模量的差别逐渐减小。

研究材料的动态力学性能，就是要精确测量各种因素（包括材料本身的结构参数及外界条件变化）对动态模量 E'、E''及损耗因子 $\tan\delta$ 的影响。

13.2　动态力学分析技术

按照振动模式可分为四大类：自由衰减振动法、强迫共振法、强迫非共振法、声波传播法。本章重点介绍强迫非共振法，它能实现多种变形方式，是最常用的动态力学试验方法。

强迫非共振法是指强迫试样以设定频率振动，测定试样在振动中的应力与应变幅值以及应力与应变之间的相位差，通过这些信号可以得到动态力学相关数据。

与前述几类动态力学试验方法相比，强迫非共振法具有如下优势：

① 多种变形方式：可实现在拉伸、压缩、弯曲（单悬臂梁、双悬臂梁、三点）、剪切等多种受力方式下的动态力学行为数据记录。可同时测定材料的剪切模量和杨氏模量。

② 测试频率范围宽：一般测试频率范围均达到 10^{-5}～800Hz，可以实现无级调频。

③ 测试样品模量范围宽：使用不同种类的夹具，因此可以测定流体、聚合物、金属及复合材料的模量及损耗变化。

④ 可测试多种尺寸及形状的样条，更真实模拟实际受力：适用于片、板、膜、柱、凝胶等多种样条。

⑤ 多种扫描模式：温度扫描、频率扫描、时间扫描、动态应力/应变扫描、蠕变及其回复模式、恒应力模式。

下面详细介绍 DMTA 相关实验技术。

（1）样品制备

在 DMTA 测试中，测试样条没有固定尺寸及形状要求，可以是膜状、纤维状、片状、柱状、凝胶状等。但是均要求样品表面平整均匀，无杂质、无气泡，边缘整齐，需要精确测量样品的长度、宽度及厚度，尺寸公差不超过±0.1%。充分干燥，去除水分及溶剂。

（2）夹具种类

DMTA 可以测试多种受力模式下的动态力学数据，对应不同的受力模式，使用不同的样品家具，如图 13-7 为几种组为常用的夹具种类。

① 拉伸。如图 13-7（a）所示，拉伸模式适用于薄膜、纤维及处于 T_g 以上的橡胶试样。按照国际标准，为忽略夹头对试样自由横向收缩的限制，试样的长度应大于宽度的 6 倍。

② 压缩。如图 13-7（b）所示，压缩模式适用于 T_g 以上的橡胶及软质泡沫塑料、凝胶等低模量材料。样品一般为厚度大于 4mm 的圆柱状或立方体或长方体。试样置于两平等平板间，所应保证试样上、下平面严格平行，否则数据误差较大。

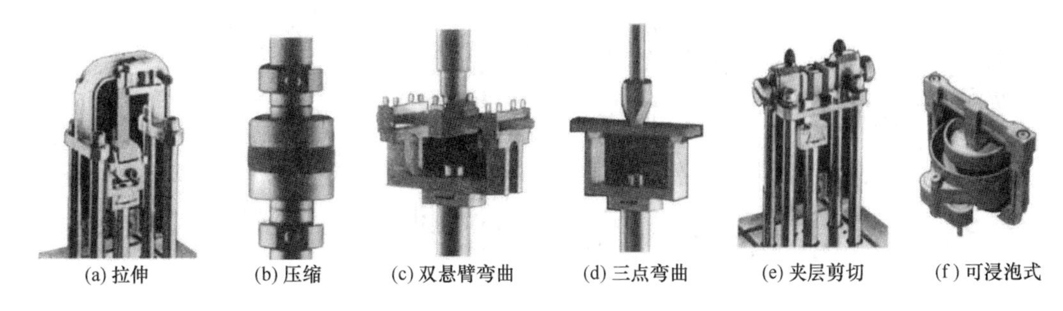
(a) 拉伸　(b) 压缩　(c) 双悬臂弯曲　(d) 三点弯曲　(e) 夹层剪切　(f) 可浸泡式

图 13-7　DMTA 各形变模式夹具实物图

③ 弯曲。弯曲模式包括单/双悬臂梁弯曲和三点弯曲。图 13-7（c）所示单/双悬臂梁弯曲适用范围非常宽，适用于除薄膜、纤维外的所有高分子材料；图 13-7（d）所示三点弯曲适用于测定如金属、碳纤维/环氧树脂复合材料等刚性材料。用于弯曲模式的试样一般为片状。国际标准中规定单/双悬臂梁模式跨/厚比（L_a/d）>16（跨为中心加载点

到每一端支点的距离)，三点弯曲要求 $L_a/d>8$，以尽量减小弯曲形变中剪切分量的影响。为保证挠度的精确测量，对于 $E>50$GPa 的高模量材料，尽量用长而薄的试样；对于 $E<100$MPa 的低模量材料，则尽量用短而厚的试样，以保证作用力测量的精度。

④ 剪切。如图 13-7（e）所示，夹层剪切适合于模量在 0.1～50MPa 之间较软的材料，如软塑料、橡胶、凝胶等。需要尺寸完全相同的两个矩形或圆形试样。为了避免试样在剪切形变中出现因弯曲而引入的误差，国际标准推荐每个试样在加载方向的尺寸应超过厚度的 4 倍。

⑤ 固-液相互作用模式。如图 13-7（f）所示该夹具下部为一圆形容器，盛装液体，样品固定于上部夹具。该模式主要用于研究不同液体环境对材料的影响。

（3）影响因素

影响 DMTA 实验结果的主要因素有升温速率、频率、应变模式、应变水平等。此外环境（液体或气体）对动态力学性能的影响也很重要。

① 升温速率。在 DMTA 测试中应用最多的是温度扫描，材料的各种特征温度都是通过程序升温曲线获得。升温速率的大小会在很大程度上影响特征温度的测试值。升温速率越大，热滞后越严重，特征温度的测试值越高。升温速率对 E' 的影响并不显著。

升温速率对不同材料的影响程度不一样。例如对于环氧树脂/碳纤维（EP/CF）复合材料，在试样尺寸及其他测试条件完全相同的条件下，将升温速率从 2℃/min 升高到 10℃/min，EP 的 T_g 提高 4℃，EP/CF 的 T_g 则提高了 17℃。

图 13-8 所示为 EP/CF 预浸料分别以 1℃/min、5℃/min、10℃/min 的扫描速率固化温度谱，从温度谱所得预浸料的凝胶点逐步上升为 156.6℃、192.3℃、215.9℃。当需要较准确获得试样转变温度时，升温速率应小于 2℃/min。试样尺寸会影响导热速率，试样越大，需要降低升温速率，保证试样内外温度一致。

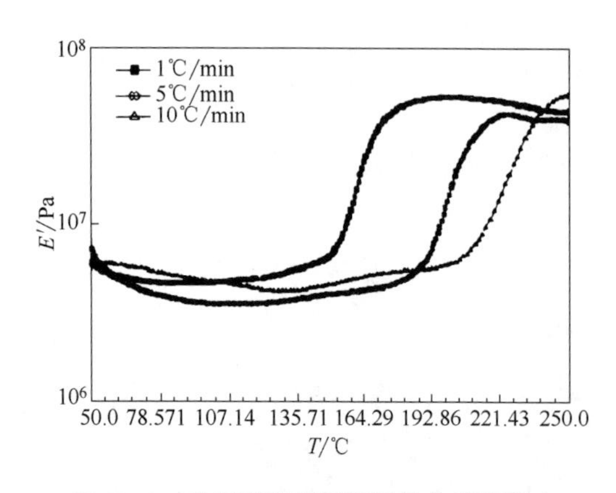

图 13-8　升温速率对树脂固化曲线的影响

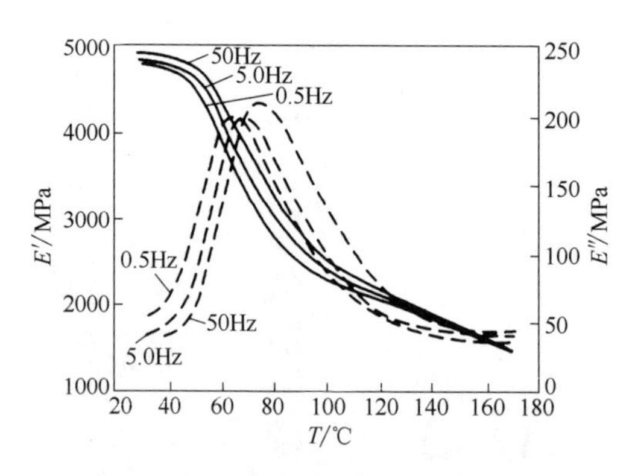

图 13-9　PBT 在不同频率下的 DMTA 温度谱

② 频率。根据时-温等效原理，升高温度与延长时间或降低频率具有相同的动态力学行为。因而随着频率增加，DMTA 特征温度的测试值将向高温方向移动。对于大多数聚合物，频率每增加一个数量级（10 倍），tanδ 峰（即 T_g）增加约 7℃。图 13-9 所示为 PBT 分别在 0.5、5.0 和 50.0 Hz 的频率下 E' 随温度变化的曲线。

进行温度扫描时，频率一般选择在 0.1～10Hz，常用的是 1Hz。

③ 形变模式。与升温速率主要影响特征温度不同，形变模式主要影响 E'，对特征温度的影响很小。研究发现，材料刚度越大，形变模式对 E' 的影响越大。例如某种 EP/CF 复合材料，同样在弯曲模式下测量，三点弯曲测得的 E' 最大，双悬臂梁弯曲次之，单悬臂梁弯曲最小。用双悬臂梁模式测得的 E' 为三点弯曲时的 60%，单悬臂梁测得的数值仅为三点弯曲时的 20%。

④ 应力/应变控制。应变控制是指测试过程中应变水平始终保持不变，应力随着试样模量变化而发生改变。应力控制是应力始终保持不变，应变发生改变。这两种模式都要求在材料的线性黏弹区域内进行。线性黏弹区是指施加的应力能产生成比例的应变，可以获得物质的特性常数，材料的微观结构不会受到破坏。因此在做其他动态力学扫描之前，必须首先确定所测材料的线性黏弹区，以选择合适的扫描模式。

DMTA 测试中应保证实验所设应力或应变水平必须在线性黏弹区域内，以防止试样在测试过程中受力和形变过大而破坏试样内部结构。因此测试之前需要进行一次动态应变扫描，确定应力-应变的线性黏弹区域。图 13-10 所示为硅橡胶、PMMA 和 EP 的应力-应变曲线。EP 的刚性较大，测试中应设较低的应变值；对于低模量材料，如在 T_g 以上的橡胶，泡沫塑料等，应变水平则可以大一些。

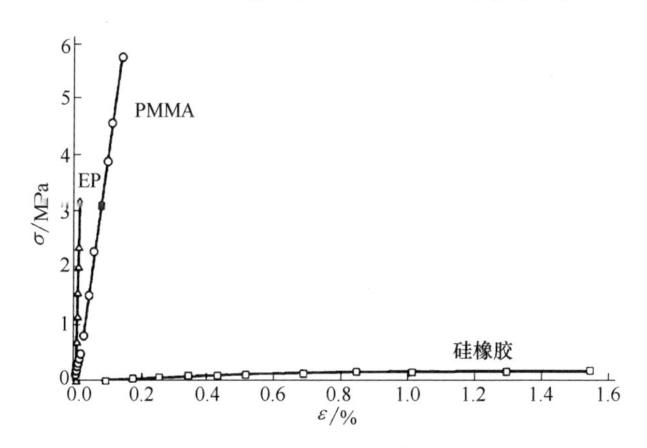

图 13-10　三种材料 DMTA 应力-应变曲线

⑤ 湿度。水是极性聚合物的一种增塑剂，导致 T_g 向低温移动，因此聚合物的动态力学性质受湿度的影响。PA66 由于分子中含有极性基团，容易吸收空气中的水分。其主转变的 tanδ 峰位随着水分含量的增加而降低，同时作为温度函数的模量也有大幅度的下降。因此 PA66 在日常运输及储存过程中应该注意防潮，在热熔加工前，应该充分干燥，以保证制品的质量稳定。

聚乙烯醇（PVA）具有很高的亲水性。图 13-11 所示是含水量对 PVA 动态力学性能温度曲线的影响。可以看出，在干燥的 PVA 样品中，主转变的 tanδ 峰（α 峰，T_g）位于 75℃附近。随着吸水量增加到 9%，20% 及 30%，吸附的水在非晶区内起到了增塑剂的作用，从而提高了分子链的柔性，使 T_g

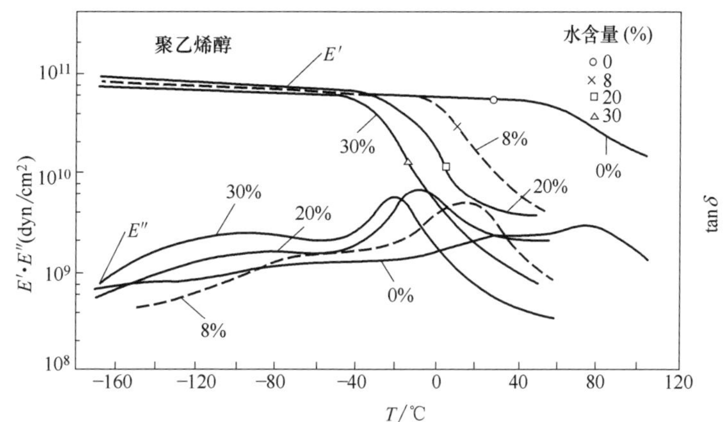

图 13-11　不同水分含量对聚乙烯醇（PVA）的 DMTA 温度曲线的影响（注：dyn = 10^{-5}N）

降低，因此 α 峰向低温移动到 15℃，-8℃和-20℃。

13.3　动态力学分析法在聚合物研究中的应用

本章节分别介绍各种扫描方式在聚合物研究中的应用。

13.3.1　温度扫描

聚合物的性质与温度有关，塑料在室温下硬而脆，在高温下就变得柔软而有弹性；橡胶在室温下柔软富有弹性，在低温下变得如玻璃一般坚硬。对于同一种聚合物，在不同的温度范围内分子运动状态就不同，材料所表现出来的宏观性能差异明显。在固定频率下，考察动态力学性能随温度的变化，所得曲线称动态力学温度谱，简称 DMA（或 DMTA）温度谱。温度扫描模式是动态力学分析中最常使用的模式。

（1）聚合物的主转变和次级转变——评价材料耐热性及低温韧性

由 DMTA 温度谱可以得到聚合物各种相变温度，如主转变（α 转等）——玻璃化温度（T_g）及次级转变（β、γ 和 δ 转变）温度，通过温度曲线，可以分析得到详细的分子结构信息。

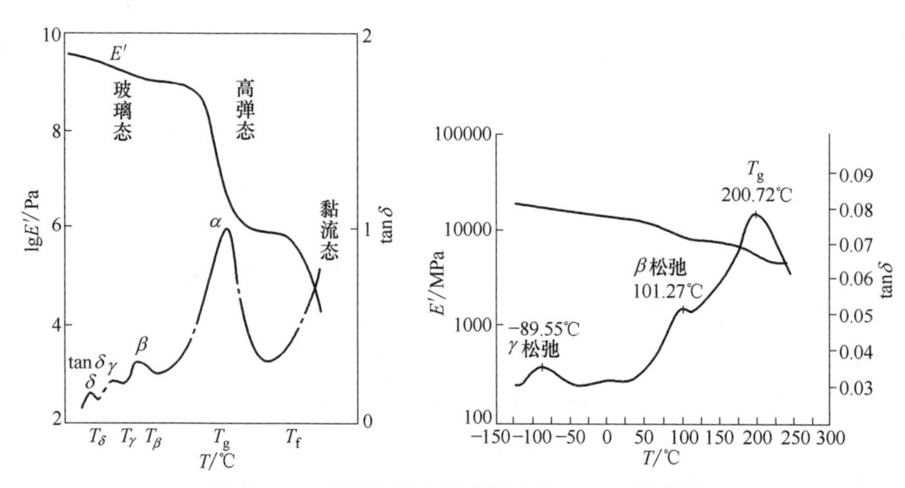

图 13-12　典型均相非晶态聚合物 DMTA 温度谱

图 13-12 所示为典型均相非晶态聚合物动态力学温度谱。可以看出，随着程序温度的升高，E'出现多个下降平台，tanδ 曲线则相应的出现多个损耗峰。E'下降越快，tanδ 出峰越明显。随着温度的升高，非晶态聚合物呈现三种力学状态，即玻璃态、高弹态和黏流态。其中玻璃态和高弹态之间的转变称为玻璃化转变，它是聚合物从坚硬的玻璃态向柔软的橡胶态的转变。从分子运动来看，是聚合物链段由冻结到自由的转变，为主要松弛过程，这个转变称为主转变或 α 转变，转变温度用 T_g 表示；高弹态与黏流态之间的转变为黏流转变，它是聚合物整链运动的结果。转变温度用 T_f 表示。T_f 和 T_g 等直接影响材料使用和加工。在玻璃态，虽然链段被冻结，但是随着温度的升高，比链段更小的运动单元，如侧基、支链、主链或支链上的各种功能团、个别链节和链段的某一局部，也会发生键长或者键角的微小变动，发生从冻结到运动的松弛过程，通常称为聚合物的次级转变或次级

松弛过程。这些小单元的运动在 tanδ 温度谱上表现为在低于 T_g 出现数个小峰，温度从高到低依次为 β、γ、δ 转变，对应温度标为 T_β、T_γ、T_δ。在低于 T_g 的温度具有次级转变的聚合物通常有良好的低温韧性。

一般在工程上则常采用热变形温度、维卡软化点、马丁耐热温度等来表征材料耐热性。这些方法的局限性在于它们只能得到该温度点的数值，至于低于或高于该温度点时材料的力学性能变化情况不能准确反映出来。而通过 DMTA 温度谱可以清晰掌握材料受热过程中力学性能的变化过程，确定材料安全使用的范围。

举例说明，使用热变形仪测得的热变形温度，PA6 的为 65℃，PVC 为 80℃。但从图 13-13 中两种材料的 E'-T 曲线可以看出，80℃时 PVC 和 PA6 的 E'基本相同，但 80℃是 PVC 的玻璃化转变区域，在此范围内 E' 急剧下降了几个数量级。而 PA6 为部分结晶性聚合物，65℃只是非晶区的玻璃化转变，E'下降幅度有限；由于其晶区部分仍保持规整排列，所以此时 PA6 仍有相当的刚性。随着温度继续升高到 220℃附近晶区熔融时，E'才急剧下降。从上面分析可知，用 DMTA 跟踪模量随着温度的变化，综合评价材料的耐热性更加科学。

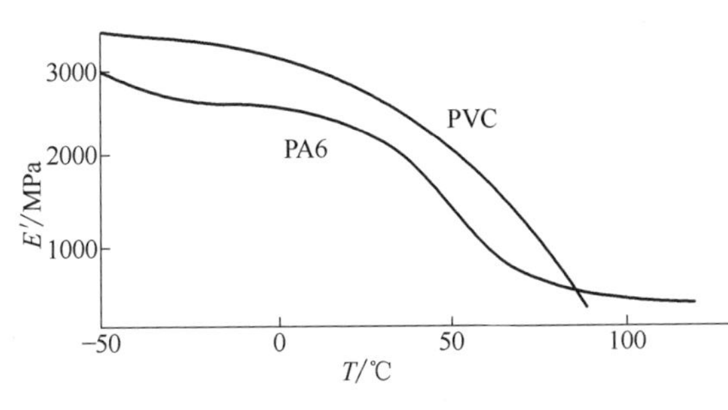

图 13-13　PA6 和 PVC 的 E'-T 曲线

（2）相容性

为获得更加优异的使用性能，很多制品为两种或多种高分子材料共混使用。多相体系中的相容性直接影响制品的综合性能。可以通过 DMTA 温度谱曲线判断相容性。相容性的判定原则一般是根据 T_g。其判定机理如图 13-14 所示。

① 完全不相容体系：出现两个独立的 tanδ 峰，峰值分别两种聚合物各自对应的 tanδ 峰；

② 完全相容体系：在两种聚合物各自 tanδ 峰之间的一个加宽的 tanδ 峰。

③ 部分相容体系：出现各自的 tanδ 峰，向中间移动，靠近的趋势。

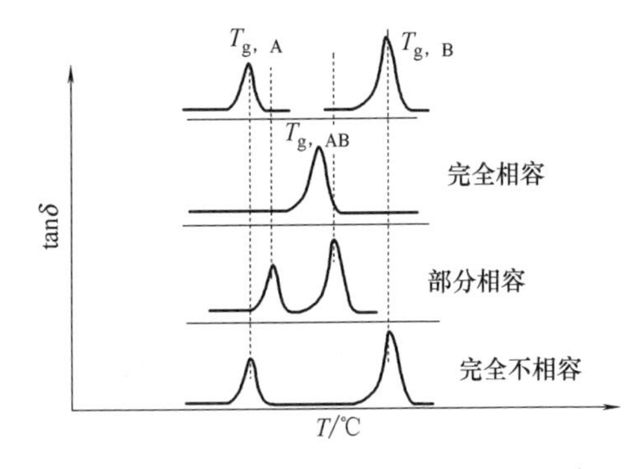

图 13-14　共混体系 tanδ 与相容性对应示意图

图 13-15 所示为丁腈橡胶/聚氯乙烯（NBR/PVC）共混材料的 E'-T 曲线。可以看出在-100～160℃范围内 E'有两个明显的下降过程。第一个对应橡胶相 NBR 的 T_g 转变引起；第二段则是塑料相 PVC 的 T_g 转变。从 tanδ 曲线可以看出，NBR 的 T_g= -12.5℃，PVC 的 T_g=109.5℃，NBR 的 tanδ 峰明显高于 PVC。说明橡胶相 NBR 发生 T_g 转变时内摩擦阻力大，产生明显内耗。

图 13-16 所示为丁腈橡胶/聚氯乙烯（PLLA/PMMA）共混体系的 tanδ-T 曲线，PLLA 的 tanδ 峰值出现在 60℃左右；PMMA 的 tanδ 峰值出现在 145℃左右。在 PLLA/PMMA

（配比 90/10～30/70）的共混物中，在两者各自 tanδ 峰之间的一个加宽的 tanδ 峰，说明 PLLA/PMMA 为相容体系。

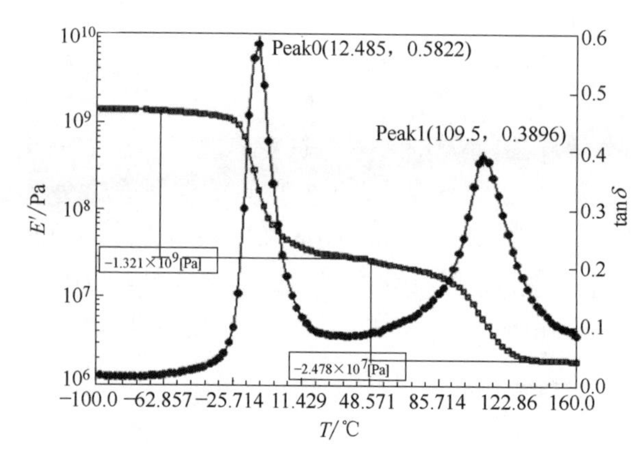

图 13-15　NBR/PVC 共混材料的 DMA 温度谱曲线

（3）助剂对基体性能的影响

通过 DMTA 跟踪了 PVA 中刚性粒子 $ZnCl_2$ 含量对材料模量及损耗变化的影响。如图 13-17 所示，PVA 的 T_g 发生在 80℃附近，随着 $ZnCl_2$ 含量的增加，PVA 的 T_g 向高温移动，同时 tanδ 逐渐增强。原因是 $ZnCl_2$ 破坏了聚乙烯醇（PVA）的结晶，从而使其结晶度下降，PVA 中无定型部分增加，因而对应无定型部分玻璃化转变的 tanδ 峰逐渐增强。

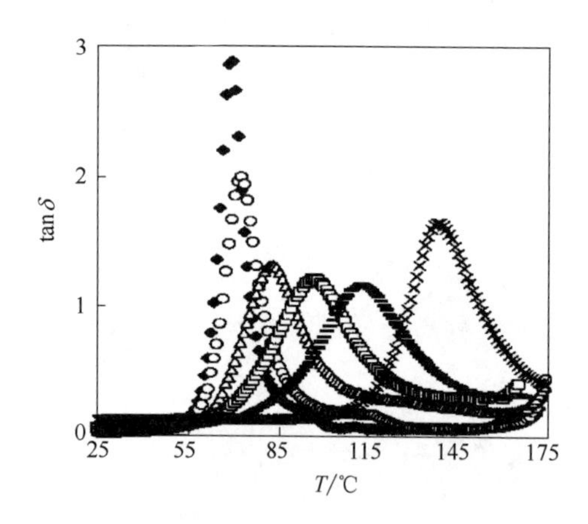

图 13-16　PLLA/PMMA 共混体系的 tanδ-T 曲线

◆ PLLA　○ 90/10　△ 70/30

□ 50/50　— 30/70　× PMMA

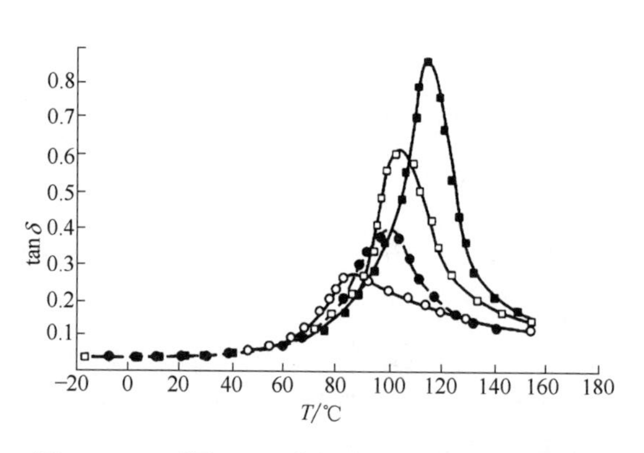

图 13-17　不同 $ZnCl_2$ 含量的 PVA 的 tanδ-T 曲线

○ 0%　● 5%　□ 10%　■ 15%

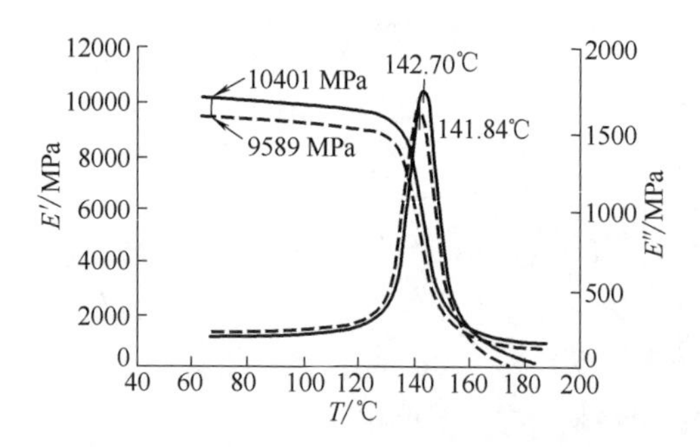

图 13-18　EP/CF 复合材料的 E'-T 曲线

图 13-18 中所示为单悬臂梁模式测试得到的 EP/CF 的 E'-T 曲线，虚线为在较低压力、较短时间内固化的样品，实线为在较高压力、较长时间内固化样品。可以看出在较高压力、较长时间内的试样的 E'更高，T_g 向高温移动，说明固化程度提高有助于力学性能和耐热性的改善。

热固性树脂及树脂基复合材料浸料，固化程度会直接影响制品的力学性能和耐热性。图 13-19 所示为粉末涂料在 120℃时经不同时间固化后，将这些具有不同预固化度的样品进行二次扫描得到的一组 tanδ-T 曲线。

可以看出，随着样品固化程度的提高，tanδ 逐渐减弱。与此同时，样品的 tanδ 峰向高温方向移动，表明其耐热性显著提高。同时随着预固化度的提高，其刚性也会大幅提高。

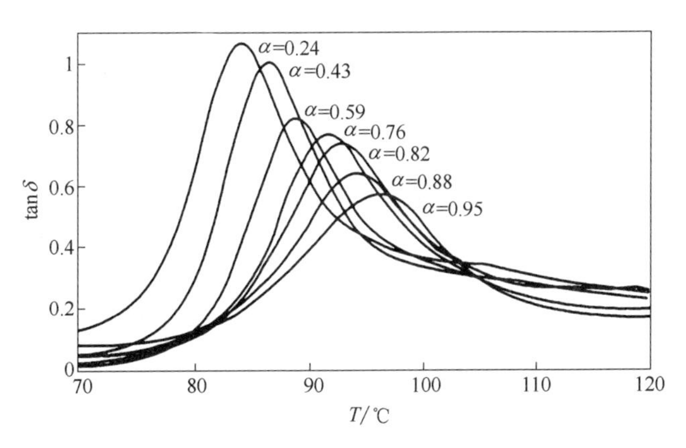

图 13-19　不同预固化度的某粉末涂料 tanδ-T 曲线

（4）热固化树脂的固化工艺研究

航空及航天中使用的复合材料构件很多都是采用环氧树脂/碳纤维（EP/CF）预浸料固化成型。同样的预浸料在不同的固化条件下可以形成性能相差极大的复合材料。固化工艺对复合材料高温力学性能的影响更加明显。DMTA 可以监测整个固化历程，可以揭示固化体系的力学性能和化学转变间的某些联系，指导固化条件的选择。

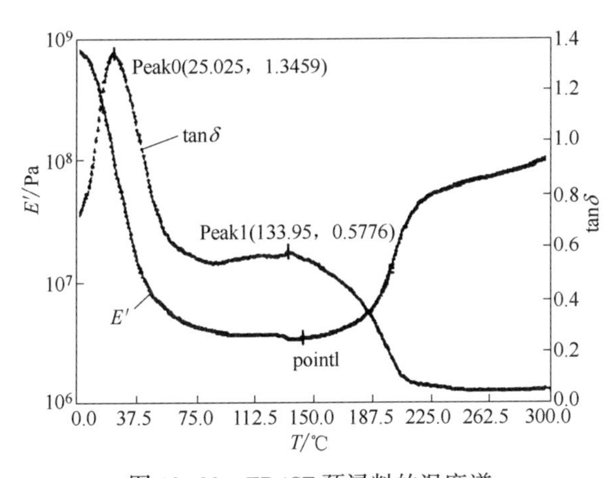

图 13-20　EP/CF 预浸料的温度谱

图 13-20 所示为用单悬臂梁弯曲模式得到的预浸料等速升温曲线。可以看出，体系的 E′在经历短暂的缓慢下降后随温度升高急剧下降，这是初步固化不完全的树脂软化引起，此时 tanδ 在 25.0℃ 出现第一个峰，对应的温度称为软化温度（T_s），随后 E′进入平台区，这是由于升温一方面导致树脂的黏度及 E′继续下降；同时促进聚合物的链生长和支化，从而使 E′增大，两种作用使 E′处于一个比较平衡的状态。当上升到某一温度时，线型及支化的分子开始转向网型分子，此时树脂中不溶性凝胶物开始大量产生，使 E′加速提高，tanδ 在 133.9℃ 出现的峰对应凝胶化温度（T_{gel}）。随着温度继续升高，固化反应进一步进行，网型分子转变为体型分子，E′急剧提高，tanδ 出现一个明显峰，标志着树脂的交联达到了相当高的程度，此时树脂硬化，相应的温度称为硬化温度（T_h）；在 T_h 以上，交联密度增加，分子运动受到抑制，已形成的体型大分子将未反应的官能团包围在交联结构中，交联反应受阻，并且随着固化反应进行，活性官能团的浓度也逐渐降低，E′的增长速度逐渐减小，最后趋于平衡。

预浸料的固化工艺参数可以参考 tanδ 曲线上出现的特征温度点。例如固化温度应选择在 T_{gel} 稍高一点的温度，使固化比较完整；后处理温度在略高于 T_h；为了通过链生长和支化从而使树脂增黏，可以选择（T_s+10）~ T_{gel} 某个温度恒温预固化一段时间，同时在此时间内加压。如果加压温度选在低于 T_s 或高于 T_{gel}，会由于树脂太硬，压力不能形成有效传递，造成孔隙率大；如果加压温度选在 T_s 附近，则会导致流胶和贫胶。

（5）评价材料消音、减震性能和阻尼特性

现代生活中越来越多使用高速、大功率化及高精确化的仪器设备，导致了极为严重的振动和噪声的产生，恶化了人机工作环境，危害人类身心健康。而且宽频带随机激振引起的多共振峰响应使电子器件失效，仪器、仪表失灵和机械部件的结构疲劳，严重时可引发灾难性后果。因此需要有效方法来减振降噪。阻尼减震材料的研究目前已经取得了较大的研究成果。阻尼（damping）是指材料在振动中由于内部原因引起机械振动能消耗的现象。当聚合物处于玻璃化转变区域时，其链段运动不能完全跟上振动的速度而产生分子链内摩擦，吸收一部分振动能，再以“热”的形式而耗散，这样就起到减少振幅或降低振幅的作用。理想阻尼材料的设计原则就是宽温域内提高 tanδ 值。

将不同 T_g 的材料物理共混是制备阻尼材料的最直接简便的方法。通过接枝、嵌段共聚获得的材料的阻尼性能，一般高于线性均聚物。

图 13-21 所示为丁基橡胶/树脂硫化体系的 tanδ-T 曲线，可以看出在-30~50℃始终保持 0.6~1.3 的较高阻尼系数。

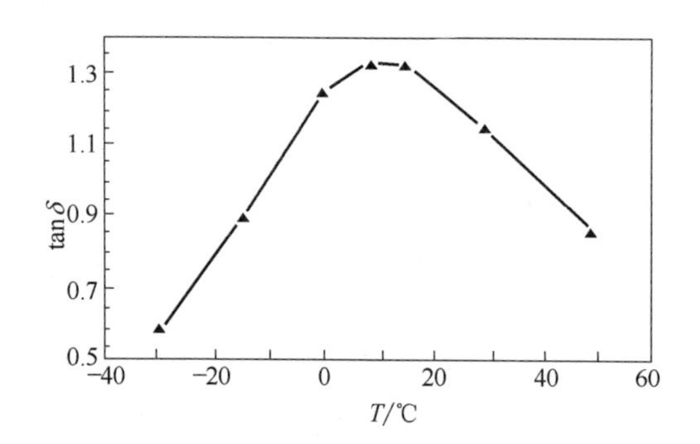

图 13-21　丁基橡胶/树脂硫化体系 tanδ-T 曲线

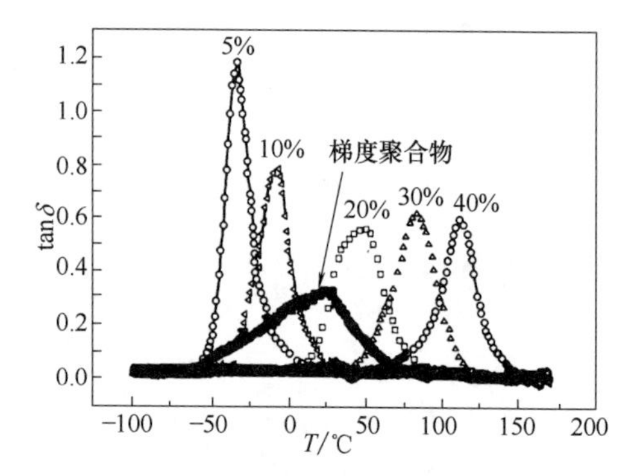

图 13-22　不同硫黄含量 SBR 和梯度材料的 tanδ-T 曲线

近年来利用互穿网络结构、氢键网络结构，及多组分或梯度分布结构制备的新型阻尼材料得到应用。其中具有多分布或梯度分布结构，能较好地调和阻尼性能与材料其他使用性能，可以获得宽温域、高性能的阻尼材料。图 13-22 为利用硫黄原位改性橡胶技术制得的一种梯度材料与不同硫黄含量 SBR 硫化胶的 tanδ-T 曲线。可以看出，梯度材料的 tanδ 在-60~76℃，半峰宽约 69℃，与普通 SBR 硫化胶相比，梯度材料的 tanδ 峰值较小而转变区较宽，是一种较理想的阻尼材料。

（6）研究填充物对聚合物材料的影响

制品中主体树脂与添加剂之间的相互作用，在 DMTA 的温度扫描模式中可以反映出来。

如图 13-23 所示，添加炭黑提高了 SBR 高弹态的 E'，玻璃化转变区域向高温移动，低温韧性有所下降。

图 13-24 所示为不同含量多壁碳纳米管（MWCNTs）填充聚苯硫醚（PPS）动态力学温度谱。由图 13-24（a）可知，随着 MWCNTs 含量的增加，E'提高，使得 PPS 刚性得到极大改善。由图 13-24（b）可知所有样品在高低温区域中均出现一个内耗峰，高温区域的内耗峰反应材料的玻璃化转变，随着 MWCNTs 添加量的增加而向更高温度移动 4~6℃，

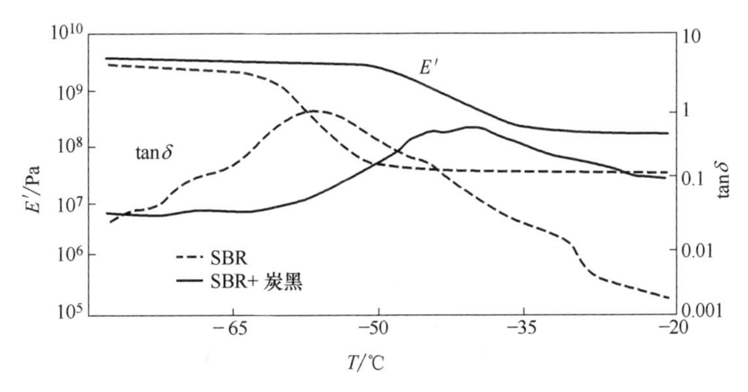

图 13-23　炭黑填充 SBR 的 E'（$\tan\delta$）-T 曲线

说明 MWCNTs 有利于提高 PPS 的耐热性。低温区对应支链型 PPS 的次级转变，在 MWCNTs 的作用下，PPS 非晶区次级转变受限，$\tan\delta$ 的强度减弱。

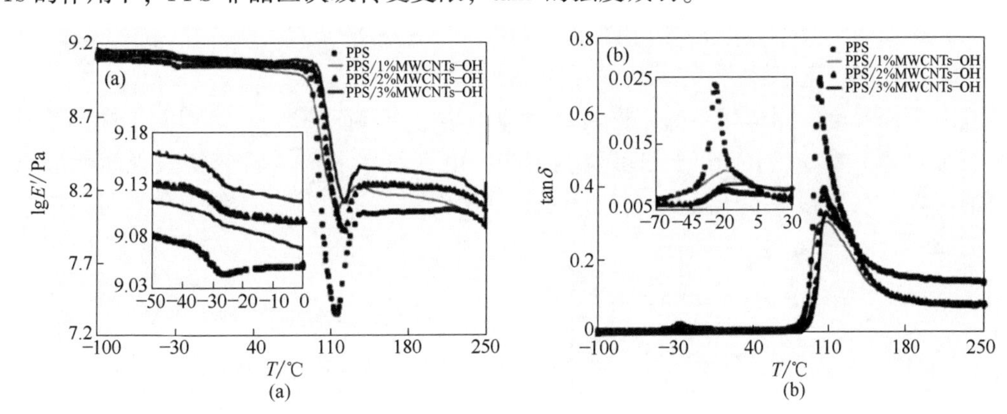

图 13-24　不同含量多壁碳纳米管（MWCNTs）填充聚苯硫醚（PPS）动态力学温度谱

13.3.2　频率扫描

聚合物的性质不仅与温度有关，还与外力作用的频率和时间有关。外力作用频率增加相当于降低温度或减少作用力的时间，使材料刚性提高；相反，频率降低与升高温度或延长作用力时间具有相同效果，使材料刚性降低。在恒定温度下考察材料动态力学性能随频率的变化，所得曲线称为动态力学频率谱。

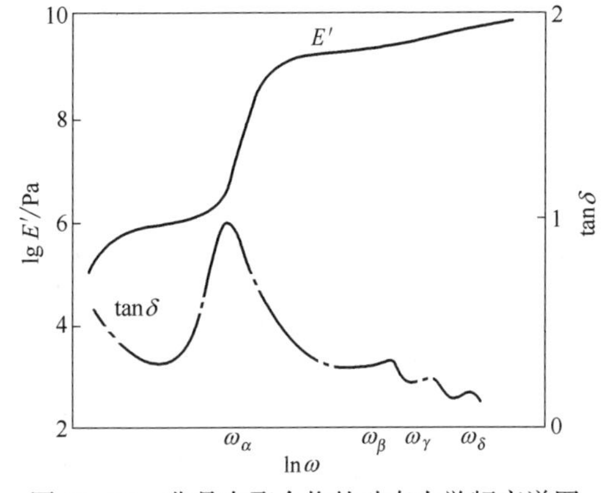

图 13-25　非晶态聚合物的动态力学频率谱图

图 13-25 所示为非晶态聚合物频率谱，对比图 13-12 可以看出，它与其温度谱具有镜像关系。在温度谱上观察到的松弛过程，在频率谱上足够宽的频率范围依然可以观察到。非晶态聚合物的各级转变，频率由低到高分别为 α、β、γ、δ，对应的特征频率分别为 f_α、f_β、f_γ、f_δ……。将特征

频率取倒数，可得到各重转变的松弛时间，分别为 τ_α、τ_β、τ_γ、τ_δ……。

研究发现，当频率变化一个数量级（10 倍）时，其温度谱曲线随材料活化能不同将会位移 7～10℃，即相对于温度谱，频率谱具有“放大”功能。因此与温度相比，通过频率谱可以更细致地观察较小的次级转变。因此频率谱可以提供交变力作用下的材料细微分子结构变化。下面展开介绍频率扫描的具体应用。

（1）研究聚合物分子运动活化能

通过频率谱上玻璃化转变及各种次级转变等松弛过程的表观活化能，可以推测与分子结构相对应的各结构单元的运动。按下式可求出表观活化能（ΔE）：

$$\Delta E = R\frac{\mathrm{d}\ln f}{d\left(\frac{1}{T}\right)} = 2.303R\frac{\mathrm{d}\lg f}{d\left(\frac{1}{T}\right)} \tag{13-16}$$

式中　f——频率，Hz；

ΔE——相应运动单元的活化能，kJ/mol；

R——摩尔气体常数，8.314J · mol^{-1} · K^{-1}；

T——温度，K。

在一系列温度下测定频率谱，将 tanδ 对应的频率为特征频率 f，可得到不同温度下的一组特征频率，将 ln$f$ 对 $1/T$ 作图可得一直线，由其斜率求得该转变的表观活化能 ΔE。也可通过在一系列频率下作温度扫描，ln$T$ 对 $1/f$ 作图得一直线，其斜率仍然可以表示该转变的 ΔE。

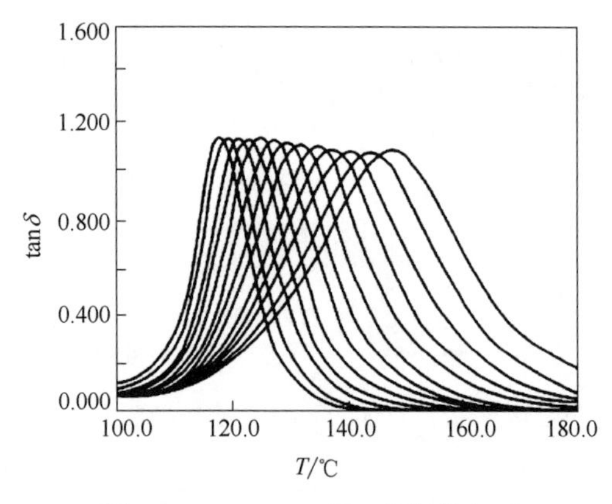

图 13-26　PMMA 的 α 损耗峰在不同频率下的 tanδ-T 曲线

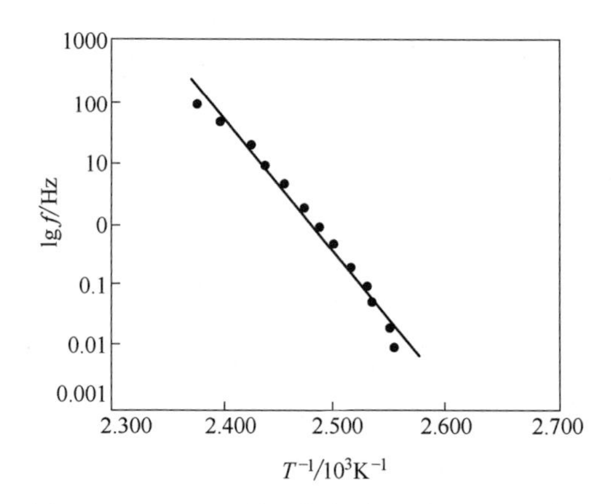

图 13-27　PMMA 的 α 损耗峰 lg$f$ 与 $1/T$ 的关系

图 13-26 为 PMMA 在 13 个不同频率下 tanδ-T 曲线。从图 13-27 中直线斜率求得其玻璃化转变过程中的 ΔE 为 399.5kJ/mol。

（2）依据时-温等效原理，模拟动态力学主曲线

聚合物的分子运动和黏弹行为，升高温度和延长时间等效，即对于同一种力学松弛现象，既可以在较高的温度下、较短的时间内观察到，也可以在较低温度、较长时间内观察到，这就是时-温等效原理。根据时-温叠加的原理，在较窄的相同频率范围内测定不同温度的一组频率谱，然后通过水平位移和垂直位移将这组频率曲线转换为宽广频率范围内的动态力学主曲线。

其中横向平移因子 α_T 由式（13-17）所示 Williams-Landel-Ferry 方程（WLF 方程）确定。

$$\log\alpha_T=\frac{-C_1(T-T_g)}{C_2+(T-T_g)} \tag{14-17}$$

式中　T_g——玻璃化转变温度；

C_1，C_2——经验常数，随参考温度而变。

取聚合物 T_g 为参考温度，则 $C_1=17.44$，$C_2=51.6$。WLF 方程适用范围为 $T_g \sim T_g+100$℃。

纵向移动因子 β_T 通过式（13-18）确定。

$$\beta_T=\frac{\rho T}{\rho_r T_r} \tag{14-18}$$

式中　ρ——聚合物在温度 T 时的密度；

ρ_r——聚合物在参考温度 T_r 时的密度。

拟合主曲线的基本步骤为：通过在间隔相同的一组温度，在仪器允许的有限频率范围内进行动态力学参数的频率扫描，得到一组频率曲线，然后选择一个参考温度，参考温度的频率曲线位置不变，其他温度的频率曲线根据式（13-17）和式（13-18）分别得到的 α_T 和 β_T 移动相应距离，将这些频率曲线连接起来，就可以得到宽阔频率范围的动态力学参数主曲线。

图 13-28（a）所示为一弹性体在 25～115℃每隔 5℃所作的 0.1～100.0Hz 的频率扫描曲线。图 13-28（b）为平移因子与温度的关系，图 13-28（c）为参考温度为 65℃时根据平移因子移动后得到的 E'、E''和 $\tan\delta$ 的频率主曲线。可以看出，叠加后的主曲线频率范围由原来的 0.1～100.0Hz 扩展到了 $10^{-3} \sim 10^4$Hz，E'随频率增加而单调上升，E''和 $\tan\delta$ 则随频率增加呈现先上升再下降再上升的变化规律。

图 13-29 所示为 PET 薄膜以 75℃作为参考温度的 E'主曲线，从拟合后的主曲线可以看出，PET 的玻璃化转变过程跨越了更宽的频率范围。

13.3.3　时间扫描

在恒温、恒频率下测定动态力学性能随时间的变化，可用于研究动态力学性能的时间依赖性。实际应用中时间扫描模式常用于热固性树脂及其复合材料的固化过程研究，可以得到固化动力学参数凝胶时间、固化反应活化能和凝胶系数等，为最佳固化工艺条件的选择提供直接的依据。

图 13-30 所示为单向铺陈 CF/EP 预浸布的时间谱。可以看到在实验初期，由于体系相对分子质量低，在该温度下体系处于流动态，E'很低；随着固化的进行，E'开始上升，到达凝胶点后，E'随时间迅速上升，然后趋缓，直到固化完成，E'达到最高值。图中两条切线的交点 $t=764.5$s 为预浸布的 t_{gel}。固化过程中，在 t_{gel} 时，树脂仍有一定流动性，能充分浸润纤维，此时开始加压固化。

利用树脂或预浸料的等温固化曲线，可以根据式（13-19）进行固化动力学的研究。

$$\ln t=\ln\left[\frac{g(\alpha)}{k_0}\right]+\frac{E}{RT}=A+\frac{E}{RT} \tag{13-19}$$

式中　E——固化活化能；

k_0——频率因子；

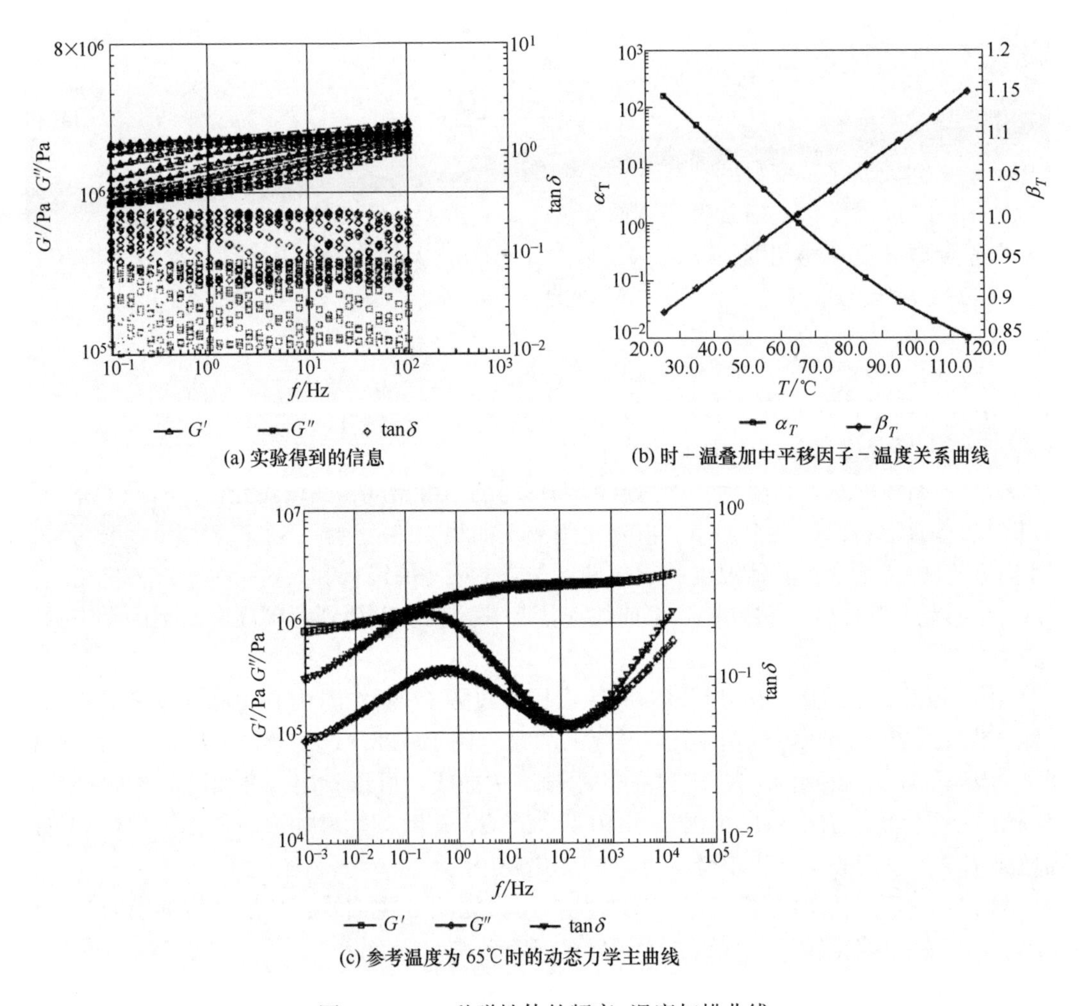

图 13-28　一种弹性体的频率-温度扫描曲线

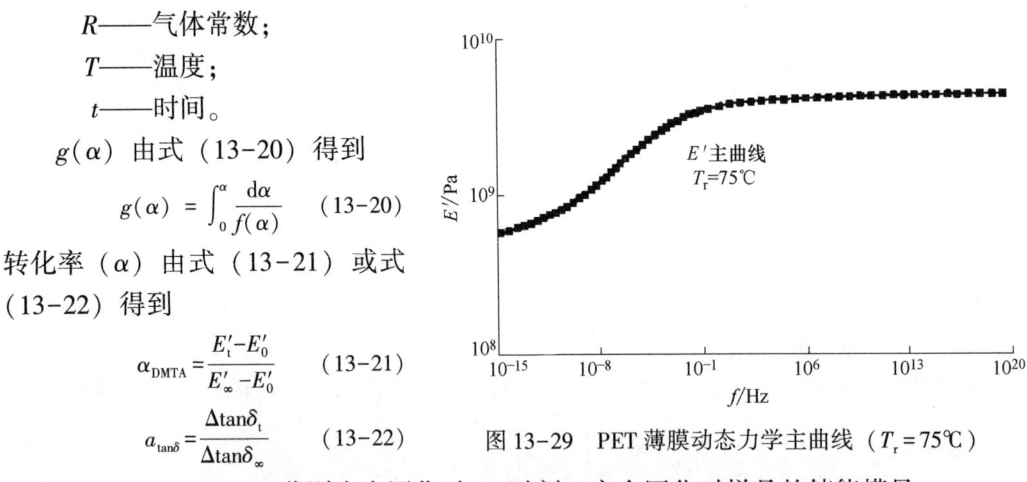

图 13-29　PET 薄膜动态力学主曲线（T_r=75℃）

R——气体常数；

T——温度；

t——时间。

$g(\alpha)$ 由式（13-20）得到

$$g(\alpha) = \int_0^{\alpha} \frac{d\alpha}{f(\alpha)} \qquad (13-20)$$

转化率（α）由式（13-21）或式（13-22）得到

$$\alpha_{DMTA} = \frac{E'_t - E'_0}{E'_\infty - E'_0} \qquad (13-21)$$

$$a_{\tan\delta} = \frac{\Delta\tan\delta_t}{\Delta\tan\delta_\infty} \qquad (13-22)$$

式中　E'_0、E'_t、E'_∞——分别为未固化时、t 时刻、完全固化时样品的储能模量；

式中　$\Delta\tan\delta_t$、$\Delta\tan\delta_\infty$——分别是 t 时刻和完全固化时 $\tan\delta$ 曲线下面积。

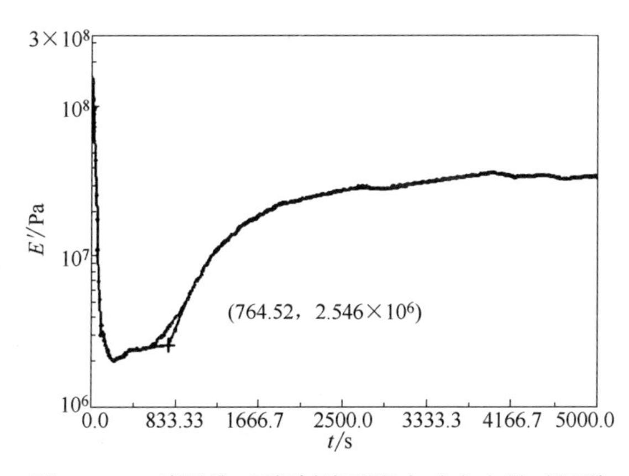

图 13-30　碳纤维/环氧树脂预浸布动态力学时间谱

一种粉末涂料的等温固化动态力学曲线如图 13-31（a）所示。图 13-31（b）所示为该粉末涂料在 110～150℃的 5 个不同温度下，等温固化得到的转化率（α）-时间（t）曲线。同一温度下，随着时间的延长，转化率逐渐上升，反应初期转化率随时间上升较快，到反应后期逐渐趋缓。比较不同温度的曲线可以看出，温度上升，转化率随时间逐渐加快，说明温度越高，反应速率越快。根据式（13-28）可计算得到各温度下不同转化率时的固化动力学参数。

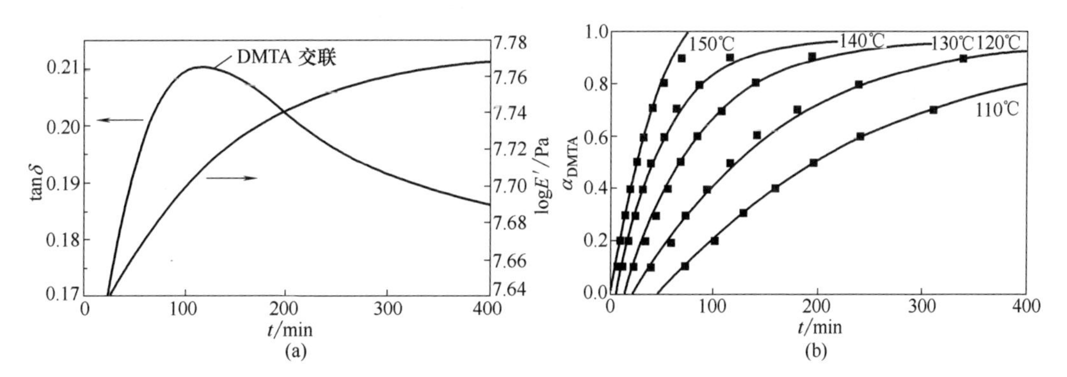

图 13-31　某粉末涂料 125℃等温固化曲线及不同温度下转化率与时间曲线

13.3.4　恒应力模式

将作用力设置为恒定力，可以进行蠕变、应力松弛及热机械分析（TMA）等研究。TMA 是在等速升温和恒定应力作用下，观察应变随温度的变化，即测定试样的形变-温度

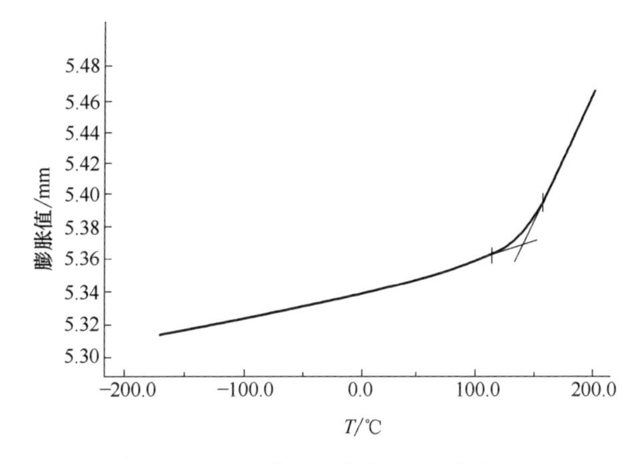

图 13-32　典型聚合物 TMA 曲线

曲线。通过 TMA 可获得材料的软化点（热畸变温度 HDT）及热膨胀系数等。图 13-32 所示为典型聚合物 TMA 曲线。

习　题

1. 样品用量和升温速率对 DSC 和 TG 曲线分别会有怎样的影响？
2. 热天平室中气氛条件的改变对 TG 曲线会有怎样的影响？
3. DMTA 中有几种扫描模式，得到的 DMTA 曲线分别为什么？

第 4 篇　高聚物流变性能

聚合物制品的应用越来越广泛，80%以上的聚合物制品是通过热熔流动后加工成型，例如挤出、注射、吹膜及涂覆压延等。聚合物熔体在流动中都伴随着形变，所以熔融态聚合物的性能会影响其加工性能，从而最终影响着产品的外观及综合性能。

由长链分子构成的聚合物，其熔体具有独特的平衡和动态流动性——在流动中伴随着形变。在液态状态下，聚合物表现出非常特殊的黏弹性。这是由长链分子松弛后运动的滞后所导致。在进行聚合物熔融热加工过程中，必须在充分掌握加工主体材料的流变性能，再选择合适的加工成型方法。聚合物流变学测量即测定高分子材料流动和变形性质的技术。

根据聚合物剪切流变行为的差异，有多种流变仪。适合低黏度及聚合物溶液流变性能的流变仪有旋转式流变仪，有同轴圆筒、平行平板及变角椎板；有表征聚合物物热熔体的毛细管流变仪，配合有不同长径比的毛细管；还有模拟实际混炼加工的转矩流变仪，其中转子的形状及尺寸均有变化，以适用不同流变性能的样品。

第 14 章　旋转式流变仪

14.1　旋转式流变仪的结构及原理

旋转式流变仪采用对样品施加强制稳态速率载荷、稳态应力载荷、动态正弦周期应变载荷或动态正弦周期应力载荷的方式，观测样品对所施加载荷的响应数据；通过测量剪切速率、剪切应力、振荡频率、应力应变振幅等流变数据，计算样品的剪切黏度流变学参数。为测试不同黏度范围样品的流变学数据，旋转式流变仪通常配备不同规格及尺寸的测量头系统，有最常见的有三种形式：同轴圆筒、平行平板和锥板式。三种不同的测量头的结构与使用范围见表 14-1。

表 14-1　　旋转黏度计测量头的类型

	同轴圆筒黏度计	平行平板黏度计	锥板黏度计
示意图	ω, R_1, R_0, L	ω, R	ω, R
公式 M:转矩/(g · m) $\dot{\gamma}$:剪切速率/s^{-1} τ:剪切应力/Pa ω:转子角速度/rad · s^{-1}	$\dot{\gamma}=\frac{R_0^2+R_1^2}{R_0^2-R_1^2}\cdot\omega$ $\tau=\frac{R_0^2+R_1^2}{4\pi l\cdot R_0^2\cdot R_1^2}\cdot M$	$\dot{\gamma}=\frac{R\cdot\omega}{D}$ $\tau=\frac{2M}{\pi R^3}$	$\dot{\gamma}=\frac{\omega}{\alpha}$ $\tau=\frac{3M}{2\pi R^3}$
使用范围	用于中等黏度的液体	用于测试高黏度样品及具有一定屈服值的样品	用于高剪切速率的实验

同轴圆筒测量头中外圆筒固定，用夹套控制温度；聚合物熔（溶）体被放置于内筒和外筒的缝隙之间，内圆筒由马达控制通过一定的角速度（ω）来旋转，使试样发生剪切。

平行平板测量头中固定一个平板，另一个平板作相对转动，聚合物熔（溶）体被放置在上下两个平行平板之间。

锥板的结构与平行平板类似，不同之处是其中一个平板存在一个 1°~5°的锥角（α），即锥体表面和水平板表面间的夹角。聚合物熔（溶）体置于锥板和圆形平板之间的缝隙内做剪切运动。由于锥角很小，可以近似认为锥板间的液体中剪切速率每一处均相等。

常用的旋转黏度计配有可拆装的大小圆筒、不同直径的平行平板，以及不同锥度角和直径的锥型板。而扭矩等数值的检测使用相应的传感器，根据不同的测试方法，代入相应的计算公式，得到样品的黏性和弹性数值。由于测量头的结构易于更换，可以根据样品的黏弹性选择适宜的测试方法。旋转式流变仪的优点是具有灵活多变的使用性能，既可以测定各个黏度范围的样品。但是旋转式流变仪一般都是在较低的剪切速率下测定，适合水、饮料、涂料类材料。对于高剪切速率，应选择使用毛细管流变仪。

旋转式流变仪一般的使用方式有两种：一种是控制输入应力，测定产生的剪切速率，这类仪器命名为“控制应力流变仪（CS）”，具体的工作方式是施加在转轴上一定的扭矩，然后测定样品为抵抗这个外加的扭矩而产生的剪切速率；另一种是控制输入剪切速率，测定产生的剪切应力，这类仪器命名为“控制速率流变仪（CR）”，其工作方式是试样以固定的速率转动，然后测定维持这个速率所需要的外加扭矩值。有些流变仪同时具备以上两种工作方式。

另外有一种专门用于测定橡胶的流变性能的旋转式黏度计——门尼黏度计。门尼黏度是在一定温度（通常为100℃）和一定转子转速下，测定未硫化胶（生胶料）对转子转动的阻力。通常的表示方法为 $M_{t_1+t_2}^{100}$，t_1 代表预热时间，t_2 代表转动时间。例如 M_{3+4}^{100}，表示100℃下预热3min转动4min的测定值。门尼黏度计不属于精密的测试仪器，而且其测试范围有限，但由于其方便、快捷，在实际生产中得到了广泛的应用。

14.2 应　　用

14.2.1 树脂的黏度随温度的变化

水溶性丙烯酸树脂具有优异的耐候性、耐化学药品性、光泽、附着力和保色性，常用于优质的防护涂层。树脂的黏度与使用的温度有关，利用圆筒型旋转流变仪测定其在不同温度下的黏度值，可用于施工温度的选择，得到更好的涂层效果。得到的结果如图14-1所示。

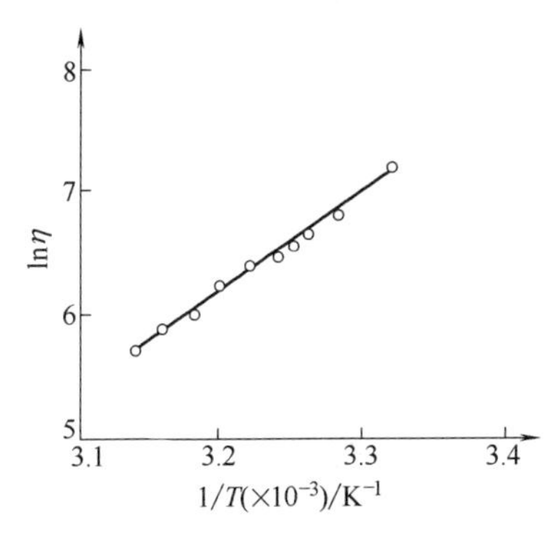

图14-1 丙烯酸树脂的黏度和温度的关系

14.2.2 法向应力差的测定

将一转轴在合物溶液与小分子溶液中快速旋转，液面变化差异明显。小分子液体受到离心力的作用，中间部位液面下降，器壁处液面上升；而高分子熔体或溶液受到向心力的作用，液面在转轴处是上升的，在转轴上形成相当厚的包轴层。高聚物熔体或溶液的这种包轴现象又称韦森堡效应，如图14-2所示。

韦森堡效应是由于聚合物的弹性所引起的。由于靠近转轴表面的线速度较高，分子链被拉伸取向缠绕在轴上。距离转轴越近的高分子拉伸取向的程度越大。取向的长链分子，其链段有自发恢复到卷曲构象的倾向，但此弹性恢复受到转轴的限制，使这部分弹性性能表现为一种包轴力，把熔体分子沿轴向上挤，形成包轴层。从受力的情况来看，就是切向和法向受力不同，形成了应力差。

利用锥板式流变仪可以测定法向应力差值，由锥板流变仪测定的轴向力（F），第一

法向应力差 F_1 可以表示为：

$$F_1=\frac{2F}{\pi R^2} \tag{14-1}$$

式中　R——锥板的半径，cm。

由于流线方向（切向）受张力，外缘的液体必然向内挤压，结果造成对锥板和平板表面的压力。中心处最高，沿半径递减，外缘处为零。总的轴向力 F 则为这一压力的总和。

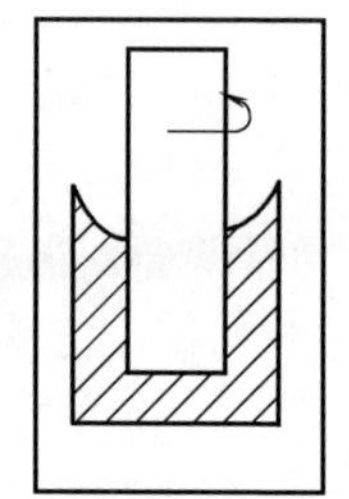

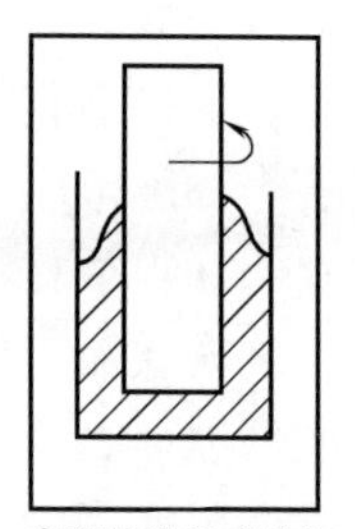

图 14-2　聚合物的韦森堡效应

第 15 章　毛细管流变仪

毛细管流变仪是一种用于在高应力下测量剪切应力的装置。用于测量高分子熔体在毛细管中的剪切应力和剪切速率的关系，直接观察挤出物的外型。改变毛细管的长径比可以研究熔体的弹性和不稳定性。对聚合物流变性能的研究，不仅可为加工提供最佳的工艺条件，为塑料机械设计参数提供数据，而且可在材料选择、原料改性方面获得有关结构和分子参数等有用的数据。一般有两种测试模式，一种是采用重力作为驱动力，另一种是采取施加固定或可变的压力使流体流过毛细管。对于不同流动性的聚合物基体，可以选择使用不同长度、长径比的毛细管。

15.1　毛细管流变仪的结构及原理

15.1.1　乌氏黏度计

乌氏黏度计属于一种重力驱动型毛细管流变仪，在前面第二篇“聚合物的相对分子质量及其相对分子质量分布”中有所介绍，可以测得聚合物溶液的特性黏度，并对应计算聚合物的黏均分子质量。一般测定黏度值较低的样品，而且是在较低的剪切速率下测定。聚合物材料需要将其溶解在溶剂中，通过乌氏黏度计测定其特性黏度数值。

15.1.2　熔融指数仪

熔融指数仪属于一种固定压力型的毛细管流变仪，结构如图 15-1 所示。仪器结构简单，使用方便，价格较低，适用于结构简单的聚合物如 PE、PP 或 PS 等非牛顿流体，指导实际加工工艺条件的设定，在工业领域中的应用更为普遍。

将聚合物在柱状储料器中加热到一定温度，使之完全熔融，然后加上一定负荷，使高聚物从一定长径比的毛细管（$L/D \leqslant 10$）中流出，这种毛细管不足以保证毛细管入口与出口之间稳态层流的边界条件。单位时间（一般 10min）流出的聚合物熔体质量即为熔融指数（MFR）。

对于同一种聚合物，在相同温度和压力条件下，MFR 越大，说明其流动性越好。表达方法是 $MFR_{温度/负荷量}$，如在 190℃、2160g 荷重条件下测得的 MFR 可表示为 $MFR_{190/2160}$。不同的加工条件对高聚物的熔体流动速率有不同的要求，一般来讲，注射成型要求树脂的熔体流动速率值要高一些，即流动性较好；挤出成型用的树脂，其熔体流动速率值较低为宜；吹塑成型使用的树脂，其熔体流动速率值应介于以上两者之间。

15.1.3　可变压力型毛细管流变仪

可变压力型的毛细管流变仪设计精确，可以在较宽的范围调节剪切速率和温度，得到接近于加工条件的流变学物理量，仪器结构简单，易于操作，在实验室中应用最广泛。除

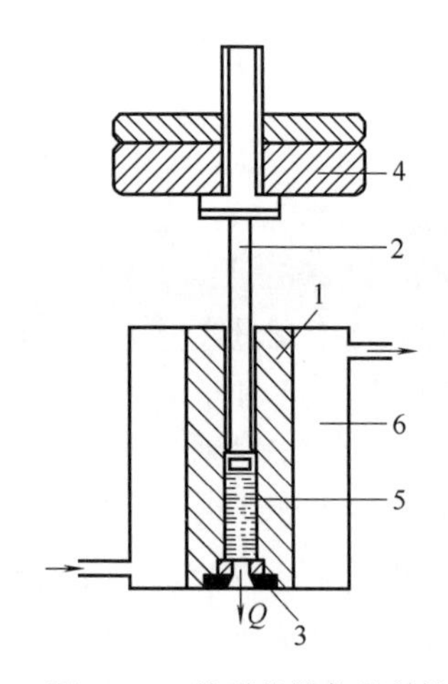

图 15-1　熔融指数仪的结构

1—套筒　2—活塞　3—模具　4—负荷　5—熔体　6—温控系统

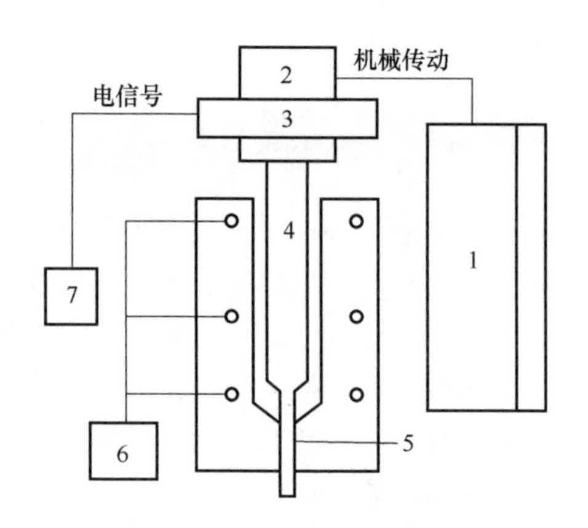

图 15-2　毛细管流变仪的结构组成

1—压杆速度控制系统　2—齿轮箱　3—测力传感器　4—压杆　5—毛细管　6—控温系统　7—记录仪及数据处理系统

了测定黏度外，还可以用来观察高聚物的熔体弹性和不稳定流动现象。对高聚物熔体流动中产生的各种现象进行进一步深入的定量研究。其结构一般为柱塞式。通过在柱塞上施加一定的压力，使料筒中的高聚物熔体发生流动。

以一种较为常见的可变压力型的毛细管流变仪为例，如图 15-2 所示，一台可变压力型毛细管流变仪一般由以下几个主要部分组成。

① 主体部分毛细管、料筒、压杆（柱塞）、加热炉、测力传感器。

② 温控装置热电偶、温控仪表。

③ 机械传动电机、齿轮箱、速度控制。

④ 记录仪、计算机数据采集与处理。

试样装入料筒中，上加柱塞，试样恒温后，柱塞以恒速下降施加荷重于试样，使试样从毛细管中挤出，试样黏滞阻力的大小由施加的荷重通过测力传感器检测。

$$Q = vS \tag{15-1}$$

式中　v——柱塞压下速度，cm/min；

S——柱塞横截面积，cm^2；

Q——熔体体积流速，cm^3/s。

牛顿流体的黏度只与温度有关，聚合物多数不是牛顿流体，其黏度不仅与温度有关，还依赖于剪切速率，毛细管流变仪检测到的是不同柱塞下降速度 v 时所施加的挤压载荷（F）。

（1）牛顿流体剪切应力 $\tau_{牛}$ 与 F 的关系

$$\tau_{牛} = \frac{D}{\pi \cdot d_p^2 \cdot L} \cdot F \tag{15-2}$$

式中　d_p——柱塞直径，cm；

D——毛细管直径，cm；

F——载荷，N；

L——毛细管长度，cm。

（2）牛顿流体剪切速率 $\dot{\gamma}_{牛}$ 与 v 关系

$$\dot{\gamma}_{牛}=\frac{2}{15}\cdot\frac{d_p^2}{D^3}\cdot v \tag{15-3}$$

（3）非牛顿指数 n

$$n=\frac{\mathrm{dlg}\tau_{牛}}{\mathrm{dlg}\gamma_{牛}}=\frac{\Delta\mathrm{lg}\tau_{牛}}{\Delta\mathrm{lg}\gamma_{牛}}=\frac{\mathrm{lg}\tau_{牛,i+1}-\mathrm{lg}r_{牛,i}}{\mathrm{lg}\gamma_{牛,i+1}-\mathrm{lg}\gamma_{牛,i}} \tag{15-4}$$

式（15-4）中 $n=1$ 牛顿流体；$n>1$ 胀塑体，切力变稠；$n<1$ 假塑体，切力变稀。

（4）非牛顿切变速率 $\dot{\gamma}_{非牛}$

$$\dot{\gamma}_{非牛}=\frac{3n+1}{4n}\dot{\gamma}_{牛} \tag{15-5}$$

（5）表观黏度 η_a

$$\eta_a=\frac{\tau_{牛}}{\dot{\gamma}_{非牛}} \tag{15-6}$$

15.2　实验技术

15.2.1　样品要求

样品可以是颗粒状或粉状固体，塑料、橡胶或纤维等均可。大块的样品要弄成粒径尽量小的颗粒，长的纤维要剪短，样品应容易填实，尽量排除间隙中的空气。橡胶中不能加硫化剂，防止交联。

15.2.2　影响因素

① 每次装填的物料量要基本相同 通常为 12~15g，加料要逐步少量加入，并且边加料边压实，以排除物料间的空气。并且填满后要进行预压，预压力为 10kg 左右。

② 装填结束后需要进行预热 一般预热 10~15min 使物料受热均匀，减小料筒中间与边壁的温度差并达到所测试的温度；但预热时间不能过长，防止物料降解或交联。预热时间不同会造成测试结果波动较大。

③ 选择适宜长径比的毛细管，毛细管长径比的选择原则有两个。一是根据样品的黏度。二是尽量接近实际加工条件。一般来说从料筒经入口被挤入毛细管存在入口损失，因此必须进行入口校正。如果 $L/D>40$ 时可以忽略其入口损失。

④ 清洗料筒 一般每进行一次测试后都要清洗料筒，防止剩余物料在毛细管中固化或交联，产生阻力。一般使用易流动，熔点低的洗料，如 PE 置换原来的测试样品。

⑤ 避免自重影响，及时剪断已经挤出的物料。

15.3　毛细管流变仪的应用

15.3.1　流变性质与分子结构的关系——指导合成

聚合物的流变性质与主链分子结构、相对分子质量、相对分子质量分布，支化及交联等均有密切关系，所以对合成具有优良加工性能的聚合物具有指导意义。

三种聚丁二烯的样品，其相对分子质量基本相同，但是其相对分子质量分布为 $D_p(A)<D_p(B)<D_p(C)$，在毛细管流变测试中得到的结果如图 15-3 所示，发现样品的相对分子质量分布越宽，达到一定剪切速率时，黏度越低，这是由于相对分子质量分布宽的样品，其中相对分子质量较低的分子起到了内增塑的作用，这种样品在加工时的流动稳定性更好。

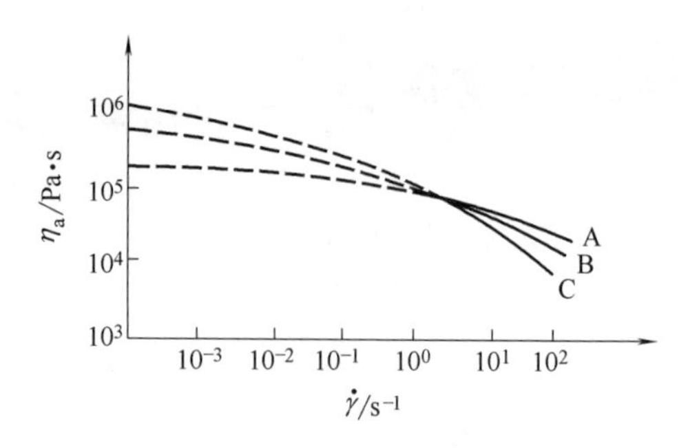

图 15-3　三种相对分子质量分布不同的聚丁二烯的流变曲线

顺丁橡胶具有冷流性，在储存和运输中，会发生由于分子链的流动导致的形变，通过提高其支化度和相对分子质量，有效改善了顺丁橡胶的冷流性。

15.3.2　研究添加剂对原材料流变性能的影响

（1）炭黑的性能及含量对橡胶性能的影响

在橡胶中加入各种配合剂可以有效改善其性能。炭黑是橡胶中应用最为广泛，填充量非常大的一种助剂。天然橡胶和氯丁橡胶，虽然具有自补强性，在未填充炭黑之前，其硫化胶的模量、耐磨性及抗剪切破坏性能远不能适应在高负荷动态条件下使用。一些合成橡胶，如丁苯橡胶等，未经炭黑补强时的应用价值非常有限。炭黑粒子表面能吸附分子链形成缠结点，炭黑与胶料形成包容胶和网状结构，使流动困难，黏度增加。炭黑的用量及其粒径对体系的黏度及流变性能均有显著影响。

如图 15-4 所示，随着炭黑份数增加，体系黏度随之上升，其原因是由于炭黑粒子吸附更多的分子链数，使体系的流动阻力升高。

添加成分相同，但粒径不同的炭黑粒子时，发现在相同的添加量时，炭黑的粒径越小，体系的黏度越大，如图 15-5 所示。产生这种现象的原因是炭黑粒子的粒径越小，总的表面积越大，吸附的橡胶分子链越多，流动阻力越大。

从图 15-4 和图 15-5 中还可以看出，随着剪切速率和剪切力的提高，炭黑胶料的黏

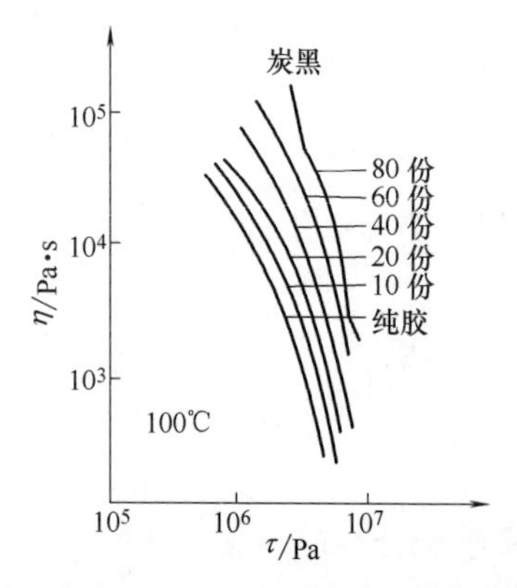

图 15-4　炭黑含量对胶料流变性能的影响

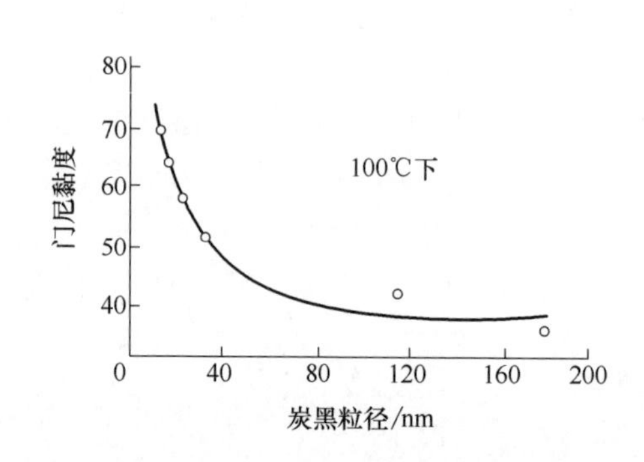

图 15-5　炭黑粒径对胶料流变性能的影响

度均呈下降趋势，这是由于在高的剪切速率和剪切力的作用下，炭黑与胶料形成的网络结构被破坏，致使炭黑胶料黏度下降。

（2）添加剂对聚合物加工性能和制品性能的影响

碳酸钙（$CaCO_3$）是聚合物材料中应用量非常大的一类填料。将 $CaCO_3$ 填充到树脂中，不仅可以节约树脂用量，还能提高制品的刚性、热变形温度、耐蠕变性、尺寸稳定性及热收缩性能等。以 PP/$CaCO_3$ 体系为例，如图 15-6 所示，相同 $CaCO_3$ 含量时，体系的表观黏度随剪切速率的增加而减小；而且在高的剪切速率下黏度降低得更为迅速，说明在高的剪切速率下体系的非牛顿性更为明显。随着 $CaCO_3$ 含量的增加，曲线向上移动，黏度增大。这是因为 $CaCO_3$ 是刚性颗粒，在聚合物基体中填充后使体系的流动阻力增大，导致体系黏度迅速上升。因此需要前期的流变实验，掌握物料体系的流变性能，指导实际加工过程中工艺条件的选择，避免不适宜的工艺条件导致的体系黏度过高、压力过大而损坏设备，并引发事故。

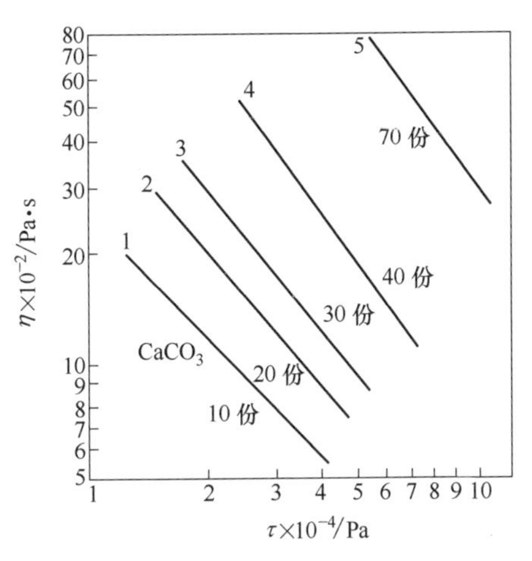

图 15-6　PP/$CaCO_3$ 体系的流变曲线

15.3.3　聚合物黏弹性的研究

聚合物的黏弹性除了前面介绍的韦森堡效应外，另外两种明显表现是：挤出胀大效应（barus 效应）和熔体破裂效应（不稳定流动）。

（1）挤出胀大效应（Barus 效应）

聚合物熔体在通过狭长流道从模口挤出后不保留直线型流动，而是发生膨胀，如图 15-7 所示，就是通常所说的挤出胀大效应。一般认为由两方面因素引起。其一是聚合物熔体在外力作用下进入窄口模，在入口处流线收敛，在流动方向上产生速度梯度，因而聚合物分子受到拉伸力作用产生拉伸弹性形变。这部分形变一般在经过模孔的时间内还来不及完全松弛，到达出口之后，外力对分子链的作用解除，高分子链就会从完全的伸展状态重新回缩为卷曲状态，发生出口膨胀。另一个原因是聚合物在模孔内流动时由于切应力的作用，表现出法向应力效应，法向应力差所产生的弹性形变在出口模后恢复，因而挤出物的直径胀大。当 L/D 较小时，前一个原因起主要作用；当模孔的 L/D 较大时，后一个原因是主要的。

高分子熔体最突出的特征是分子链在分子水平上的缠结，所以分子链越长，弹性越好，挤出胀大效应就越明显。挤出胀大效应影响产品的尺寸稳定性及表面光滑状况。挤出胀大的程度可以用挤出胀大比 B 值来表示，B 值可以通过照相法或激光扫描法测定。

$$B=\frac{D_{max}}{D_0} \tag{15-7}$$

式中　D_0——口模直径；

D_{max}——出口膨胀处最大直径。

B 值受很多因素影响。如填料的含量，填料的弹性性能，及其剪切速率、加工温度等。

在橡胶胶料中如果炭黑含量增加，B 值会降低，这是因为炭黑吸附橡胶分子链，使橡胶分子链的柔性降低，熔体弹性降低。

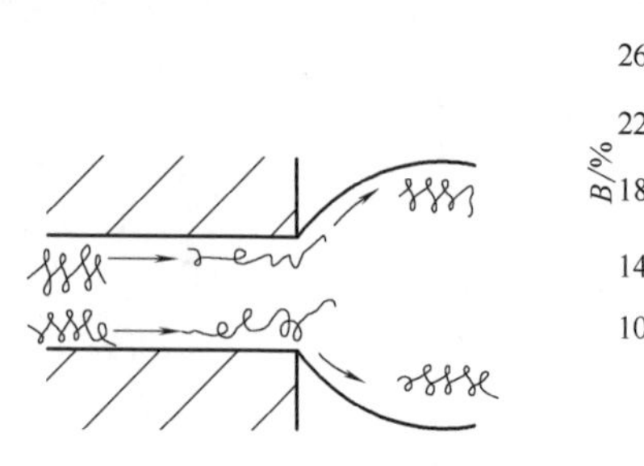

图 15-7　聚合物的挤出胀大现象图

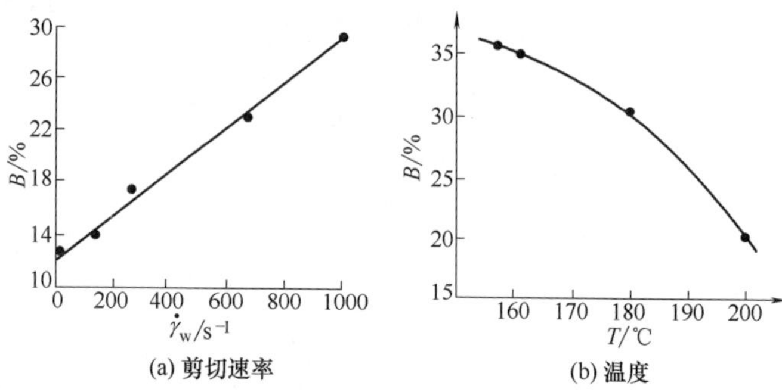

图 15-8　剪切速率和温度对挤出胀大比（B）的影响

聚氯乙烯/丁腈橡胶（PVC/NBR）的共混物在受到的剪切速率增大时，B 值呈现直线上升。如图 15-8（a）所示，这是因为 NBR 为弹性较好的橡胶，用它来改性 PVC 所得熔体具有较大的弹性，挤出物会因弹性记忆而胀大。当剪切速率增大时，作用在熔体上的频率增加，作用时间缩短，熔体来不及松弛就被挤出，所以 B 值增加。

图 15-8（b）所示是 PVC/NBR 在不同温度下的挤出胀大比 B 值，可以看出 B 值随温度升高而减小，这是因为温度升高，熔体的松弛时间缩短，引起的弹性减小，所以 B 值减小。

研究挤出胀大比 B 值可以指导挤出机口型设计及流道设计。例如现在有些挤出机头设计成喇叭口型等，就是为了减少出口压力。

（2）熔体破裂现象——不稳定流动

聚合物熔体在挤出时，如果剪切速率过大并超过极限值时，从口模处理的挤出物不再是平滑的，而会出现表面粗糙、起伏不平、有螺纹状波纹、挤出物扭曲甚至为碎块状物，这种现象称为不稳定流动或熔体破裂，如图 15-9 所示。

高分子材料的不稳定流动会影响其加工行为，并导致产品外观缺陷及使用性能下降。有多种原因造成熔体的不稳定流动。其中一个主要原因就是熔体的弹性。

对于小分子，液体运动的动能达到或超过克服黏滞阻力的流动能量时，则发生湍流；对于高分子熔体，黏度高，黏滞阻力大，在较高剪切速率下，弹性形变增大，当弹性形变的储能达到或超过克服黏滞阻力的流动能量时，导致不稳定流动的发生。这种有弹性形变所储存的能量称为高能湍流。

以 HDPE 与 LDPE 为例，二者虽然为同一种材料，但由于结构上存在差异，导致其流变曲线并不相同，如图 15-10 所示。

LDPE 的流变曲线为一条直线，没有不连续和转折，箭头所指处是破裂开始。HDPE 受到剪切时，当剪切应力达到 A 点后挤出物出现破裂现象。到达 B 点后剪切速率突然增到 C 点，如果这时增加压力则沿新曲线上升；如果此时减小应力，挤出速率不回到 B 点而是到 D 点。到 D 点后突然回到 E 点，如果应力固定在 DC 处，试样将发生振荡，挤出

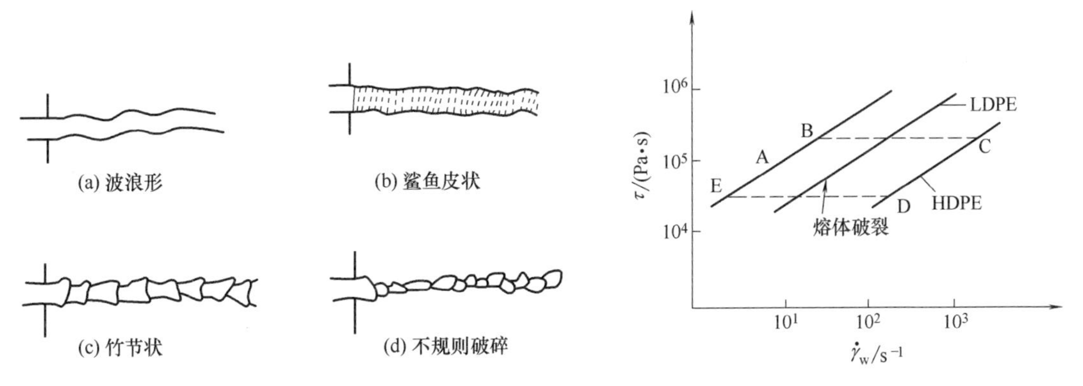

图 15-9　熔体不稳定流动的类型　　　　图 15-10　LDPE 与 HDPE 的流变曲线

物为一节一节的。该现象产生的原因是 LDPE 为支化结构，弹性比线型的 HDPE 小，所以发生不稳定流动的程度也比 HDPE 小。

高分子熔体的不稳定流动现象，需要结合流体的动力学模型来展开理论研究。

15.3.4　研究不同材料对温度的敏感性

不同的高分子材料，由于其结构不同，在升温过程中表现出来的流变性能也不相同，以四种典型结构的聚合物为例，观察并对比其流变曲线，如图 15-11 所示。

随温度变化，黏度变化幅度较大的材料通常被称为温敏性材料；随着剪切应力而发生黏度显著变化的材料称为切敏性材料。要根据材料具体的流变学指标，调整加工温度及螺杆剪切速率，选择最适宜的加工条件。

高分子材料在熔融状态下加工时首先应选择加工温度。加工的温度必须使物料完全熔融，流动性好，易于加工；但又不能高于物料的分解温度。所以进行加工之前，首先应进行物料的流变性能测试，观察物料在几个不同温度下的流变性能，以选择最适宜的加工温度。

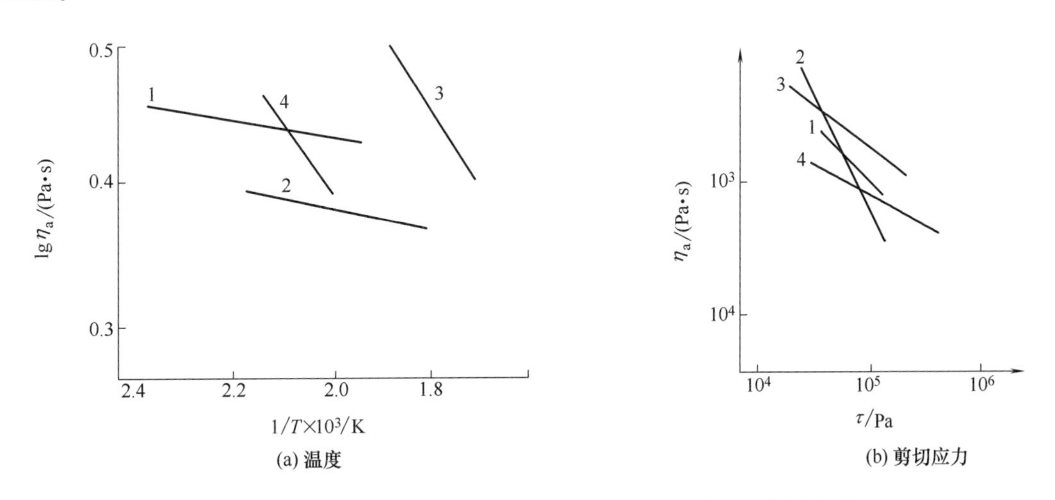

图 15-11　四种典型聚合物的表观黏度与温度和剪切应力的关系

1—聚乙烯（PE）　2—聚甲醛（POM）　3—聚碳酸酯（PC）　4—聚甲基丙烯酸甲酯（PMMA）

15.3.5 剪切诱导结晶与压力突增现象

在生产中发现，有些聚合物在高剪切速率下，通过收敛型流道（如长径比较大的毛细管、注射机）时会产生黏度增加或压力突增现象，这种现象极为危险，易导致重大事故。研究发现这种高聚物一般都是规整性较高，易结晶的高聚物，受到强剪切作用后，大分子伸展，取向，规整排列，产生晶体结构，即通常说的剪切诱导结晶。一旦形成晶体结构，就极不易破坏，所以体系稳定，黏度上升，导致压力升高。

天然橡胶是由顺式的聚异戊二烯组成，顺式异戊二烯的含量越高，越容易产生晶体结构，剪切诱导结晶现象越明显，如图 15-12 所示。

在高分子材料中添加一些刚性助剂时，有时会发生压力突增的现象，如图 15-13 所示，在 PP 中添加 $CaCO_3$ 时，随着 $CaCO_3$ 的含量增加，压力突增现象发生的越早。

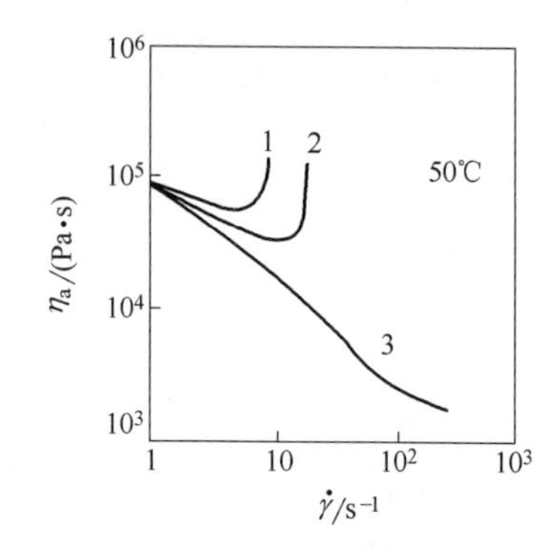

图 15-12 聚异戊橡胶顺式含量对流动曲线的影响

异戊胶的顺式含量：

1—100% 2—95% 3—92%

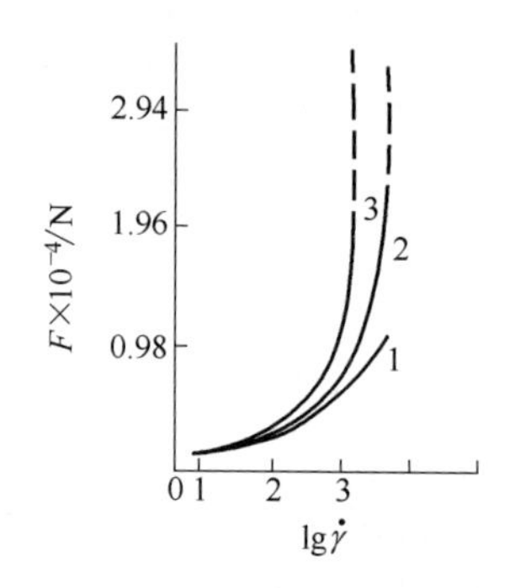

图 15-13 PP/$CaCO_3$ 体系压力突增现象

1—PP，190℃；2—PP，188℃；

3—PP/$CaCO_3$（1/1），200℃

对于在加工过程中会发生压力突增的材料，一定要注意模具、机头设计以及加工条件的选择和控制，避免发生事故。

第 16 章　相对流变仪——装有混合器测量头的转矩流变仪

前面介绍的几种流变测试方法，得到的黏弹性数据与绝对的物理单位如力、长度和时间等相关联。这些测试方法对流变仪的几何结构及测试程序都有很严格的要求，必须处于边界条件的限制之内，客观地表征样品的流变数据。

在实际加工生产过程中，为达到最佳混炼效果，会使用多种形态及尺寸不同的混合器或挤出器。转矩流变仪等可以模拟真实过程的条件，是大型生产用混合器的微缩模拟品。

这种流变仪的设计目标是为造成高湍流、高剪切的效果，以便使聚合物熔体或橡胶混合物的多组分得以良好的混合，在此工艺条件下，被高度剪切的物料产生非线性的黏弹性响应。被测试的样品反抗混合的阻力与样品的黏度成正比。扭矩流变仪通过作用在转子上的反作用扭矩测得这种阻力。通常记录转矩随时间的变化。

转矩流变仪是一种多功能积木式双转矩测量仪。转矩流变仪使用的各种混合器测量头，用于模拟密炼、挤出等工艺过程。由于混合腔及转子的形状复杂，温度控制情况各不相同，因而只能用特定厂家生产的特定尺寸的混合器测量头。测得的数据显然不是“绝对值”。

转矩流变仪也可以测量转矩与温度、转速与时间的关系。转矩值直接反映了物料的黏度和消耗功率，可以指导工艺条件的选择和进行配方设计。实践证明转矩流变仪可以有效模拟真实加工过程中物料的流变数据，减少了大规模生产设备的试验性运转次数，节省了大规模加工性能试验可能要消耗掉的成吨的物料，具有很大经济价值。

16.1　转矩流变仪的结构及原理

16.1.1　仪 器 结 构

转矩流变仪主要结构如图 16-1 所示，由以下几个部分组成：

主体部分：电机、齿轮变速箱，转矩传感器

测量装置：密炼式混合测量头，螺杆挤出式测量头，测量显示记录

控温装置：热电偶、控温仪表

如图 16-2 所示，转矩流变仪由热电偶控温的混合室及混合室内的转子组成，两个转

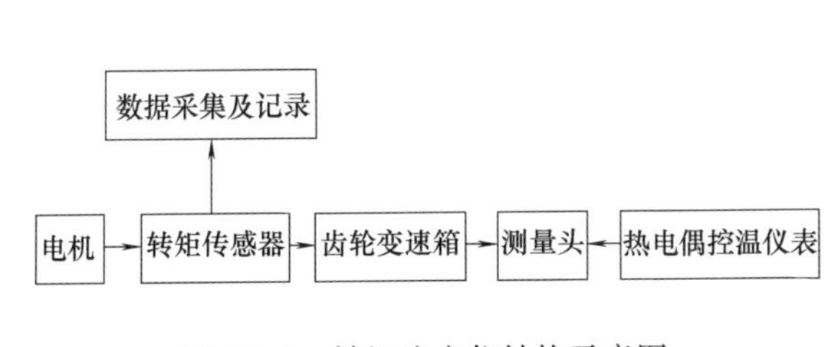

图 16-1　转矩流变仪结构示意图

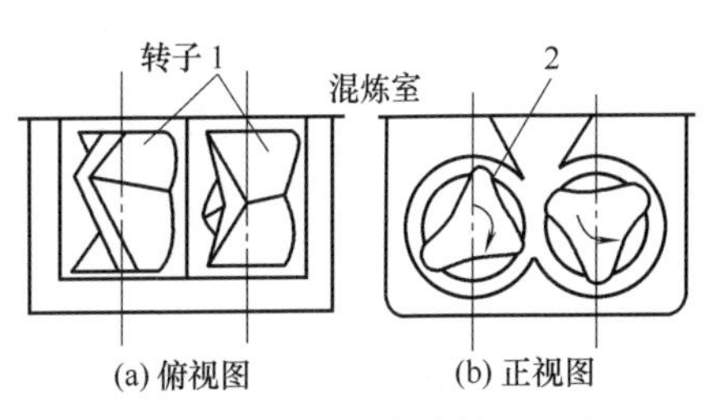

图 16-2　转矩流变仪中转子的类型

子平行，且形成咬合。两个转子逆向转动，转速比为可调。通常左侧转子顺时针转动，右侧转子逆时针转动。为了使不同的物料都能取得最佳的混合效果，设计了多种转子的形状。可以随时更换。常见的有以下几种。

凸棱转子：剪切力居中，适用于弹性体、塑料。

西格玛（Sigma）转子：剪切力较低，适用于粉末、液体等样品。

轧辊转子：剪切力较高，适用于大多数的热塑性、热固性材料。

Banbury 转子：适用于橡天然橡胶、合成橡胶及橡塑共混。

16.1.2 转矩流变仪的原理

物料被加到混炼室中，受到转速不同，转速相反的两个转子所施加的作用力，使物料在转子与室壁间进行混炼剪切，物料对转子凸棱施加反作用力，这个力由测力传感器测量并转换成转矩值，反映物料黏度。通过热电偶对转子温度的控制，可以得到不同温度下物料的黏度。如图 16-3 为转矩流变曲线。

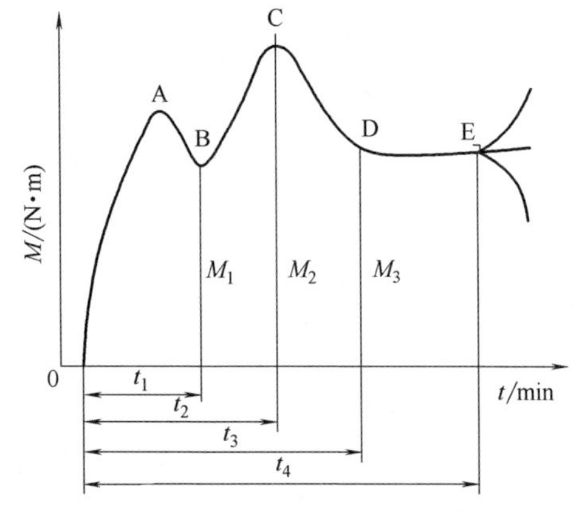

t_1—物料受热压实时间　t_2—塑化时间（熔融软化）

t_3—达到平衡转矩时间（物料动态热稳定）

t_4—物料分解时间　M_1—最小转矩

M_2—最大转矩　M_3—平衡转矩

图 16-3　转矩与时间的关系图

曲线中各段对应发生的流变行为是：

OA：在给定温度和转速下，物料开始黏连，转矩上升到 A 点。

AB：受转子旋转作用，物料中的气体被挤压排挤，很快被压实，转矩下降到 B 点（有的样品没有 AB 段）。

BC：物料在热和剪切力的作用下，开始软化或熔融，物料即由黏连转向塑化，转矩上升至 C 点。

CD：物料在混合器中塑化，逐渐均匀。达到平衡，转矩下降到 D。

DE：维持恒定转矩，物料平衡阶段。

E 之后：继续延长剪切时间，导致物料发生分解，交联，固化，使转矩上升或下降。

由转矩流变曲线获得的信息：

① 判断可加工性，由转矩值判定物料黏度和加工需要消耗的功率。指导配方优化及仪器配置及工艺条件选择。

② 加工时间（物料在成型之前的时间）。

热塑性材料：要求 t_4 不能太短，否则还未成型就已分解，交联。

热固性材料：若 t_4 太长，效率低，需等很长时间才能固化，脱模，周期长；若 t_4 太短，来不及出料已固化在螺杆或模具中。

③ 加工温度可以测定不同温度下的转矩流变曲线，得到 M-T 关系。

④ 材料的热稳定性研究分解时间的长短。

⑤ 可将转矩换算成剪切应力、剪切速率或黏度，得到流变曲线。

16.2 实验技术

16.2.1 试样制备

试样可以是粒料、小块固体及粉料，也可以加入少量液体配合剂，如液体石蜡。加入试样的重量为 60g 左右。

16.2.2 影响因素

① 加料量。装入量为混炼室总容量的 75%~85%，根据容积和物料的密度确定。一般来讲随物料加入增多，黏流阻力会增加。为便于测试结果相对比较，每次称取样品的总质量尽量接近。

② 转速。依照物料黏流阻力的大小、测试温度的高低、仪器灵敏度的大小等条件进行适当调整混炼室中两个转子的转速。

③ 测试温度。保证物料充分熔融，且不发生分解。另外需要对混炼室进行必要的空气冷却，防止物料与转子室壁摩擦升温造成的过热现象，影响测试结果。

④ 加料速度。应使用斜槽柱塞加料器将物料加入混炼室，在尽可能短的时间内把物料压入混炼室内。其原因是如果物料进入时间长短不同，物料各部分受热、受剪切的时间就不同，造成结果波动，重复性差。

16.3 转矩流变仪的应用

转矩流变仪可以用来选择加工性能优异的原材料，判别材料的热稳定性；研究共混物的配比以及共混后两相的分布情况，制定工艺配方及工艺条件。

16.3.1 研究添加剂对原料性能的改善

在聚烯烃的加工中，常常要加入相对分子质量调节剂。例如在 PP 的生产中，在后加工过程中，为了提高 PP 的流动性，降低能耗，加入二叔丁基过氧化物（DTBP）作为相对分子质量调节剂后，DTBP 与高分子中的长分子链反应，使长链降解成为短链，PP 的流动性得到改善。从图 16-4 可以看出，随着 DTBP 量的加大，熔融时间缩短，最终扭矩值变小，即树脂的黏度变小，流动性增加。

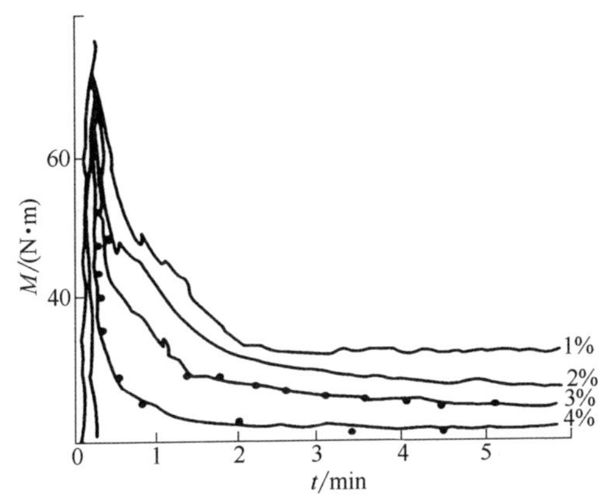

图 16-4　二叔丁基过氧化物（DTBP）的加入量对熔体流变性能的影响

16.3.2 测试聚合物耐热及耐剪切稳定性

PVC 具有很多优点，成本低，物理性能好，因此用途广泛。但是因为 PVC 中含有

C—Cl 键，升温过程中易脱出 HCl 而发生降解，PVC 的塑化温度在 140~160℃，而其分解温度在 180℃，而且 PVC 的黏度大，流动性差，与设备的金属表面摩擦力大，造成树脂在设备中停留时间长，在死角处易造成分解，给加工带来了不便，所以在 PVC 的加工中通常需要加入各种稳定剂（热稳定剂，光稳定剂等），$CaCO_3$ 是 PVC 加工中一直广泛使用的填充型稳定剂。红泥（RM）是铝土矿中提取 Al_2O_3 后的残渣，含有 Al_2O_3、Fe_2O_3 和 SiO_2 等对 PVC 有稳定作用，抑制 HCl 放出。另外发现 RM 可以吸收紫外光，所以同时还起到了光稳定剂的作用。由于 RM 对 PVC 稳定性提高作用明显，成本又低，其应用也逐渐扩大。

从图 16-5 中可以看出，当添加等同份数的 $CaCO_3$ 和 RM 时，RM 对 PVC 稳定性改善的效果优于 $CaCO_3$。以不同份数的 RM 填充 PVC，RM 含量越高，PVC 热稳定性越好。

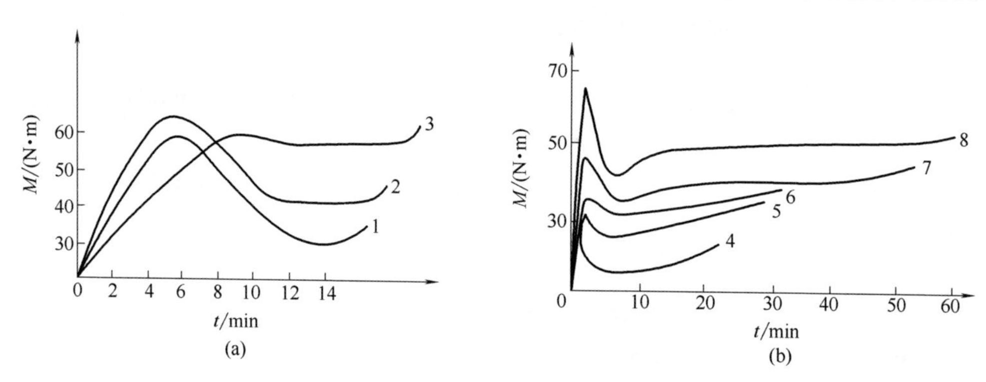

图 16-5　热稳定剂对 PVC 转矩流变曲线的影响

1—PVC　2—PVC+$CaCO_3$　3—PVC+RM　4—PVC+30phr RM　5—PVC+60phr RM

6—PVC+80phr RM　7—PVC+100phr RM　8—PVC+120phr　RM

16.3.3　增塑剂吸收情况的研究

聚合物加工中一般都需要添加一定量的增塑剂使产品达到使用要求的性能，以 PVC 为例，PVC 既可以制成薄膜、人造革等软制品，也可以制成管材、门窗等硬制品，如此大的性能差别主要与增塑剂的添加量有关。增塑剂是一些小分子的液态油性物质，如邻苯二甲酸二辛酯（DOP）、邻苯二甲酸二丁酯（DBP）及邻苯二甲酸二异辛酯（DIOP）等，可以用转矩流变仪观察增塑剂与原料的混合时间，增塑剂与聚合物的相互作用等情况，增塑剂吸收的快慢程度等信息，为加工中选择增塑剂进行指导。

在 PVC 加工中选择三种增塑剂，从图 16-7 中可以看出，DIOP 的分散速度最慢，但是达到平衡转矩时的转矩值最低。

16.3.4　生胶及混炼胶塑化性能的研究

天然橡胶（NR）的相对分子质量很高，妨碍向其中混入其他添加剂，所以在使用前需要在开炼机或密炼中进行塑化，有效塑化后，如图 16-8 所示，平衡扭矩值降低，且维持平衡扭矩的时间可以保证安全的加工过程进行。

通常用一个经验值（λ）来表示塑化情况。如图 16-8 所示。

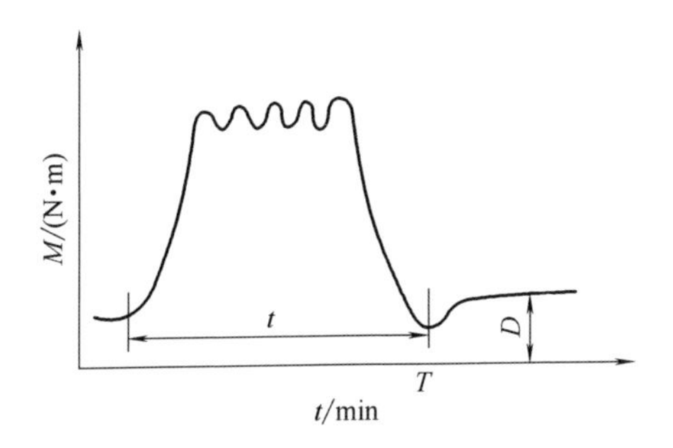

图 16-6　物料中加入增塑剂后转矩的变化情况

t—增塑剂的吸收时间　*D*—松散度

T—干点（转矩下降开始趋于平稳的时间）

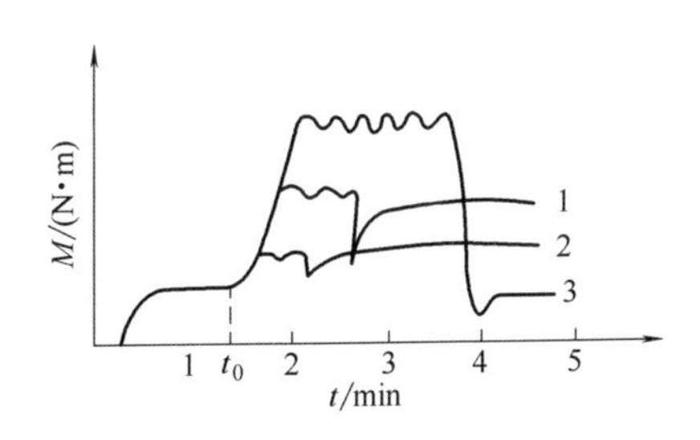

图 16-7　原料中加入三种增塑剂后不同的流变曲线

t_0—加入增塑剂的时间

1—DOP　2—DBP　3—DIOP

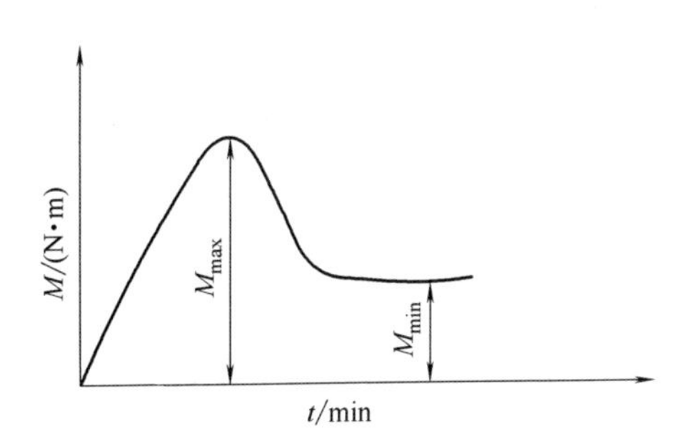

图 16-8　胶料塑化性能的研究

$$\lambda=\frac{2(M_{\max}-M_{\min})}{(M_{\max}+M_{\min})} \tag{17-1}$$

通常的经验值是：

① $\lambda=0.05\sim0.07$ 物料塑化状况较好。

② λ 值过大表示物料脱辊打滑，物料不易混匀。

③ λ 值过小表示物料黏辊，也不易混匀。

习　　题

1. 毛细管流变仪中选择毛细管长径比的原则如何确定？
2. 说明转矩流变曲线各段的意义？

第5篇　显微分析技术

正常情况下肉眼能观察到的最小物体的尺寸在0.2mm左右。为了研究更小的物体或物体的微细结构，人类发明了光学显微镜。光学显微镜的极限分辨率约为0.2μm，相当于放大1000倍左右。高分子材料结构研究的许多内容在微米，例如部分结晶高分子的结晶形态、结晶形成过程和取向等；共混或嵌段、接枝共聚物的区域结构；薄膜和纤维的双折射；复合材料的多相结构以及聚合物的液晶织态结构等。

为了得到分辨率更高的显微镜，必须采用更短波长的电磁波。20世纪20年代初，从理论上已证明电子作为光源可达到很高的极限分辨率。经过不断努力，到20世纪50年代末，电镜的分辨率已达到1nm。目前高性能的电镜，晶格分辨率达到0.14nm，点分辨率达到0.3nm，相当于放大50万~100万倍。在高倍显微镜下可观察材料的内部组织结构、内部缺陷等，能直接观察结晶的晶格图像，甚至某些单个晶体图像。电镜是探知微观世界强有力的工具。

第 17 章　光学显微镜

17.1　光学显微镜的结构与原理

17.1.1　偏光显微镜结构及原理

偏光显微镜的基本构造是在普通光学显微镜上分别在试样台上各加一块偏振片，下偏振片叫起偏片，上偏振片叫检偏片。偏振片只允许某一特定方向振动的光通过，而其他方向振动的光都不能通过。这个特定方向为偏振片的振动方向。通常将两块偏振片的振动方向置于互相垂直的位置，这种显微镜就称为正交偏光显微镜（Polarized Optical Microscope，POM）。

聚合物在熔融态和无定形态时呈光学各向同性，即各方向折射率相同。只有一束与起偏片振动方向相同的光通过试样，而这束光完全不能通过检偏片，因而此时视野全暗。当聚合物存在晶态或有取向时，光学性质随方向而异，当光线通过它时，就会分解成振动平面互相垂直的两束光。它们的传播速度一般不同，于是就会产生两条折射率不同的光线，这种现象称为双折射。若晶体的振动方向与上下振片方向不一致，视野明亮，可以观察到结构形态。

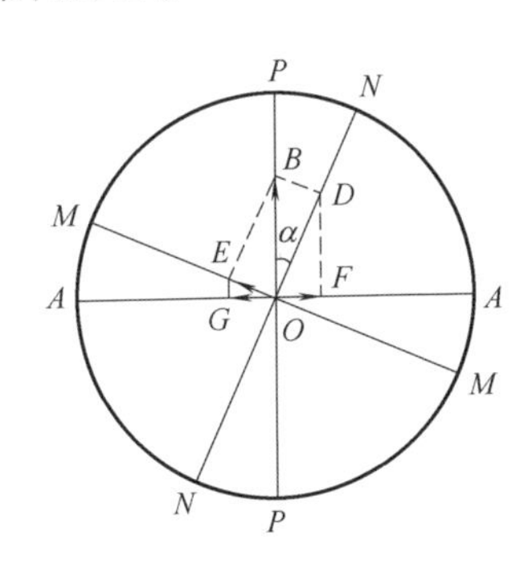

图 17-1　在偏光显微镜正交场中穿过晶体的光矢量分解

可以用数学式进一步表达这一关系。图 17-1 所示用 *PP* 代表起偏片的振动方向，用 *AA* 代表起偏片的振动方向，如果它们与 *PP* 不一致，设 *NN* 与 *PP* 的夹角为 α。光进入起偏片后透出的平面偏振光的振幅为 *OB*。光继续射到晶体上，由于 *MM*、*NN* 与 *PP* 都不一致，因而将矢量分解到这两振动面上，*N* 和 *M* 方向的光矢量分别为 *OD* 和 *OE*。自晶体透出的平面偏光继续射到检偏片上，由于 *AA* 与 *MM*、*NN* 也不一致，故再次将每一平面偏光一分为二。最后在 *AA* 面上的光为方向相反，振幅相同的 *OG*、*OF*。最终透过检偏片的合成波为：

$$Y = OF - OG = OD\sin\alpha - OE\cos\alpha \tag{17-1}$$

由于这两束光速度不等，会存在相位差 δ。

$$OD = OB\cos\alpha = A\sin\omega t\cos\alpha \tag{17-2}$$

$$OE = OB\sin\alpha = A\sin(\omega t - \delta)\sin\alpha \tag{17-3}$$

所以

$$Y = A\sin 2\alpha \cdot \sin\frac{\delta}{2} \cdot \cos\left(\omega t - \frac{\delta}{2}\right) \tag{17-4}$$

光的强度与振幅的平方成正比，所以合成光的强度 I 为

$$I = A^2\sin^2 2\alpha \cdot \sin^2\frac{\delta}{2} \cdot \cos^2\left(\omega t - \frac{\delta}{2}\right) \tag{17-5}$$

17.1.2 相差显微镜的结构及原理

相差显微镜是在普通显微镜的基础上增设了两个部件，在光源和聚光镜间，即聚光镜平面上插入光阑，物镜后焦平面处插入相板。

相板是由光学玻璃制成的具有一定厚度和折射率的薄片，它由两部分组成，一是通过直射光部分，叫共轭面，通常为环状；另一是绕过衍射光的部分，叫补偿面，即是共轭面的外侧和内侧。利用相板可以改变直射光与衍射光的相位，同时吸收一定的直射光。

光阑即环状光阑，也是相差显微镜不可缺少的部件，光阑是由金属做成大小不同的环状孔形成的光阑，当聚光镜焦面上的光阑足够小时才能使直射光的像在物镜后焦面上聚为一点和衍射光分开。使用环形相板要与环形光阑相配合，以使环形光阑所造成的像与相板环形相一致。因此使用不同放大倍数的相差物镜时，要同时更换环形光阑的环径和环宽。

对于无色透明物体，宽度上的反射率差异和表面凹凸引起的折射率差异，用普通透射式显微镜是观察不到的，相差显微镜利用了光的波动性，将位相差转变成强度差即明暗之差，从而使相位差可直接观察。

理论上可导出相差显微镜的光程差分辨率能达到1nm，所以相差显微镜能将共混物中折射率之差很微小的两组分转换成明和暗的图像。但由于样品厚度上的微小的差别也变得可见，因此必须注意样品表面和厚度不均匀性的影响。为了得到最大的反差，要求样品必须很薄（约5μm）。

17.2 样品的制备技术

样品的制备是非常关键的一步，样品制备不好会丢失许多重要的结构信息，甚至造成假象而导致完全错误的解释。主要的制样方法有热压膜法、溶液浇铸制膜法、切片、打磨等，以及为了突出特征结构而进行的某些处理，如复型、崩裂和取向等。

17.2.1 热压制膜法

把少许聚合物放在载玻片上，盖上一块盖玻片，整个置于热台上加热至聚合物可以流动。用事先预热的砝码或用镊子轻轻施压使熔体展开成膜，然后冷却至室温。

热压法的优点是可以改变热处理条件（如熔融温度、时间和冷却介质）以观察结构等变化，还可以在熔化时测定颜料、填料或其他不熔添加物的性质、颗粒尺寸及分布等，此法快速简便，缺点是有时会造成样品的热降解。

17.2.2 溶液浇铸制膜法

用适当的溶剂将样品溶解，将干净的玻片插入溶液后迅速取出，或滴数滴溶液于玻片上，干燥后即得薄膜。干燥方法可以是空气中自然干燥，或在干燥器中利用干燥剂或真空干燥。但为了减少表面张力效应产生的内应力而导致形变和结构变化，应先放在有溶剂蒸汽的密闭容器中缓慢均匀地干燥，最后再置于真空中彻底除去剩余溶剂。膜厚度由溶液浓度控制。

溶液浇铸膜的优点是结构均匀，膜厚度易于控制；缺点是费时，有些聚合物不易找到适当的溶剂。

17.2.3　切　　片

对韧性的高分子或大面积切片应使用滑板型切片机，对较易切的高分子用旋转型切片机即可。通常使用钢刀，刀刃为碳化钨更好。

17.2.4　打　　磨

大多数热固性和高填充的聚合物都不能用前述方法制样，必须采用金属学和矿物学中经典的制样方法即打磨。较硬的聚合物可用金刚砂打磨，软的可用 Al_2O_3 或 Fe_2O_3（制成砂轮或砂布）打磨。首先将一个面打磨出来，然后用速干胶将这个面粘到载玻片上，再打磨另一面。如果遇到样品有空洞，必须先用环氧树脂填上。如复合材料含有软的组分，最好冷冻后打磨以免软的部分变形。成功的打磨技术可以得到 15μm 甚至更薄的样片。

17.3　偏光显微镜在高分子研究中的应用

偏光显微镜（POM）是研究聚合物结晶过程的有力工具。用 POM 研究聚合物结晶时，常使用可以精确控制温度及恒温的热台做样品架。在变化升温降温速率及恒温条件下，研究聚合物结晶的过程，成核和生长的双折射很容易被分辨，且这两个过程与温度的关系可以被独立观察。近年来发展起来的计算机数字图像加工处理技术可以对成核、生长进行定量研究，如球晶生长速率的测定、成核密度、球晶大小及其分布等。

17.3.1　球 晶 研 究

（1）球晶的形态

球晶由从中心往外辐射排列的晶片组成。各晶片中半径方向与切线方向的折射率差相同，决定光强的是 α，当 $\alpha=0°$、90°、180°和 270°时，$\sin2\alpha=0$，这几个角度没有光通过。当 $\alpha=45°$的奇数倍时，$\sin2\alpha$ 有极大值，视野最亮。于是球晶在正交偏光下呈现特有的马耳他（maltese）消光十字图像，如图 17-2 所示。如果由晶片组成的微纤从中心往外生长时出现了周期性扭转，则产生了零双折射的环，如图 17-2（c）。球晶只有在孤立的情况下才呈现圆形，如图 17-2（a），而一般情况观察到的球晶是多边形的，这是由于球晶生长到一定阶段必然要互相碰撞截顶，如图 17-2（b）和图 17-2（c）所示。

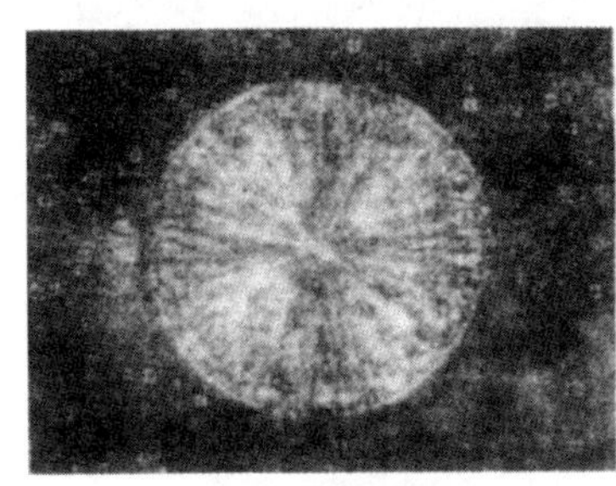
(a) PP的单个球晶(720×)

(b) 截顶的PP球晶(55×)

(c) 具有消光环的截顶PE球晶(720×)

图 17-2　典型球晶的 POM 照片

并非所有的球晶都能在 POM 下观察到，如聚 4-甲基-1-戊烯，由于其分子中原子排列结构恰巧使晶片为光学各向同性，其球晶没有双折射，因此 POM 不能观察到球晶。在 POM 下观察到的消光十字，有时可能只是一种假象而并非球晶，杂质有时会在材料中造成辐射状的局部应力分布，而引起双折射，如图 17-3 所示，这种应力造成的图形边界模糊，因双折射存在一个变化的梯度，可通过观察边界来识别。

球晶广泛存在于高聚物材料、矿物和从黏性不纯熔体结晶的简单物质中，常见直径 0.5～100.0μm。POM 是球晶形态研究的主要工具，可以直观地揭示结构和在真实空间的分布。

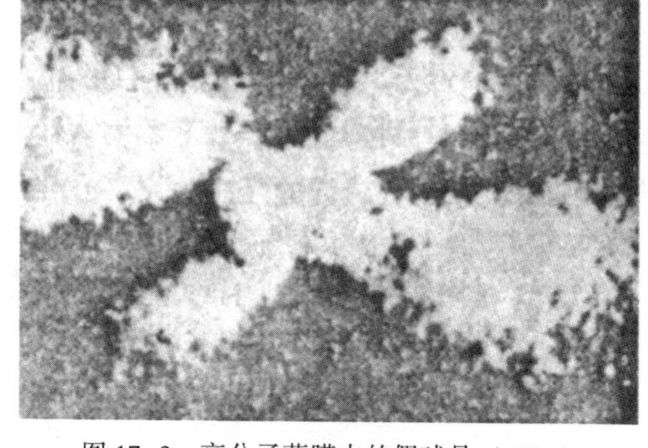

图 17-3　高分子薄膜中的假球晶（410×）

在 POM 下可以观察到不同种类的聚合物球晶。常见的聚合物球晶有以下几种：

① 黑十字与起、检偏振动方向平行，为正常球晶；若与之交 45°，称为变态球晶。

② 若球晶中链带或晶片沿径向呈放射状排列，称之为放射状球晶。

③ 若除黑十字外，还有许多同心消光圆环或锯齿形消光图形，为环状球晶。

④ 根据球晶双折射的不同，可以确定球晶的正负光性：在 POM 观察中加入一级红补色器，每个球晶沿起、检偏光方向被分成四个象限。当 1，3 象限为蓝色，2，4 象限为黄色，为正球晶，反之为负球晶。若每一个象限蓝、黄优势不明显，则为混合光性球晶。

将上述几种因素组合，常见球晶的种类有：正放射状球晶、负放射状球晶、正环状球晶、负环状球晶、混合光性放射状球晶、混合光性环状球晶、变态球晶。

图 17-4 所示为一组生物降解高分子的球晶形态照片。

(a) 聚丁二酸丁二醇酯(PBSU)在90℃时放射状球晶(负球晶)

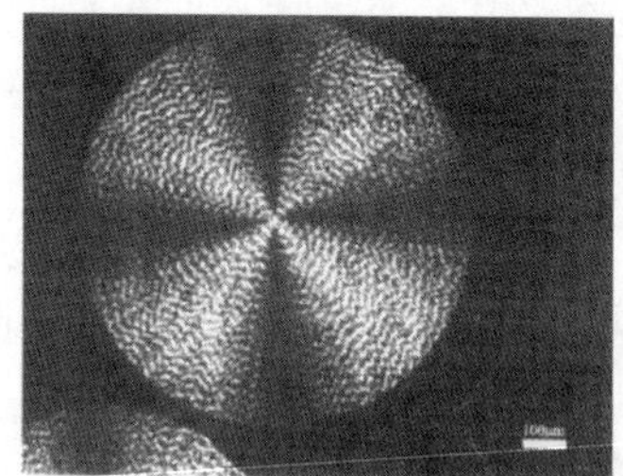

(b) 3-羟基丁酸酯和3-羟基戊酸酯的共聚物(PHBV)在100℃时的环状球晶(正球晶)

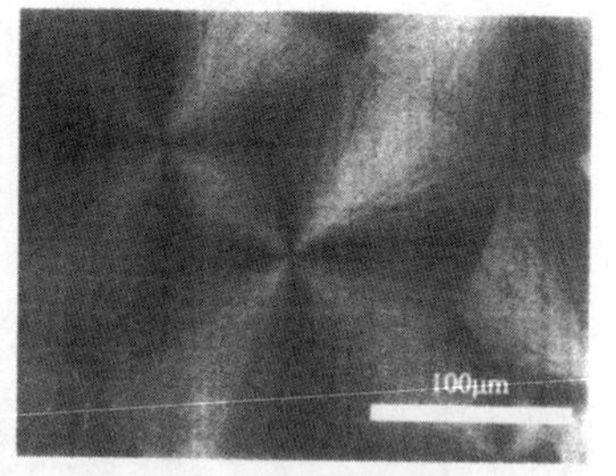

(c) 聚偏氟乙烯(PVDF)在152℃时的放射状球晶(负球晶)

图 17-4　生物降解高分子球晶的正交偏光显微镜照片

（2）球晶的生长观察及生长速率测定

球晶最初的形状是稻草束状，然后向四周呈树枝状生长，如图 17-5 所示。

在一定温度下，球晶匀速生长，用 POM 可以测定球晶平均半径随时间的关系。将聚合物在一定温度下熔融压成薄片，移至配有热台、在一定温度下恒温的 POM 中，此时没

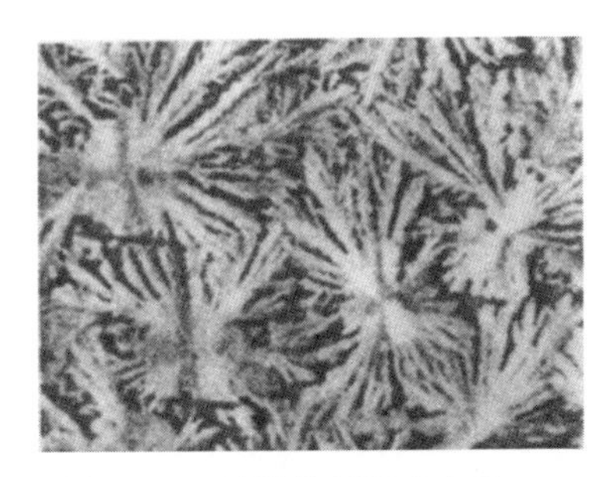

图 17-5　从熔体缓慢冷却的 PP 球晶正交偏光（137×）

有晶体生成，视野中为一片暗场，记录时间。经过一段时间（诱导期）后，开始出现晶核，并逐渐长大为球晶。用照相法记录球晶生长至碰撞的过程并用软件测量球晶的直径。用球晶半径对时间作图即可求得该温度 T 时的径向生长速率 G。

图 17-6 所示为 PHBV 在 85℃等温结晶时球晶的生长过程，在整个等温结晶过程中球晶在相互碰撞之前球晶半径与时间呈线性关系。分别测量出不同时间同一球晶的半径，以球晶半径对球晶生长时间作图，可得到较好的线性关系，直线斜率即球晶生长速率。图 17-7 所示为图 17-6 所对应的球晶半径-时间曲线图。在结晶高分子聚合物共混物研究中，用上述方法得到的球晶生长速率对温度作图，还可得到球晶生长速率随温度和组成变化的曲线，如图 17-7 所示。

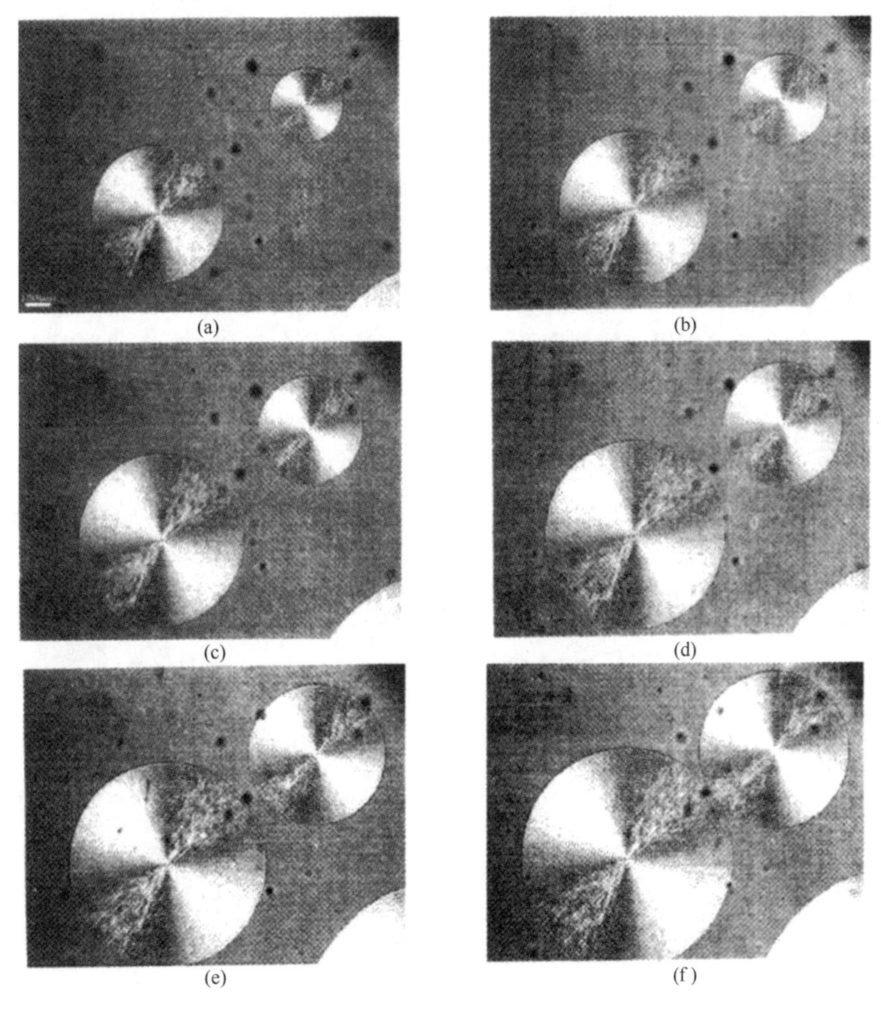

图 17-6　羟基丁酸酯-3-羟基戊酸酯共聚物（PHBV）在 85℃时的球晶生长过程（时间间隔为 30s）

聚合物的结晶过程包括成核和晶体生长两步，在结晶温度较高时成核过程是控制步骤。实验测得球晶半径随时间线性增长，表明球晶生长不受扩散过程的控制，否则球晶半径取决于时间的平方根。Lauritzen 和 Hoffman 提出了球晶生长的两个模型：

① 是在晶面上生成一个新核后，很快就盖满生长层，径向增长速率为：

$$G=b_0NL_0 \tag{17-6}$$

式中　b_0——单分子层厚度；

L_0——聚合物链一次折叠长度；

N——成核速度，即 $G\propto N$。

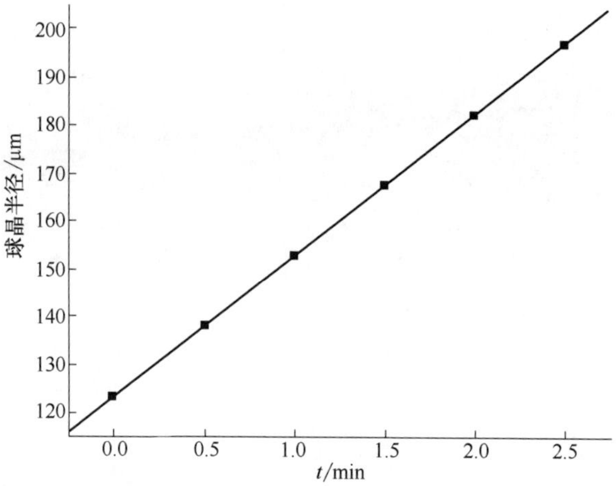

图 17-7　PHBV 在 85℃时的球晶生长速率随时间的变化曲线

② 是成核速率很大，而覆盖生长面的速率很小。

$$G=cb_0(N)^{1/2} \tag{17-7}$$

式中　c——常数，即 $G\propto N^{1/2}$。

（3）球晶的成核观察

球晶的形态与晶核的产生方式有关。如果从预先存在的非均相核开始生长，由于是同时生长，最终球晶是边缘笔直的多边形；若为均相核，即分子的相关涨落产生的分子链局部有序体为核，由于核是相继产生的，所以球晶边界呈双曲线形。两类成核方式可能混合存在。从照片上球晶边界情况可以推断成核类型。

杂质、添加剂或样品表面都能给高分子结晶提供晶种。这种各向异性晶核是显微镜观察中经常能遇到的。图 17-9 所示为聚合物中一根织物的纤维引起的成核，属于局部成核。图 17-10 所示属于表面成核。

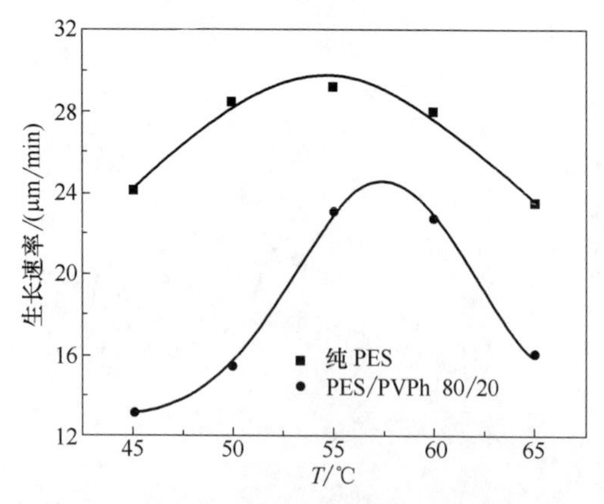

图 17-8　聚丁二酸乙二醇酯（PES）/聚乙烯基苯酚（PVPh）共混物中结晶组分 PES 的球晶生长速率和温度依赖性

图 17-9　以污染物纤维成核的 PP 的 POM 照片

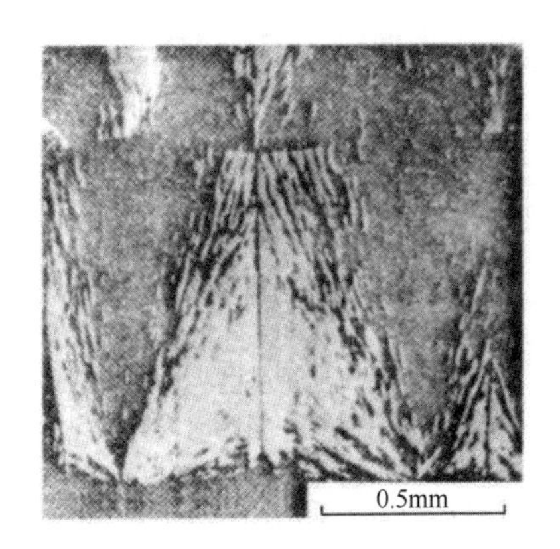

图 17-10　PP 的表面成核 POM 照片（51×）

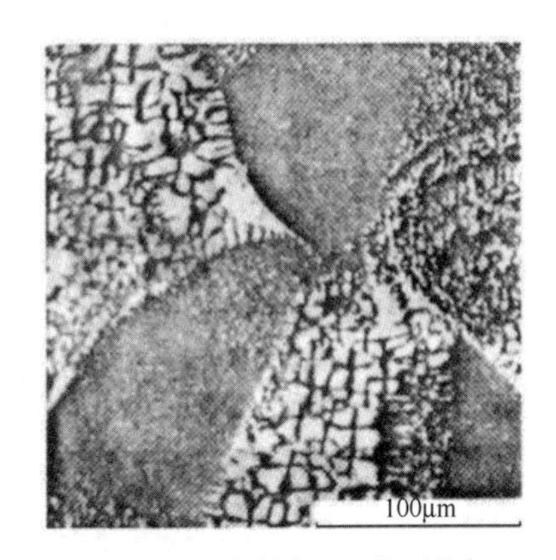

图 17-11　颜料与 PE 的不均匀混合 POM 照片（290×）

PP 和 PA 中一般添加商品成核剂，以减少球晶尺寸，提高材料的性能。在低剪切速率的加工过程（如压铸或旋转成型）中颜料与高分子混合得不好，会出现图 17-11 所示由颜料导致的非故意成核，导致产品的力学性质较差。

成核方式及晶体生长的判断依据以下原则。

① Avrami 指数 n 与成核及生长方式有关。n 依赖成核和生长过程。球晶三维生长，$n=3$ 或 4；盘状二维生长，$n=2$ 或 3；纤维生长，n 为 1 或 2。许多实验结果表明，由于受壁面、杂质等因素的影响，结晶过程以异相成核为主。

② 成核方式参数（K_g），Hoffman 根据晶体表面二次成核形成速率和晶体生长的扩散速率，将聚合物晶体增长分为三个区，即 Regime Ⅰ，Ⅱ和 Regime Ⅲ。设 i 为二次成核速率，g 为表面扩散速率，若 $i \ll g$，晶体生长区域属于 Regime Ⅰ，$n=4$。若 $i \approx g$，则属 Regime Ⅱ，$n=2$；若 $i \gg g$，为 Regime Ⅲ，$n=4$。可见，$K_g(\text{Ⅰ})=K_g(\text{Ⅲ})=2K_g(\text{Ⅱ})$。

③ 用带有摄像装置的 POM 直接观察结晶成核生长过程形态变化，可以较直观地判定成核生长方式。成核的方式和过程可以从多角度来分类：

a. 根据成核时有无异物的影响可分为均相成核和异相成核。

b. 根据成核速率是否依赖热可分为依热成核与不依热成核。

c. 根据成核是否是时间的函数可分为预先成核与散现成核。

d. 根据晶核在空间的成长情况，可分为一次成核（形成六个新表面），二次成核（形成四个新表面）和三次成核（形成两个新表面）。

聚合物的实际结晶过程可能同时存在多种成核类型，不能仅根据一种成核模式来划分。

17.3.2　偏光显微镜研究高分子共混体系

偏光显微镜可用于研究共混物的形态和相行为等。

（1）相容性的判定

利用 DSC 测量共混物的 T_g 可判定共混物的相容性，但是当 T_g 变化不明显时，则需要辅助其他测试仪器判定。利用 POM，将共混物升温至熔融态，可直观地观察到两相结构。图 17-12 所示为聚羟基丁酸酯（PHB）/聚丁二酸丁二醇酯（PBSU）（40/60）共混物熔融时的 POM 照片，可以明显地看到海岛两相的分离结构。

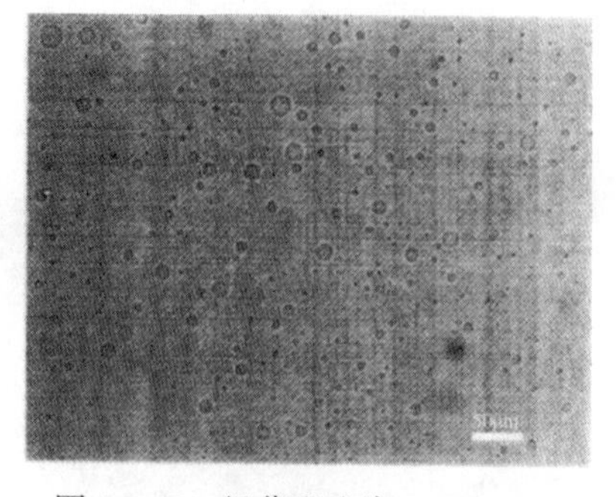

图 17-12 组分配比为 PHB/PBSU（40/60）共混物熔融时的 POM 照片

邱兆斌等人研究了 PHBV/聚己内酯（PCL）聚合物共混物相行为与结晶形态。DSC 研究表明二者为完全不相容的结晶/结晶聚合物共混物。图 17-13 所示为该共混物两组分两步结晶，即从熔体快速降温到两结晶组分熔点之间结晶一段时间，再降温到低熔点组分（LTC）的熔点以下继续结晶时的 POM 图片，可以看到明显的两相结晶结构。

图 17-14 为 PLLA/PES 共混物 40/60 组分的照片。从 17-14（a）图可以看到明显的两相分离结构，图 17-14（b）和图 17-14（c）中 PLLA 和 PES 的分别结晶形成的不同的结晶结构，进一步表明两者是不相容的。

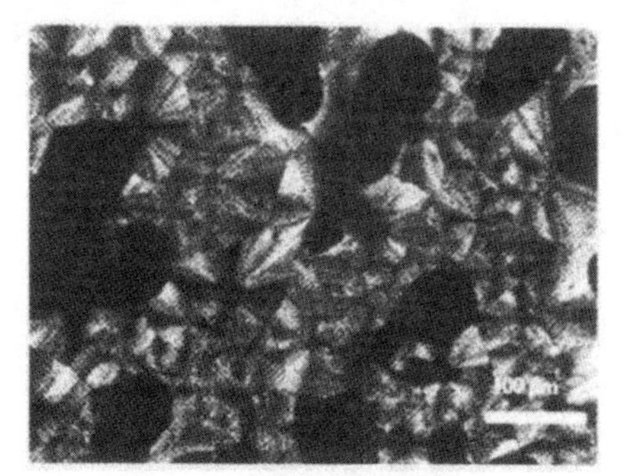

(a) 共混物在70℃结晶

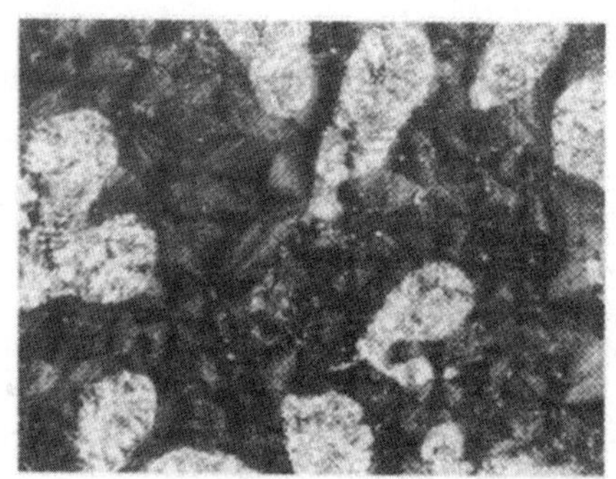

(b) 共混物在40℃结晶

图 17-13 组分配比为 60/40 的 PHBV/PCL 共混物两组分两步结晶的 POM 照片

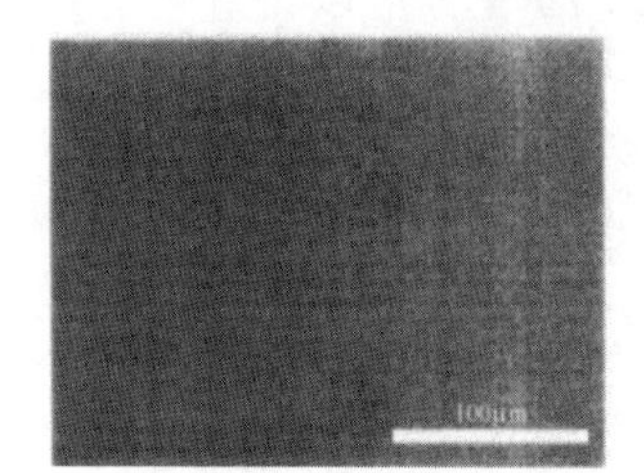

(a) 190℃熔融3min

(b) PLLA在110℃结晶110min

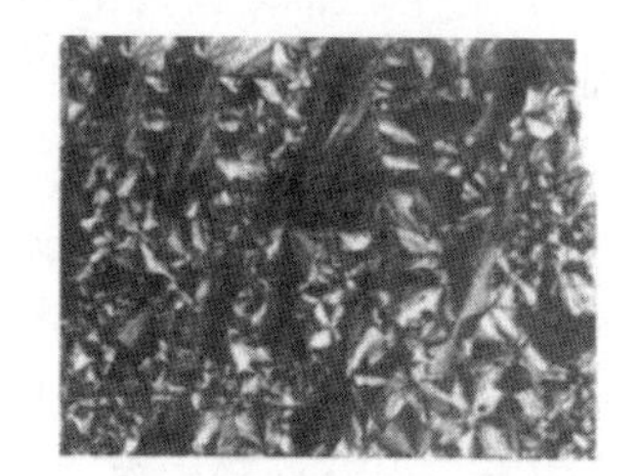

(c) PLLA在110℃结晶110min后降温至65℃，PES在该温度下结晶20min

图 17-14 PLLA/PES（40/60）共混物的 POM 照片

（2）高分子共混物的结晶形态

显微镜是研究高分子共混物的结晶形态最为直观，有效的手段，信息量丰富。图 17-15 和图 17-16 分别为 PES 和 PES/PVPh（80/20）共混物在不同温度下的球晶形态。两组图片都呈现出十分清晰的黑十字（Maltese Cross）消光现象。还可以看出，随着结晶温度的升高，球晶密度在逐渐减小，球晶尺寸在逐渐增大。而球晶尺寸的大小将直接影响聚合物的力学性能。比较同一温度下球晶形态发现，共混物中 PES 球晶的尺寸比纯 PES 球晶的尺寸要大，表明随着 PVPh 的引入，PES 的成核密度减小。

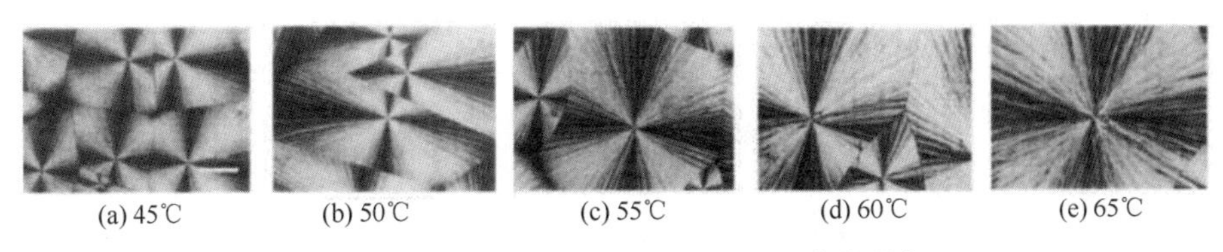

图 17-15　PES 在不同结晶温度下的球晶形态

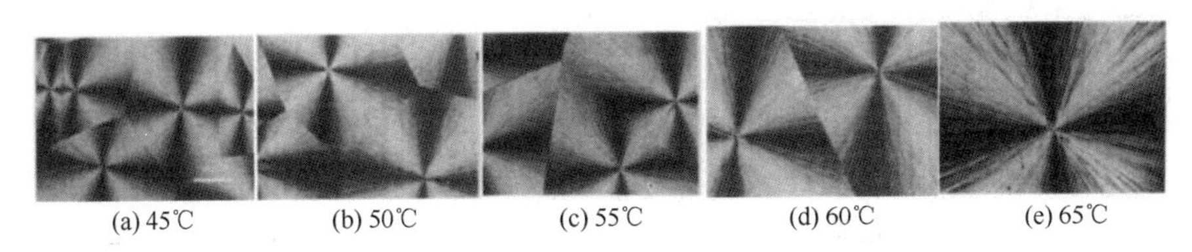

图 17-16　PES/PVPh 80/20 在不同温度下的球晶形态

（3）特殊的球晶形态

对于相容的结晶/结晶聚合物共混体系，如果两结晶组分熔点相差较小时（$\Delta T_m \approx$ 35℃），两结晶组分的结晶速率比较接近，则两组分有可能同时结晶。在 PES 与聚氧化乙烯（PEO）共混物中，二者的 T_m 分别约为 103℃和 67℃，因此以一步结晶方式从相容熔体直接快速降温到作为低熔点组分（LTC）的 PEO 的 T_m 以下时，两结晶组分有可能在特定的组成和结晶温度区间，同时以球晶方式结晶。这时与来自于同一种高分子的两个球晶碰撞时，停止生长并形成明显的球晶界面不同，PEO 组分的球晶可以侵入正在生长的另一种组分 PES 的球晶内部并继续生长直至贯穿，如图 17-17（a）所示。这种独特形态被命名为同时结晶侵入球晶。

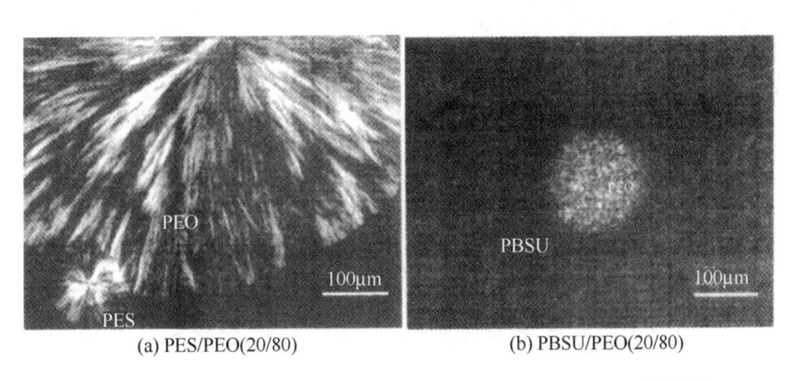

图 17-17　PES/PEO（20/80）和 PBSU/PEO（20/80）共混物中形成同时结晶侵入球晶的 POM 照片（T_c = 50℃）

如果两结晶组分熔点相差较大时（$\Delta T_m \approx 50$℃），两结晶组分只能分别结晶。在 PBSU 与 PEO 共混物中，二者的 T_m 分别约为 118℃和 67℃。但当作为 LTC 的 PEO 为主要成分时，PEO 可以在已完成生长的高熔点组分（HTC）的 PBSU 的球晶内部或相邻球晶间的空间成核，然后按球晶形态的方式在 PBSU 的球晶内部生长并侵入其他的 PBSU 的球晶，从而形成后结晶的 LTC 的球晶内包含大量先结晶的 HTC 的球晶的独特形态，如图 17-17

（b）所示。这种在相容性的结晶/结晶聚合物共混物中所发现的独特形态被命名为分别结晶侵入球晶。

17.4 光学显微镜在聚合物研究中的应用

聚合物在适用过程中表面形貌发生变化，聚合物还可以以纤维、泡沫等形式存在，光学显微镜可以观察微米尺度的形貌结构。

（1）微观形貌观察

聚合物在使用过程中，会发生老化，导致其外观及性能发生变化。如在室外大量使用的 PP 制品，在太阳光照射一段时间后，制品色泽变暗，制品表面有裂纹生长，力学性能显著降低。为抑制户外 PP 制品的性能衰减，一般 PP 制品中需要添加光氧屏蔽/吸收剂。

从图 17-18 所示的显微镜观察照片可以看出，在 UV 灯照射 10h 后，PP 表面出现裂纹，随着 UV 照射时间延长，裂纹增长并加深。添加了光氧稳定剂 HASL770 之后，在 UV 辐射 30h 后才观察到裂纹出现；添加了阻燃剂聚磷酸铵（APP）后，发现 APP 诱发了 PP 裂纹提前出现并快速增长，原因是 APP 在 UV 辐射下分解，释放的酸性小分子诱发了 PP 的提前降解；APP 与 HASL770 同时添加到 PP 中时，两种不同功效的助剂发生拮抗效应，导致 PP 裂纹生长。使用硅烷树脂对 APP 进行表面包覆处理，抑制了 APP 的提前降解，解决了 APP 与 HASL770 的拮抗效应，同时保证了 PP 制品的阻燃性及光氧稳定性。

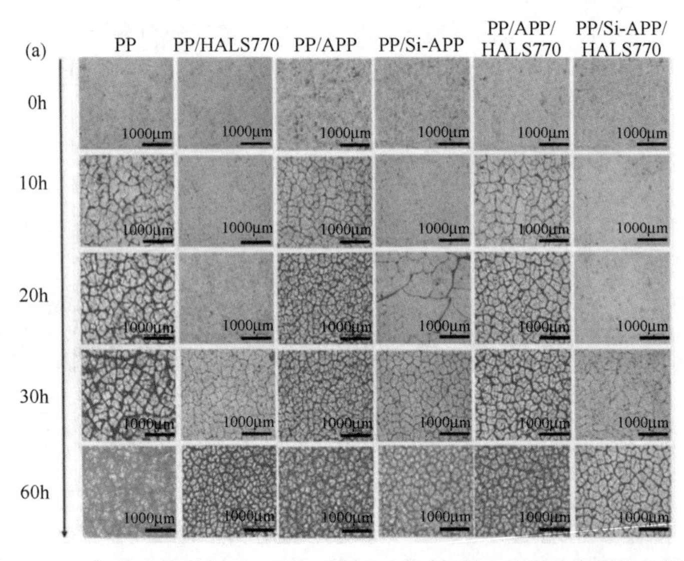

图 17-18 各种功能助剂对 PP 在不同 UV 辐射时间下的形貌变化的影响

（2）高分子泡沫的泡孔结构观察

利用光学显微镜可以观察到不同发泡工艺下的热塑性聚氨酯软泡的泡孔形貌，如图 17-19 所示。调节发泡时间，发泡剂用量，能够制备出不同泡孔尺寸的软泡 PU，满足多项不同应用的需求。

（3）泡沫乳液孔径分布稳定性观察

可以通过光学显微镜观察泡沫分散液的孔径，孔径分布等。

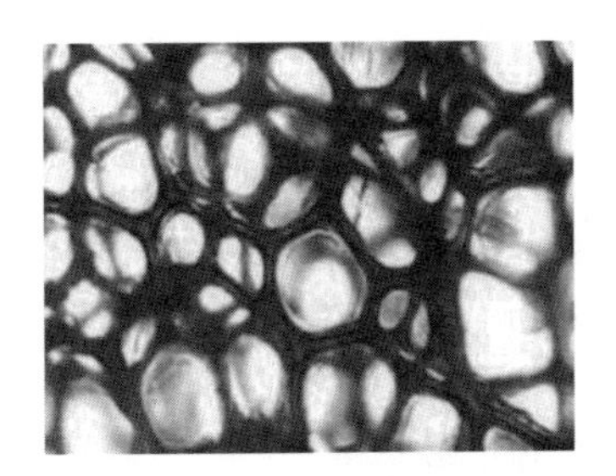 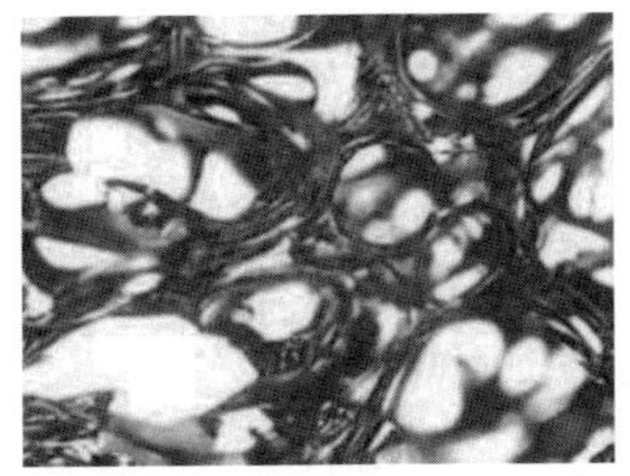 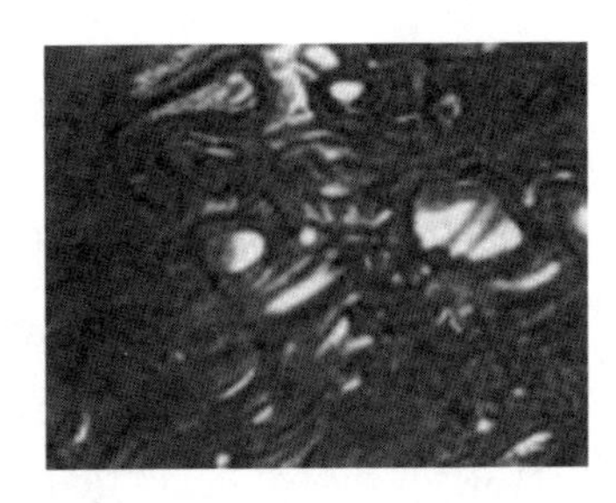

图 17-19　热塑性聚氨酯（PU）软泡泡孔形貌

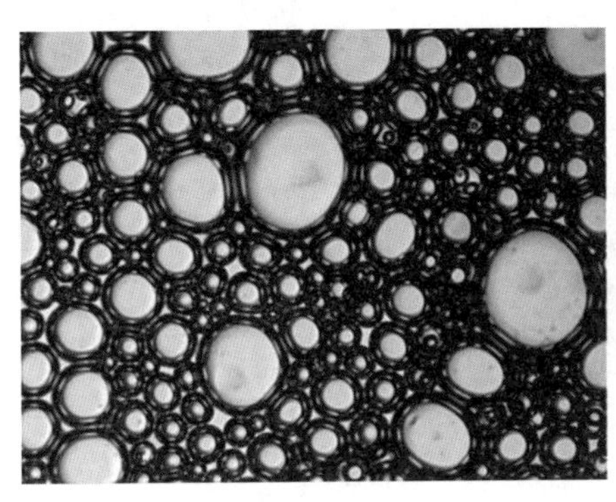 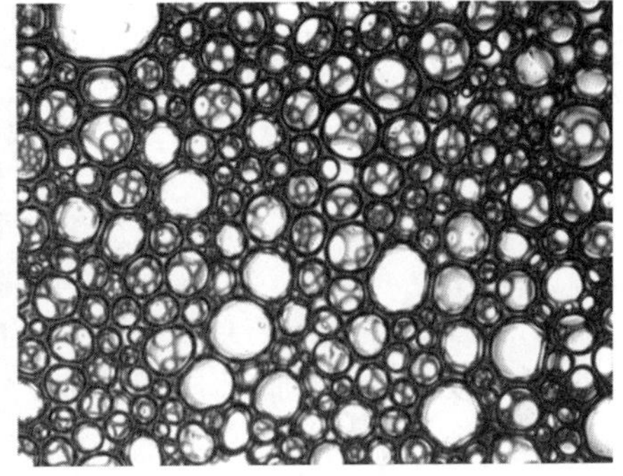

图 17-20　泡沫乳液形貌

第 18 章　电子显微镜法

材料的微观结构对其宏观性能产生直接影响。在科研过程中，研究者一直探寻可以在更为微小的尺度观察材料的结构，实现宏观性能的提升。上一章介绍的光学显微镜可以在微米尺度观察材料的微观结构。在 20 世纪 20 年代电子的运动规律逐渐明晰后，科学家提出利用电子束代替光学显微镜中的光源，通过电子与材料表面的相互作用，可以获知更小尺度的材料微观信息。电子显微镜经过科学家的艰苦努力，实现了初步搭建到商品化制造，有力推进了科学研究的进程。

18.1　电子与材料的相互作用

一束电子射到样品上，电子与物质相互作用，当电子的运动方向被改变时，称为散射。但当电子只改变运动方向而电子的能量不发生变化时，称为弹性散射。如果电子的运动方向和能量同时发生变化，称为非弹性散射。电子与试样相互作用可以得到如图 18-1 所示的各种信息。

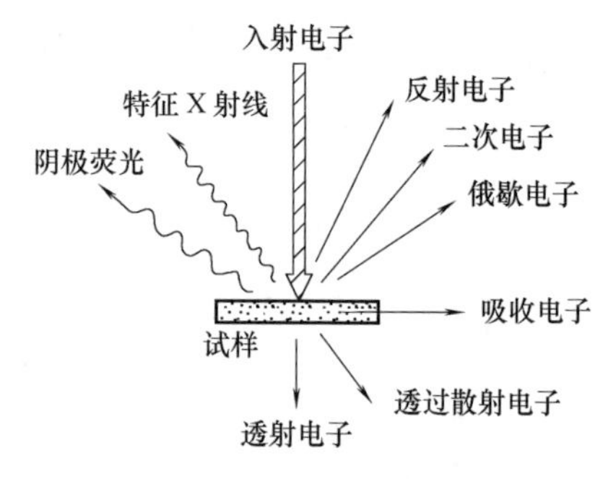

图 18-1　电子与样品相互作用所产生的信息

① 透射电子。直接透射电子，以及弹性或非弹性散射的透射电子。

② 背景散射电子。射电子穿透到离核很近的地方被反射，没有能量损失；反射角度与离核的距离和初始能量有关，实际上任何方向都有散射，即形成背散射。它能量较高，基本上不受电场的作用，而呈直线运动进入检测器。散射强度取决于原子序数和试样表面形貌。

③ 二次电子。如果入射电子撞击样品表面原子的外层电子，把它激发出来，就形成能量较低的二次电子，在电场的作用下呈曲线运动，翻越障碍进入检测器，因而使表面凹凸的各个部分都能清晰成像。二次电子的强度主要与样品表面形貌有关。二次电子和背景散射电子共同用于扫描电镜（SEM）的成像。当探针很细，分辨率高时，主要收集到的是二次电子，背景散射电子很少，称为二次电子成像（SEI）。

④ 特征 X 射线。如果入射电子把样品表面原子的内层电子撞出，被激发的空穴由高能级电子填充时，能量以电磁辐射的形式放出，产生的特征 X 射线可用于元素分析。

⑤ 俄歇（auger）电子。如果入射电子把外层电子打进内层，原子处于激发态，为释放能量而电离出次外层电子，称为俄歇电子。主要用于轻和超轻元素（除 H 和 He）的分析，称为俄歇电子能谱仪。

⑥ 阴极荧光。如果入射电子使试样的原子内电子发生电离，高能级的电子向低能级跃迁时发出的光波长较长（在可见光或紫外区），称为阴极荧光，可用作光谱分析，但它

通常非常微弱。

本章重点介绍在聚合物结构分析中应用最为广泛的透射电镜和扫描电镜。

18.2　透射电子显微镜

透射电子显微镜（Transmission Electron Microscope，TEM）是利用直接透射电子，及弹性或非弹性散射的透射电子来成像。

18.2.1　透射电镜的成像原理

TEM 的基本构造与光学显微镜相似，主要由光源、物镜和投影镜三部分组成，与光学显微镜相比，用电子束代替光束，用磁透镜代替玻璃透镜。其结构如图 18-2 所示。

光源由电子枪和一或两个聚光镜组成，作用是得到具有确定能量的高亮度的聚焦电子束。电镜的成像光路上除了物镜和投影镜外，还增加了中间镜，即组成了一个三级放大成像系统。物镜和投影镜的放大倍数一般为 100，中间镜的放大倍数可以在 0～20 倍之间调节。中间镜的物平面与物镜的像平面重合，在此平面装有可变的光阑，称为选区光阑，如图 18-2（c）所示。投影镜的物平面与中间镜的像平面重合，荧光屏处在投影镜的像平面上。荧光屏、光学观察放大镜及照相机等组成观察系统。除了常规的成像方式（明场像）外，还可以观察到暗场像和衍射花样。

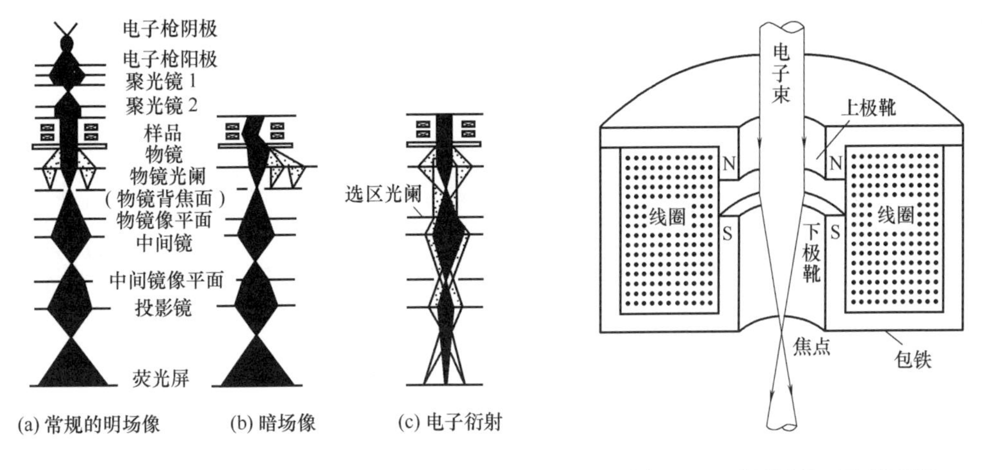

图 18-2　TEM 的结构及成像原理图

图 18-3　磁透镜的工作原理图

磁透镜的工作原理如图 18-3 所示。电流通过线圈时出现磁场，带有电荷的电子会与磁力线相互作用，而使电子束在线圈的下方聚焦。只要改变线圈的励磁电流，就可以使电镜的放大倍数连续变化。为了使磁场更集中，在线圈内部也包有软铁制成的包铁，称为极靴化。带极靴的磁透镜产生的磁场被集中在上、下极靴间的小空间内，磁场强度进一步提高。

空气会使电子强烈地散射，电子运行需要在高真空度中进行，因此 TEM 中电子通行段的真空度需要达到 1.33×10^{-4}Pa 以上。

18.2.2 影响 TEM 图像质量的主要因素

在 TEM 观察中，分辨率、放大倍数和衬度决定了电镜图像的质量。综合调节三个要素，才能获得一幅高质量的图像。

（1）分辨率

点光源经过理想透镜（无像差）成像后，不能得到一个完整的点像，而是得到明暗相同的同心圆斑，称 Airy 盘，如图 18-4 所示。形成 Airy 盘的原因是光通过透镜光阑时受到衍射造成的，如果没有光阑，光也会受到透镜边缘的衍射。

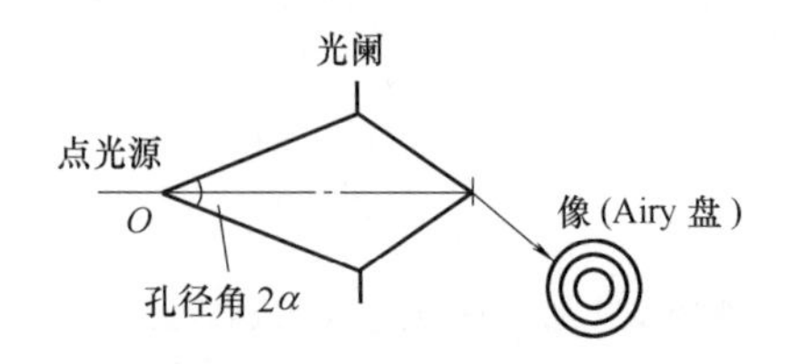

图 18-4 点源成像示意图

Airy 盘的直径通常以第一级暗环的半径 r 表示，由物理光学可以得到：

$$r=\frac{0.61\lambda}{n\sin\alpha} \tag{18-1}$$

式中 λ——光在真空中的波长；

n——透镜和物体间介质折射率；

α——半孔径角。

当物体为两个并排的点源时，在像平面上得到两个相互重叠的 Airy 盘。两个盘能互相分辨的标准是：两个盘的中心距离等于第一级暗环的半径 r，即一个盘的中心正好落在另一个盘的一级暗环上。这个标准最早由 Airy 提出，因而称为 Airy 准则。据此准则，两个点源能被分辨的距离亦即分辨率 δ 为：

$$\delta=\frac{0.61\lambda}{n\sin\alpha} \tag{18-2}$$

可见孔径越大，分辨率越高。这是因为孔径角越大，收集的信息就越多，得到的图像就越少受衍射的影响，越接近点像。

另一方面，波长越短，分辨率越高。而电子波长取决于加速电压，服从下式：

$$\lambda=\left(\frac{1.5}{V}\right)^{\frac{1}{2}} \tag{18-3}$$

式中 V——电子加速电压。

如果能设计大孔径角的磁透镜，在 100kV 时，分辨率可达 0.005nm。而实际 TEM 只能达到 0.1~0.2nm，这是由于透镜的固有像差造成的。

提高加速电压可以提高分辨率。现已有 300kV 以上的商品高压（或超高压）电镜。高压不仅提高了分辨率，而且允许样品有较大的厚度，可以推迟样品受电子束损伤的时间。但高加速电压意味着大的物镜，500kV 时物镜直径 45~50cm。适合高分子材料研究的加速电压在 250kV 左右。

（2）放大倍数

电镜的最大放大倍数是人体的肉眼分辨率与电镜的分辨率之比，根据式（18-4）计算，电镜最大的放大倍数在 10^6 以上。

$$\text{电镜的最大放大倍数}=\frac{\text{肉眼分辨率}(0.2\text{mm})}{\text{电镜的分辨率}(0.2\text{nm})}=10^6 \tag{18-4}$$

（3）衬度

亮和暗的差别即衬度，又称为反差。图像的衬度主要是吸收衬度，取决于样品各处参与成像的电子数目的差别。电子数目越多，散射越明显，透射的电子就越少，从而图像就越暗。造成图像更暗的原因通常有：样品厚过厚；原子序数增加；密度增加。其中密度的影响最为显著。因为聚合物的元素组成相对简单，原子序数差别不大，所以样品排列紧密程度成为影响衬度的主要因素。结晶高分子还存在衍射衬度，即由于结晶结构的衍射线被物镜光阑挡住，不参与成像而形成的反差。

18.3　扫描电子显微镜

扫描电子显微镜（Scanning Electron Microscope，SEM）是利用二次电子及背散射电子成像，最大特点是焦深大，图像富有立体感，特别适合于表面形貌的研究。它的放大倍数从十几倍到 2 万倍，几乎覆盖了光学显微镜和 TEM 的范围。制样方法相对简单，样品的电子损伤小，这些方面优于 TEM。SEM 成为聚合物微观结构观察中应用最为广泛的手段。

18.3.1　扫描电镜（SEM）的构造和成像原理

图 18-5 是 SEM 的结构图。

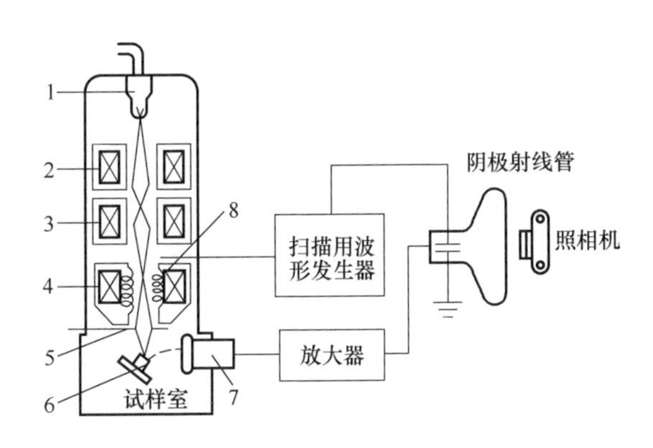

图 18-5　SEM 的结构及成像原理图

1—电子枪　2—第一聚光镜　3—第二聚光镜　4—物镜　5—物镜光栅　6—试样　7—检测器　8—扫描线圈

电子枪射出的电子束经聚光镜汇聚，再经物镜聚焦成一束很细的电子束（称为电子探针或一次电子）。在聚光镜与物镜之间有一组扫描线圈，控制电子探针在试样表面的微小区域上扫描，引起一系列二次电子和背景电子发射。这些二次电子和背景电子被探测器依次接收，经视频放大器放大后输入显像管（CRT）。显像管的偏转线圈和镜筒中扫描线圈的扫描电流由同一个扫描发生器严格控制同步，在显像管的屏幕上得到与样品表面形貌相应的图像。

18.3.2　影响 SEM 图像质量的主要因素

（1）分辨率

SEM 的分辨率主要受到电子束直径的限制，这里电子束直径指的是聚焦后扫描在样品上的照射点的尺寸。对同样晶距的二个颗粒，电子束直径越小，越能得到好的分辨效果。电子束直径越小，信噪比越低。

（2）放大倍数

SEM 的放大倍数与屏幕分辨率与电子束直径有关。

$$\text{SEM 的放大倍数}=\frac{\text{屏幕的分辨率}}{\text{电子束直径}} \tag{18-5}$$

（3）衬度

衬度包括表面形貌衬度和原子序数衬度。表面形貌衬度主要是由样品表面的凹凸（称为表面地理）决定。一般情况下，入射电子能从试样表面下约 5nm 厚的薄层激发出二次电子，加速电压增大，会激发出更深层内的二次电子，从而在表面下薄层内的结构可能会反映出来，并叠加在表面形貌信息上。

原子序数衬度指扫描电子束入射试样时产生的背景电子、吸收电子、X 射线，对微区内原子序数的差异相当敏感，而二次电子不敏感。高分子中各组分之间的平均原子序数差别不大，所以只有一些特殊的高分子多相体系才能利用这种衬度成像。

（4）焦深

SEM 的焦深是光学显微镜的 300～600 倍。提高焦深，可以使粗糙度高的表面更容易聚焦。焦深的计算公式如下：

$$\Delta F=\pm\frac{d}{2\alpha} \tag{18-6}$$

式中　ΔF——焦深；

d——电子束直径；

2α——物镜的孔径角。

18.4　样品制备技术

在电镜观察中，样品应该清洁，避免尘埃等污染物误导观察结果。样品放置在一定真空度中，样品中所含水分及易挥发物质应预先除去，否则会引起样品爆裂并降低真空度。样品要有高的抗电子束强度，但高分子材料往往不耐电子损伤，允许的观察时间较短（几分钟甚至几秒），所以观察时应避免在一个区域持续太久。

在 SEM 和 TEM 观察中，分别有一些特殊的样品制备要求。

18.4.1　SEM 观察中样品制备方法

通常将样品（包括模塑制品、薄膜、纤维、粒料等）用双面导电胶粘纸贴在铝样品座上。因为绝大多数聚合物是绝缘体，在电镜观察时表面会积累电荷，使图像异常。因此在观察之前，需要喷射导电涂层。控制加速电压，并尽可能在低频观察，以减少电荷积累。

18.4.2　TEM 观察中样品制备方法

在 TEM 观察中，较厚的样品会产生严重的非弹性散射，因色差而影响图像质量。为保证观察效果，样品尽量薄（≤1mm）。在常用的 50～100kV 加速电压下，样品厚度一般应小于 100nm，一般需要使用专用的超薄切片设备获取厚度适宜的样品。过薄的样品没有足够的衬度也会影响观察效果。

样品负载在金属网上，一般使用铜网，根据化学性等特殊需要也可用 Ni、Au、Be 等材质的金属网。直径2~3mm，厚度为20~100μm。网眼可以是方形、长方、六方或圆形，孔径从30~300 μm不等。长方形的孔适合连续片的观察。纤维、薄膜、切片等可直接放在金属网上做TEM观察。

当样品比金属网眼的尺寸还要小的时候，如很小的切片、颗粒、高分子单晶、乳胶粒等，需要使用透明支持膜。要求支持膜本身的电子透明性好，不会产生误导样品观察的信息；支持膜能经受电子轰击，有较高的热稳定性和化学稳定性。一般使用的主要有塑料膜、碳膜、碳补强塑料膜等多孔支持膜。

观察高分子稀溶液、乳液和悬浮液等中的颗粒样品的形状、大小与分布，需要使颗粒有良好的分散性，且不要太稀疏。具体可以用涂布法、喷雾法、包埋法等。

18.5　电子显微镜在高分子结构研究中的应用

电子显微镜已经可以观察到低于0.1nm的微观结构，成为聚合物形态结构观察非常有力的工具。自1957年A. Keller等人应用电子显微镜观察到PE的单晶体以来，电子显微镜在阐述高分子的聚集态结构本质上做出了重要贡献。

18.5.1　观察聚合物的聚集态结构

（1）非晶态结构

20世纪50年代中期，A. Kargin等通过溶液浇铸成膜的X射线电子衍射数据，说明非晶态聚合物中存在球粒结构，并说明这些粒子是由大分子的不对称排列产生，随后Yeh和Geil等用电镜及电子衍射研究了PET、NR、PC、*i*-PS、*α*-PS及PMMA等的形态结构，得到了相同的结果。电镜观察表明多数非晶态聚合物具有这种球粒结构，球粒结构的尺寸随热处理而改变。

（2）晶态结构

① 单晶。单晶的发现是电镜在高分子研究方面的一个重大成就。1957年，英国的Keller、美国的Till和德国Fischer分别独立发表了PE单晶的TEM照片。除观察到厚度约10nm的菱形片状单晶外，他们还通过电子衍射实验得到了非常清晰的规则的电子衍射花样，证明在单晶内，分子链的取向与片状单晶的表面相垂直。根据观察结果，Keller提出了折叠链结构模型。图18-6所示是典型的PE单晶的TEM照片。制样方法是首先配制PE的0.05%二甲苯的稀溶液，在83℃下缓慢结晶。然后滴一滴此结晶悬浮液于有碳支持膜的铜网上，调节光路以增加衬度。

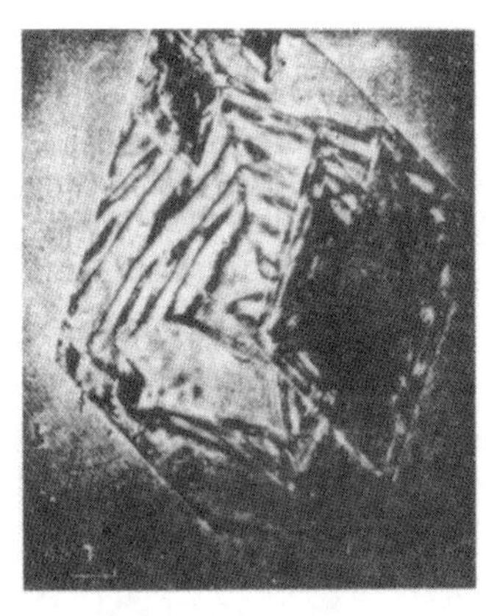

图18-6　PE单晶的TEM照片（13500×，左下角为PE单晶的电子衍射照片）

② 球晶。从溶液或从熔融冷却结晶时可以得到球晶，球晶是聚合物最常见的一种聚集态形式，在POM下可以看到球晶的二维生长情况。图18-7所示是聚氧化乙烯（PEO）从氯仿溶液铸膜得到的球晶，可以清楚地看出Ma-Hese十字和球晶互相排挤截顶的情况。如图18-8所示PE球晶的POM观察照片，可以看出周期性的同心消光环。

更进一步研究球晶内部结构时，需要利用 SEM。图 18-9 所示是 PE 球晶的表面复型像，可以看到晶片的扭曲情况，消光环是由于球晶中的片晶周期性地扭曲造成的。

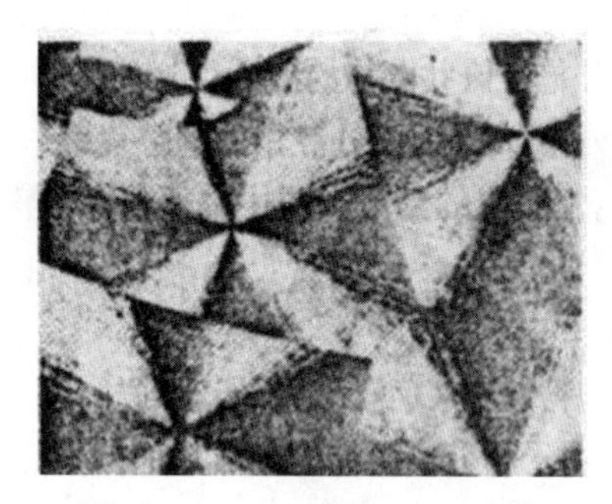
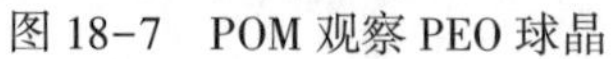

图 18-7　POM 观察 PEO 球晶

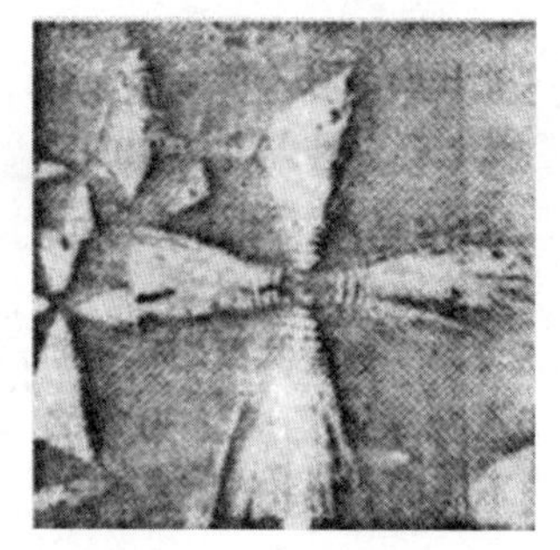

图 18-8　POM 观察 PE 球晶

图 18-9　SEM 观察 PE 球晶

在 SEM 观察中，染色技术可以提升图像质量。如图 18-10 所示，聚对苯二甲酸乙二醇酯（PET）对四氧化锇选择吸收，将未取向的聚酯切片熔融后，在 235℃ 结晶 2~3h，接着浸入 4% OsO_4 溶液中染色 7 天。球晶中的非结晶部分的电子密度增强，在 TEM 照片中显示黑色。

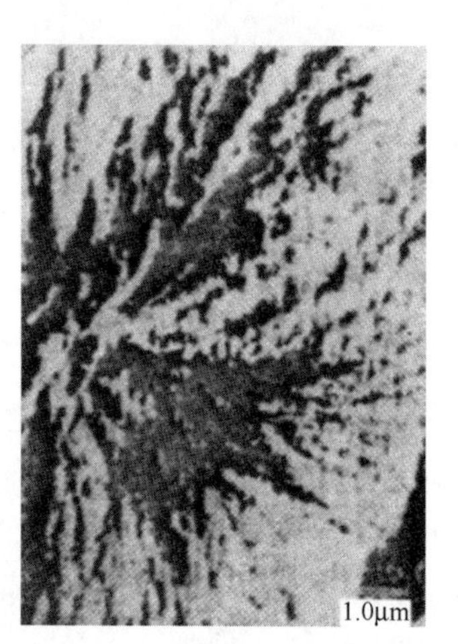

图 18-10　聚酯超薄切片中的 TEM 照片（6500×）

18.5.2　研究聚合物的多相复合体系

为了使聚合物材料增韧、增强或功能化，常常在聚合物材料中添加各种添加剂或填料；或采用不同聚合物之间共混、接枝及嵌段共聚；或形成互穿网络复合物；或用各种纤维增强制得复合材料。复合材料的性能既与各组分的结构有关，还与各相的分布等织态特征有关。SEM 和 TEM 被广泛应用于各相结构及其分布和相之间界面状态的研究。

（1）共混物

用橡胶增韧塑料，改善塑料的抗冲击性能，是高分子共混改性中最有成效的一种方法。用三元乙丙共聚的弹性体与尼龙共混可得到高抗冲尼龙，该共混物的冷冻切片的相差显微镜和 TEM 照片示如图 18-11 所示。如图 18-11（a）所示，弹性体分散相颗粒的直径超过了 2μm。TEM 还揭示各相相内的细节，图中箭头所示的黑点是在弹性体相内所包藏的尼龙。

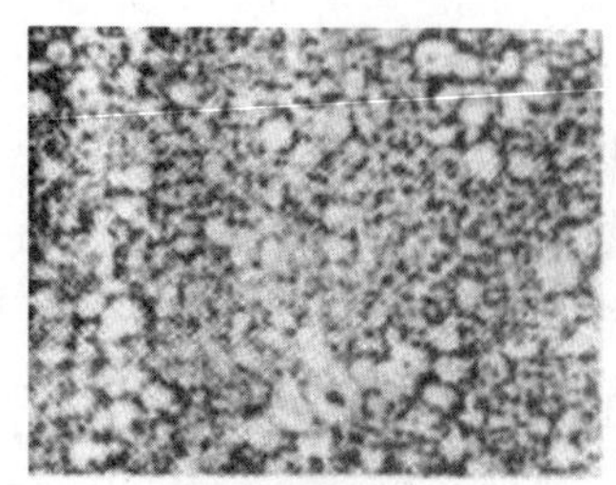

(a) 相差显微镜照片(450×)

(b) TEM照片(5140×)

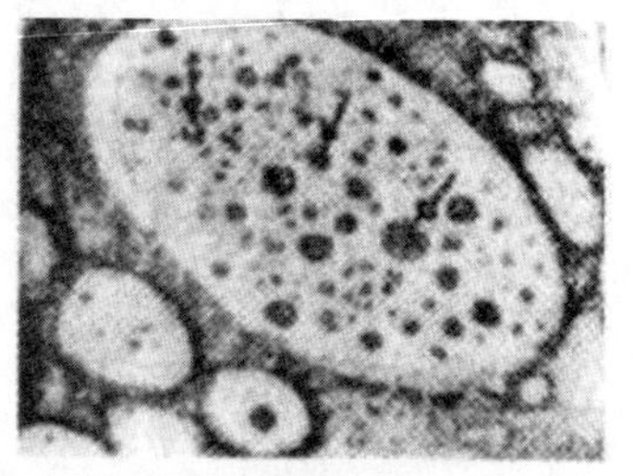

(c) TEM照片(5790×)

图 18-11　高抗冲尼龙的相结构（TEM 切片样品都经 RuO_4 蒸气染色）

（2）嵌段共聚物

聚苯乙烯-氧化乙烯、SBS 等二元或三元嵌段共聚物经 OsO_4 染色后，能看到球状、棒状和层状三类不同的相结构。

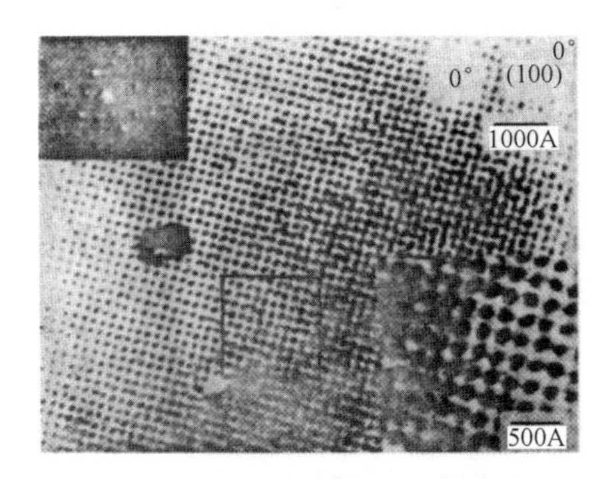

图 18-12　聚苯乙烯-丁二烯嵌段共聚物的 TEM 照片（85000×）

如图 18-12 所示，将聚苯乙烯-丁二烯［含 16.1%的丁二烯］二嵌段共聚物的超薄切片用 OsO_4 染色，能得到排列非常规则的球状分散相点阵，成为一种体心立方晶格。右下角为画方框的局部的放大照片（170000×），左上角为相应的电子衍射照片。

（3）复合材料

① 玻纤增强材料。图 18-13（a）所示 SEM 照片可见玻纤表面比较洁净，说明黏接较差；如图 18-13（b）所示玻纤与高分子有较多粘连，因而力学性能较好。

(a) 800×

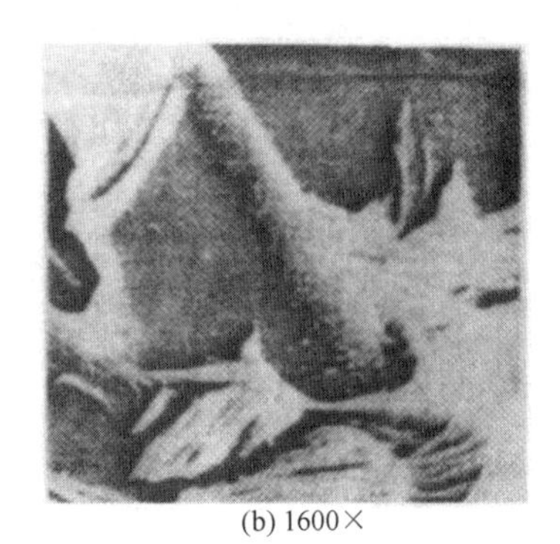

(b) 1600×

图 18-13　玻纤增强尼龙的缺口悬臂梁冲击样品的断口的 SEM 照片

② 纳米复合材料的微观结构。在聚合物/层状硅酸盐（Polymer/layered silicate，PLS）纳米复合材料的研究领域中，一般将其分为插层型和剥离型纳米复合材料两大类。插层型的理想结构是聚合物分子链插层进入层状硅酸盐的层间，使层状硅酸盐的层间距扩大到一个热力学允许的平衡距离上，一般而言，层状硅酸盐层间距扩大的距离介于 1~4nm 之间，并且插入层状硅酸盐层间通常就是单个的聚合物分子链，如图 18-14 和图 18-15 所示。

如图 18-14（a）所示，在 XRD 谱图中，PLLA/C15A 共混物的衍射角（2θ）向低角度方向偏移，即层间距增大。随着 PLLA 中 C15A 含量的增加，主要衍射峰的强度增大，表明结晶程度增大。如图 18-14（b）所示，C15A 的质量含量为 10%时的 TEM 中可以清晰地看到黑白相间的平行条纹。结合 XRD 和 TEM 照片，可以判断 PLLA/C15A 为插层型纳米复合材料。

如图 18-15 所示为 PLLA/C25A 共混物的 XRD 和 TEM 图。结合 XRD 结果和 TEM 照片，可以得出该共混物为插层-剥离结构。

在理想的剥离型 PLS 纳米复合材料中，聚合物分子链大量插入层状硅酸盐的层间，导致层状硅酸盐各层之间的结合力被破坏，以单个片层的形式均匀分散在聚合物基体中，

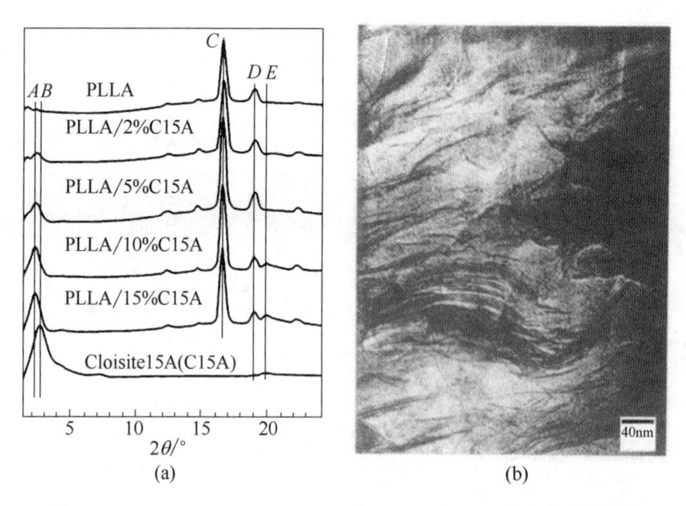

(a) (b)

图 18-14　PLLA、Cloisite15A 及 PLLA/C15A 纳米复合材料的 XRD 图和 PLLA/10%C15A 的 TEM 照片

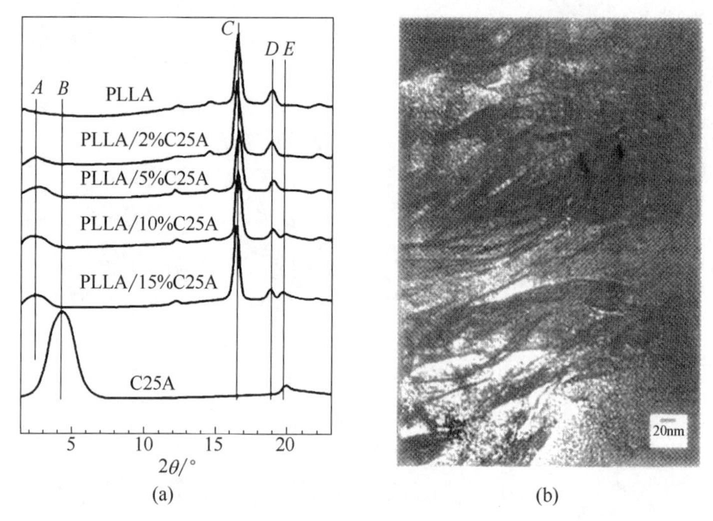

(a) (b)

图 18-15　PLLA、Cloisite25A 及 PLLA/C25A 纳米复合材料的 XRD 图和 PLLA/10%C25A 的 TEM 照片

这种均匀分散的结构通常会使聚合物基体的各项性能指标有很大的提高。从图 18-16（a）所示可以看出，对于不同含量 C30B 的 PLLA/C30B 共混物，C30B 黏土的衍射峰消失了，表明形成了完全剥离的结构。结合图 18-16（b）所示 TEM 来看，深色的黏土无规分散在浅色的 PLLA 基体中，进一步验证了 XRD 的结论。

18.5.3　纳米粒子结构观察及其在聚合物基体中分散

纳米材料从本世纪初开始成为研究热点。各种结构的纳米粒子得到开发并在各个领域得到应用。在聚合物基体中填充应用研究工作最为活跃，不仅对力学改性，对声、光、电等多种性能的开发均有研究陆续报道。其他多个维度的碳纳米材料（碳纳米管、石墨烯

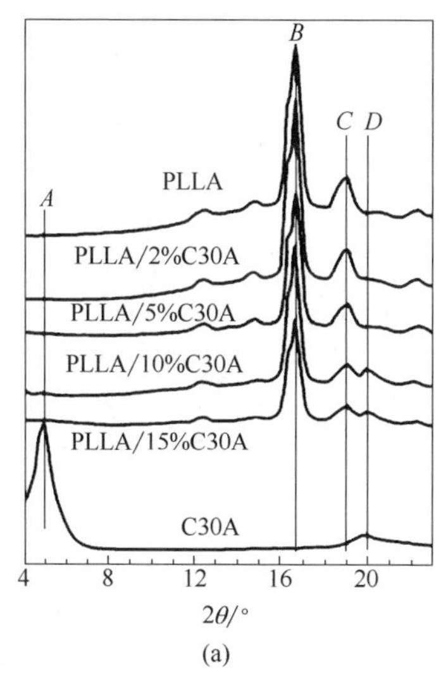

(a)

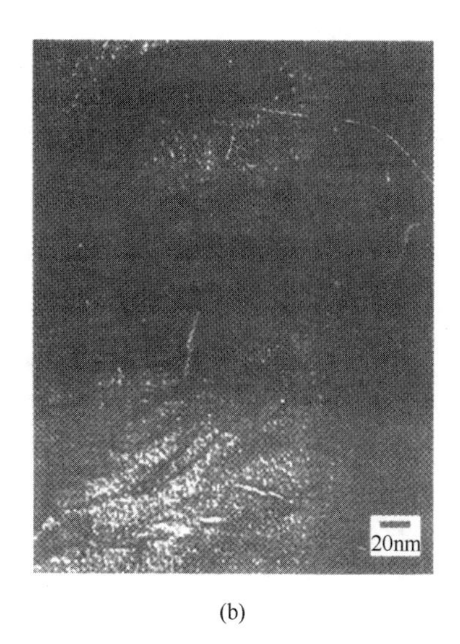

(b)

图 18-16　PLLA、Cloisite30B 及 PLLA/C30B 纳米复合材料的 XRD 图和 PLLA/10%C30B 的 TEM 照片

及富勒烯）的研究工作开展最多。在纳米材料研究过程中，电镜技术的飞速发展，放大倍数及分辨率不断提升，可以清晰观察到纳米尺度的微观结构，电子显微镜是纳米材料研究中一个非常有力的工具。

碳纳米管（CNTs）是典型的一维纳米填料，在聚合物基体中填充时，开发出导热、阻燃、电磁屏蔽、抗静电，增强增韧剂光能存储等多种功能。但是 CNTs 在聚合物基体中的分散一直是干扰其功能发挥的最大障碍，由于存在强大的范德华力，CNTs 极易形成簇和束。为了避免其团聚，实现纳米尺度上的分散，针对 CNTs 的表面改性展开了大量工作。在化学改性中，改性剂或长链表面活性剂可以涂覆或部分涂覆碳纳米管的表面。

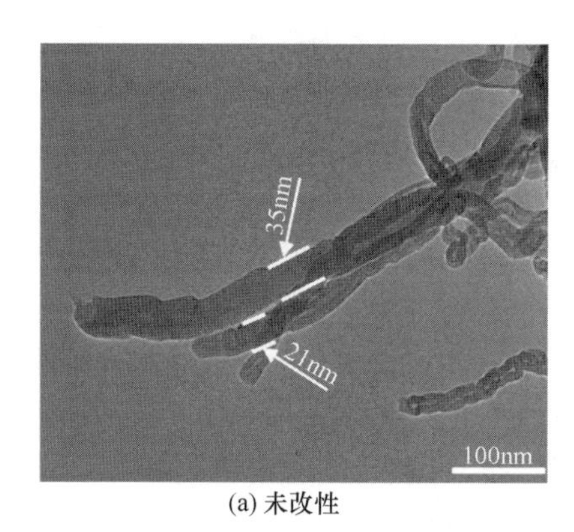

(a) 未改性

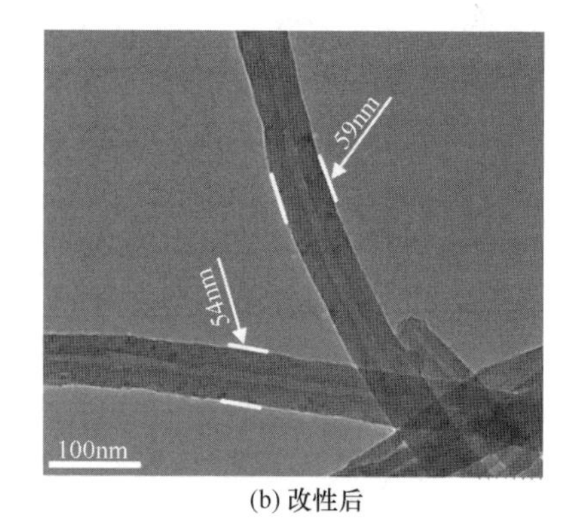

(b) 改性后

图 18-17　CNTs 和表面化学改性后的 CNTs 的 TEM 照片

如图 18-17 所示，CNTs 为直径低于 50nm 的中空管，由于表面极性较低，容易团聚缠绕成束。经过表面改性，在其表面引入极性基团后，直径略有增加，但仍低于 100nm，分散性得到改善。如图 18-18 所示，表面改性的 CNTs 在聚苯硫醚（PPS）基体中分散良好。

18.5.4 断面结构表征

聚合物基分离膜已经成为水净化处理中的一个不可或缺的环节。使用 SEM 观察膜表层，如图 18-19（a）所示为一定孔径的微孔结构，是净水通过的孔道。在保证截留效率的前提下，为提高水通量，减少过滤水中分离膜承受的阻力，分离膜的断层中一般为非对称结构，如图 18-19（b）所示，可以清晰观察到分离膜断层中，通道的孔径从上至下呈现明显的逐渐变大的趋势，利于过滤水的快速输送。

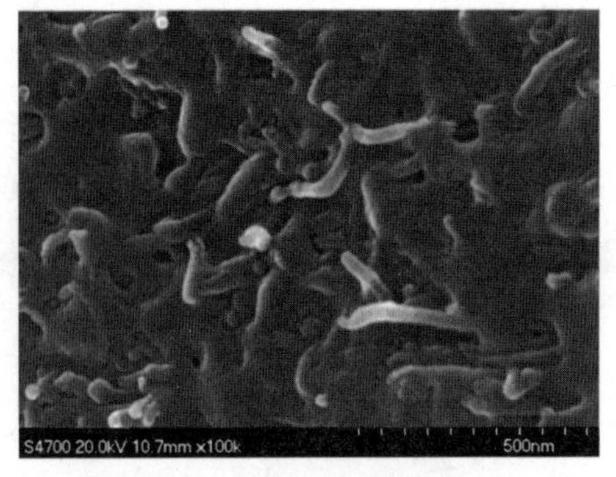

图 18-18 CNTs 在聚苯硫醚（PPS）基体中分散的 SEM 照片

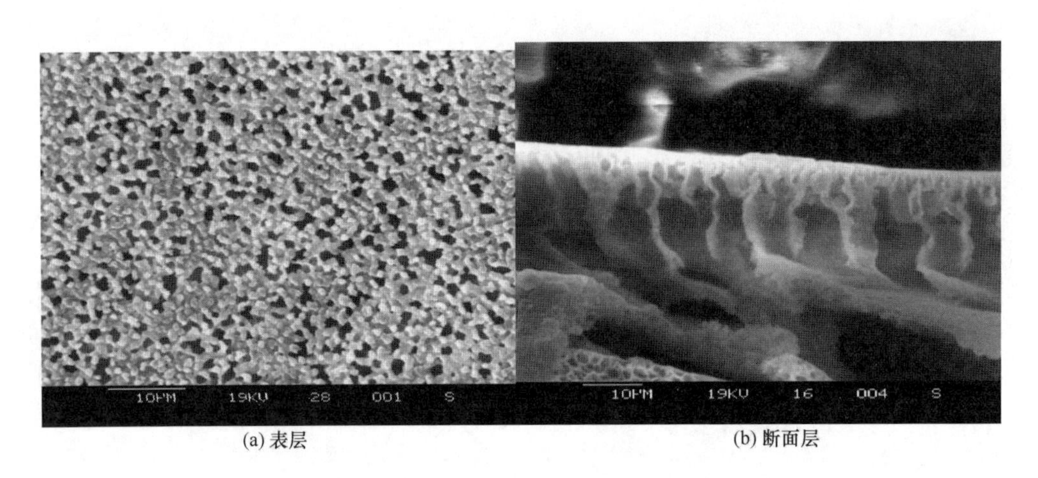

(a) 表层　　(b) 断面层

图 18-19 聚丙烯腈（PAN）基过滤膜的 SEM 照片

18.5.5 表面形貌表征

在材料改性的研究中，其中一个方向是将各种官能基团通过物理的范德华力或者化学键合引入到基材表面，在不破坏基材本质的基础上，引入纳米厚度的功能化界面层。如在 PA66 织物表面，通过紫外光接枝手段，将阻燃基团引入，通过 SEM 可以清晰观察到官能团的存在，织物在经过水洗 50 次后，物理浸轧阻燃处理的织物表层已经看不到明显阻燃基团；而 UV 接枝处理的织物，阻燃基团与织物形成化学键合，仍可观察到表层的阻燃基团，说明表面紫外光接枝改性织物的阻燃性能，在水洗后得到保持。

18.5.6 电子能谱（EDS）应用

在 SEM 上，一般同步使用 EDS，可以对观察范围内的区域进行元素扫描，并计算相对元素的百分组成。还可以对组成元素做扫描（mapping），以观察元素的分布，如图 18-21 所示。

(a) PA66织物

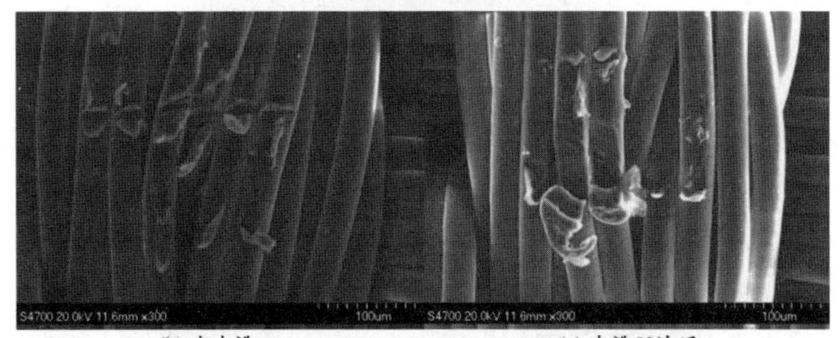

(b) 未水洗　　(c) 水洗50次后

紫外光接枝阻燃改性PA66织物

(d) 未水洗　　(e) 水洗50次后

物理浸轧阻燃改性PA66织物

图 18-20　物理和化学阻燃处理的 PA66 织物 SEM 照片

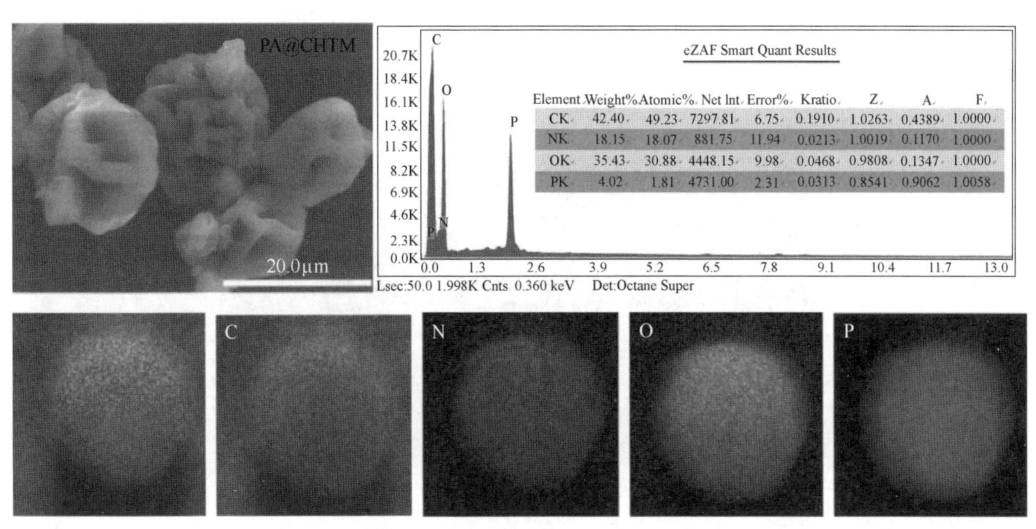

图 18-21　合成微球的 SEM 观察及 EDS 元素扫描

第 19 章　原子力显微镜

1982 年，G. Binning 和 H. Rohner 在 IBM 发明了扫描隧道显微镜（Scanning Tunneling Microscope，STM），可用于导电材料的微观结构研究，适用于金属或陶瓷类材料。4 年后 Binning、C. F. Quate 和 C. Gerber 发明了原子力显微镜（Atomic Force Microscope，AFM），AFM 可以用于非导电材料的研究，因此在聚合物研究中得到广泛的应用。

19.1　原子力显微镜的工作原理

AFM 的工作原理是将一个对微弱力极敏感的微臂一端固定，另一端有一个微小的针尖，针尖的尖端原子与样品表面原子间存在微弱的排斥力（10^{-8} ~ 10^{-6}N），利用光学检测法，通过测量针尖与样品表面原子间的作用力来获得样品表面形貌的三维信息。

1988 年发表了首篇有关 AFM 应用于聚合物表面研究的论文。之后 AFM 的应用飞速发展并深化，已由对聚合物表面几何形貌的三维观测发展到深入研究聚合物的纳米级结构和表面性能等新领域，并由此导出了若干新概念和新方法。

19.2　原子力显微镜的应用

19.2.1　研究聚合物的结晶过程及结晶形态

AFM 可以提供从纳米尺度的片晶到微米级的球晶在结构和形态上的演变过程，是多尺度原位研究聚合物结晶的有力手段之一。

图 19-1（a）所示生长中的两个聚合物球晶。随着片晶的发散生长，球晶的半径逐渐增大，导致两球晶之间的距离逐渐减小。由图 19-1（b）可见，片晶束的发散生长方向基本与半径方向一致。但由于不断地出现小角度分叉，使每个片晶的生长方向和半径方向

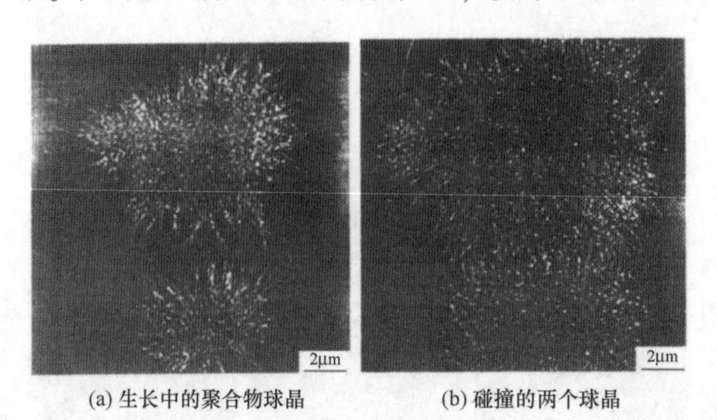

(a) 生长中的聚合物球晶　　(b) 碰撞的两个球晶

图 19-1　球晶生长的 AFM 观察照片

略有偏差。当两球晶相遇时，生长的片晶逐渐相交并相互终止，形成一个明显的界面。在结晶的早期，片晶在生长过程中不断分叉并向四周发散生长，逐渐充满球形的空间。当两个球晶逐渐接近，由于受空间阻碍和可结晶链段匮乏等的限制，片晶的生长必将受到另外一个球晶的影响。

图 19-2 所示为丁二酸丁二醇酯与碳酸丁二醇酯共聚物（PEC）在 90℃原位结晶过程的 AFM 照片。可以看出，除了一小部分片晶是 edge-on 取向外，大部分的片晶是 flat-on 取向，同时还可以看出一些螺旋位错结构。图 19-3 所示为聚乳酸（PLLA）在 90℃结晶后球晶中心附近的结构。在成核阶段片晶是 edge-on 取向，而到生长阶段转为 flat-on 取向。

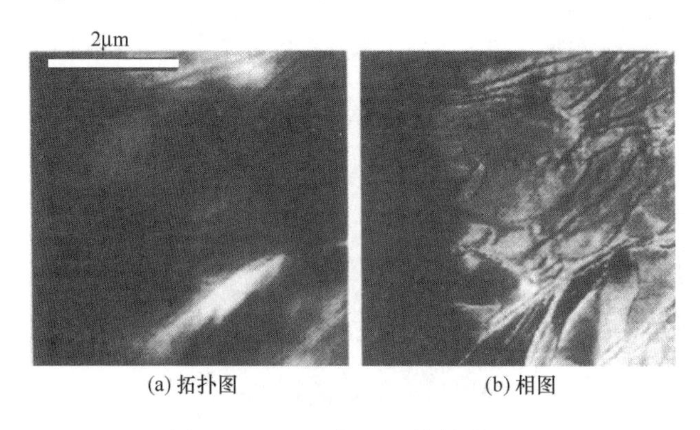

(a) 拓扑图　　(b) 相图

图 19-2　PEC 在 90℃的结晶过程

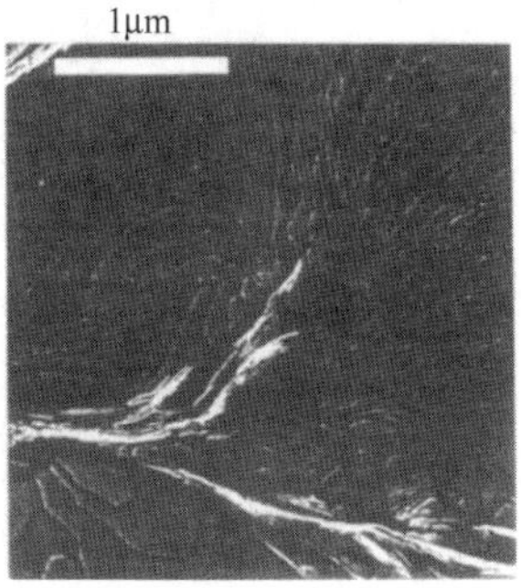

1μm

图 19-3　PLLA 在 90℃的相图

19.2.2　观察聚合物膜表面的形貌

聚乳酸（PLA）是一种生物基来源聚合物，且能在自然界中自身无害地降解，是替代传统石油基材料的理想材料。但是 PLA 的降解速度较慢，邱爽设计了一种生物基填料（PA@TA-CS），可以加速废弃 PLA 在土壤中填埋后的降解速率。如图 19-4 所示是使用光学显微镜、SEM 和 AFM 三种手段在其降解过程中的形貌观察结果。

从光学显微照片可以看出，土壤中埋 90 天后，纯 PLA 薄膜的表面出现轻微破损，表明材料已经降解和损坏；AFM 测试得出 PLA 的平均粗糙度为 127nm；SEM 观察也发现微观空洞的生长。而 PLA/3%PA@TA-CS 表面出现了大量黑色和黄色污渍，这是由于表面大量微生物生长或形态改变所导致；AFM 检测其平均粗糙度增加到 371nm；SEM 照片中看到表面疏松多孔，内部也出现了纤维状侵蚀，出现大量连续裂纹乃至基体均相侵蚀导致的崩塌现象；是由特定酶的作用以及随后的水解引起的生物劣化和生物碎片化。

19.2.3　研究聚合物单链的导电性能

研究单链导电高分子的导电性是 AFM 应用的最新进展之一。它首先要求 AFM 的基底和针尖都必须为导体，因而需要对原子力显微镜的针尖镀金并采用金质基底。让高分子极稀溶液在 AFM 针尖下流过，设置针尖与基底之间的距离稍大于单链导电高分子颗粒直径，在其间施加一定电势，当导电高分子颗粒随溶液流到针尖与基底之间时，体系由于电荷的诱导作用会产生一个微小的电流，这种诱导作用可使高分子颗粒变形，

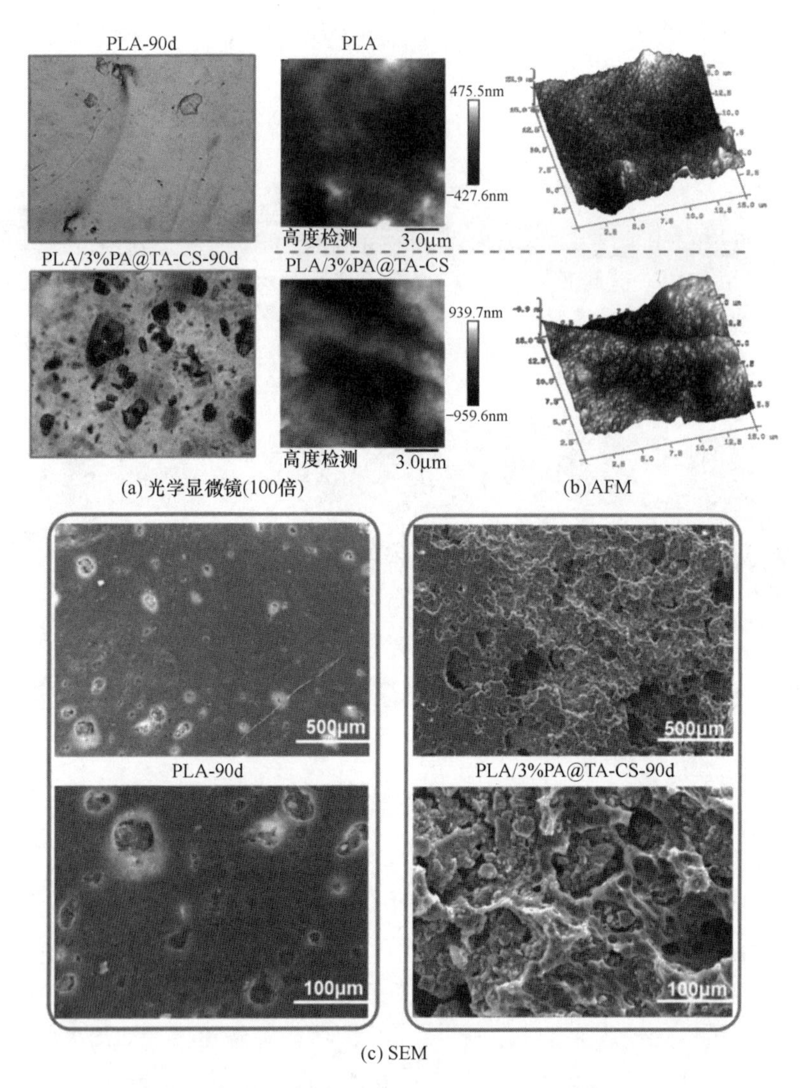

图 19-4　PLA 和 PLA/3%PA@ TA-CS 土壤降解 90 天
光学显微照片（100 倍）AFM 和 SEM 照片

并最终吸附在基底和针尖之间。此时可以通过改变加电时间或电流方向来考察单链导电高分子的电性能。

19.2.4　研究聚合物纳米复合材料

聚合物纳米复合材料具有比常规复合材料更优异的综合性能。Madhuchhanda 等通过 AFM 研究了橡胶-黏土纳米复合材料。图 19-5 所示为纯橡胶、与填充黏土的橡胶的相图。可以看出在黏土填充体系中出现了一些白色的区域，黏土在灰色的橡胶基体中表现为白色亮点。比较图 19-5（b）和图 19-5（c）发现，在 CAN 填充的复合材料体系中黏土粒子均匀分散在基体中，而在 C20A 填充的体系中黏土粒子局限在一个特定的区域，而不是均匀分散在整个基体中。

此外，AFM 还可用于非晶态单链高分子结构观察、研究聚合物链的导电性能、研究

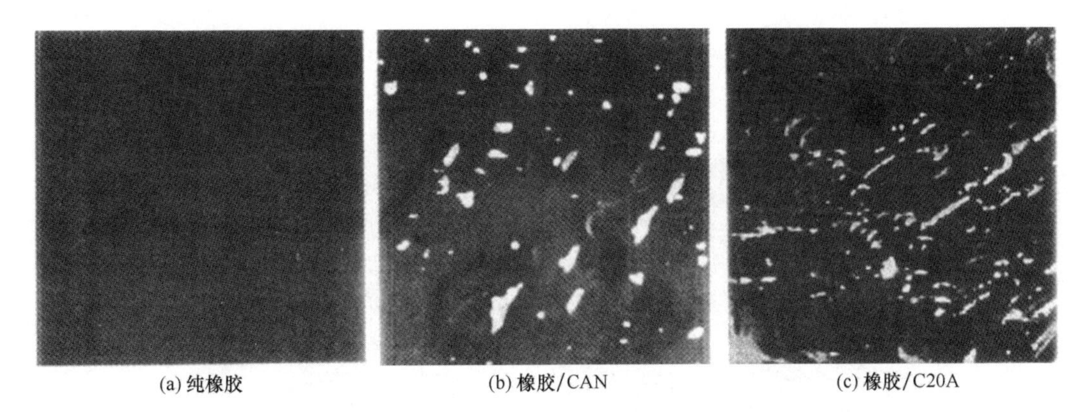
(a) 纯橡胶　(b) 橡胶/CAN　(c) 橡胶/C20A

图19-5　纯橡胶、橡胶/CAN、和橡胶/C20A的相图

聚合物单链的力学性能等。

参考文献

[1] 朱诚身. 聚合物结构分析 [M]. 北京：科学出版社，2022.

[2] 谢晶曦，常俊标. 红外光谱在有机化学和药物化学中的应用 [M]. 北京：科学出版社，2001.

[3] 翁诗甫，徐怡庄. 傅立叶变换红外光谱分析 [M]. 北京：化学工业出版社，2016.

[4] 盛龙生. 有机质谱法及其应用 [M]. 北京：化学工业出版社，2016.

[5] 潘峰，王英华，陈超. X射线衍射技术 [M]. 北京：化学工业出版社，2016.

[6] 杨万泰. 应用化学与先进材料德融合与发展 [J]. 科学通报，2018，63 (34)：3515-3516.

[7] 杨序纲，吴琪琳. 应用拉曼光谱技术 [M]. 北京：科学出版社，2022.

[8] 杨序纲. 聚合物电子显微术 [M]. 北京：化学工业出版社，2015.

[9] 方征平，郭正虹，冉诗雅. 碳纳米填料阻燃聚合物 [M]. 北京：高等教育出版社，2022.

[10] 陆婉珍. 现代近红外光谱分析技术 [M]. 北京：中国石化出版社，2007.

[11] Yang P，Yang W. Surface chemoselective phototransformation of C-H bonds on organic polymeric materials and related high-tech applications [J]. Chemical Reviews，2013，113：5547-5594.

[12] Tang W，Qin Z，Liu F，et al. Influence of two kinds of low dimensional nano-sized silicate clay on the flame retardancy of polypropylene [J]. Materials Chemistry and Physics，2020，256：123743.

[13] 吴刚. 材料结构表征及应用 [M]. 北京：化学工业出版社，2011.

[14] 黄玉东. 聚合物表面与界面技术 [M]. 北京：化学工业出版社，2003.

[15] 何曼君. 高分子物理 [M]. 复旦大学出版社，2021.

[16] 潘祖仁. 高分子化学 [M]. 北京：化学工业出版社，2022.

[17] 张树，张笑宇，王毅聪，等. 钒配合物及其催化乙烯与α-烯烃共聚的研究进展 [J]. 科学通报，2021，30：3849-3865.

[18] 朱寒，答迅，卢晨，等. 聚丁二烯/二氧化硅杂化新材料等温结晶动力学及结晶形态的研究 [J]. 高分子学报，2018，5：656-664.

[19] 马爱洁，杨晶晶，陈卫星. 聚合物流变学基础 [M]. 北京：化学工业出版社，2018.

[20] 孙禧亭，袁洪福，宋春风. "动态"近红外光谱结合深度学习图像识别和迁移学习的模式识别方法研究 [J]. 分析测试学报，2020，39 (10)：1247-1253.

[21] ZHANG S，BU X，GU X，et al. Improving the mechanical properties and flame retardancy of ethylene-vinyl acetate copolymer by introducing bis [3-(triethoxysilyl) propyl] tetrasulfide modified magnesium hydroxide [J]. Surface and Interface Analysis，2017，49 (7)：607-614.

[22] 于世林. 高效液相色谱方法及应用 [M]. 北京：化学工业出版社，2019.

[23] 王东. 原子力显微镜及聚合物微观结构与性能 [M]. 北京：科学出版社，2022.

[24] 邵利民. 分析化学 [M]. 北京：科学出版社，2022.

[25] 邱兆斌. 新型聚芳醚酮的结晶与多晶型 [D]. 中国科学院长春应用化学研究所，2000.

[26] WAN R，SUN X，REN Z，et al. Self-seeded crystallization and optical changes of polymorphism poly (vinylidene fluoride) films [J]. Polymer，2022，241：124556.

[27] QIU S，SUN J，LI Y，et al. Life cycle design of fully bio-based poly (lactic acid) composites with high flame retardancy，UV resistance，and degradation capacity [J]. J Clean Prod，2022，360：132165.

[28] QIU Z，YAN C，LU J，et al. Miscible crystalline/crystalline polymer blends of poly (vinylidene fluoride) and poly (butylene succinate-co-butylene adipate)：Spherulitic morphologies and crystallization Kinetics [J]. Macromolecules，2007，40：5047-5053.

[29] LI J, JIANG Z, QIU Z. Isothermal melt crystallization kinetics study of cellulose nanocrystals nucleated biodegradable Poly (ethylene succinate) [J]. Polymer, 2021, 227: 123869.

[30] LI J, JIANG Z, QIU Z. Thermal and rheological properties of fully biodegradable Poly (ethylene succinate) /Cellulose nanocrystals composites [J]. Composites Communications, 2021, 21: 100571.

[31] 过梅丽. 高聚物与复合材料的动态力学热分析 [M]. 北京: 化学工业出版社, 2003.

[32] DONG M, GU X, ZHANG S, et al. Effects of Acidic Sites in HA Zeolite on the Fire Performance of Polystyrene Composite [J]. Ind. Eng. Chem. Res, 2013, 52 (26): 9145-9154.

[33] ZHENG J, HAN D, YE X, et al. Chemical and physical interaction between silane coupling agent with long arms and silica and its effect on silica/natural rubber composites [J]. Polymer, 2018, 135: 200-210.

[34] YAO M, NIE J, HE Y. Solid-state photopolymerization of long-chain vinyl carboxylates through binary molecular arrangement adjustment [J]. Journal of Photochemistry and Photobiology A: Chemistry, 2020, 401: 112770.

[35] 陈玲红, 陈祥, 吴建, 等. 基于热重-红外-质谱联用技术定量分析燃煤气体产物 [J]. 浙江大学学报 (工学版), 2016, 50 (05): 961-969.

[36] SHAH SAA, ATHIR N, SHEHZAD FK, et al. In situ polymerization of curcumin incorporated polyurethane/zinc oxide nanocomposites as a potential biomaterial [J]. Reactive and Functional Polymers, 2022, 180: 105382.

[37] 任莹莹. 线形梳状/星形梳状高支化脂肪族聚酯的研究 [D]. 大连理工大学, 2016.

[38] DAI X, QIU Z. Synthesis and properties of novel biodegradable poly (butylene succinate-co-decamethylene succinate) copolyesters from renewable resources [J]. Polymer Degradation and Stability, 2016, 134: 305-310.

[39] ZHANG F, JIANG Z, QIU Z. Biobased poly (ethylene succinate)-b-poly (triethylene terephthalate) multiblock copolyesters with high melting temperature and improved crystallization rate and mechanical property [J]. Polymer, 2022, 254: 125061.

[40] HE X, QIU Z. Effect of poly (ethylene adipate) with different molecular weights on the crystallization behavior and mechanical properties of biodegradable poly (L-lactide) [J]. Thermochimica Acta, 2018, 659: 89-95.

[41] 莫志深. 晶态聚合物结构和 X 射线衍射 [M]. 北京: 科学出版社, 2017.

[42] 莫志深. 高分子结晶和结构 [M]. 北京: 科学出版社, 2022.

[43] 王国全. 聚合物共混改性原理与应用 [M]. 北京: 中国轻工业出版社, 2018.

[44] 李永舫, 穆绍林. 导电聚合物电化学 [M]. 北京: 科学出版社, 2020.

[45] 王齐华, 张耀明, 张新瑞, 等. 形状记忆聚合物及其应用 [M]. 北京: 科学出版社, 2022.

[46] 党智敏. 储能聚合物电介质导论 [M]. 北京: 科学出版社, 2021.

[47] 陈宇飞, 马成国. 聚合物基复合材料 [M]. 北京: 化学工业出版社, 2020.

[48] 何红. 聚合物加工流变学基础 [M]. 北京: 化学工业出版社, 2015.

[49] 吴培熙, 张留成. 聚合物共混改性 [M]. 北京: 中国轻工业出版社, 2015.

[50] 周其凤, 程正迪. 高分子科学与技术前沿课题 [M]. 北京: 北京大学出版社, 2004.

[51] 谭天伟. 生物产业发展战略研究 [M]. 北京: 科学出版社, 2021.

[52] 张立群. 天然高分子基新材料-天然橡胶及生物基弹性体 [M]. 北京: 化学工业出版社, 2021.

[53] 徐斌. MXene 材料: 制备、性质与储能应用 [M]. 北京: 科学出版社, 2022.

[54] 徐如人, 庞文琴, 霍启升. 分子筛与多孔材料化学 [M]. 北京: 科学出版社, 2021.

[55] LI Y, QIU S, SUN J, et al. A new strategy to prepare fully bio-based poly (lactic acid) composite

with high flame retardancy, UV resistance, and rapid degradation in soil [J]. Chemical Engineering Journal, 2022, 428: 131979.

[56] WANG L, LIU X, QI P, et al. Enhancing the thermostability, UV shielding and antimicrobial activity of transparent chitosan film by carbon quantum dots containing N/P [J]. Carbohydrate Polymers, 2022, 278: 118957.

[57] ZHU Y, LIN M, HU W, et al. Controllable disulfide exchange polymerization of polyguanidine for effective biomedical applications by thiol-Mediated uptake [J]. Angewandte Chemie, 2022, 134 (23): e202200535.

[58] ZHU T, CHEN D, LIU G, et al. A facile immobilization strategy for soluble phosphazene to actualize stable and safe lithium-sulfur batteries [J], Small, 2022, 18 (38): 2203693.

[59] ZHAO M, RONG J, HUO F, et al. Semi-immobilized ionic liquid regulator with fast kinetics toward highly stable zinc anode under -35 to 60℃ [J]. Advanced Materials, 2022, 34 (32): 2203153.

[60] FU H, YAO J, ZHANG M, et al. Low-cost synthesis of small molecule acceptors makes polymer solar cells commercially viable [J]. Nature Communications, 2022, 13 (1): 3687.

[61] ZHAO Z, LIU Y, HUA L, et al. Activating energy transfer tunnels by tuning local electronegativity of conjugated polymeric backbone for high-efficiency OLEDs with low efficiency roll-off [J]. Advanced Functional Materials, 2022, 32 (21): 2200018.

[62] ZHU T, LIU G, CHEN D, et al. Constructing flame-retardant gel polymer electrolytes via multiscale free radical annihilating agents for Ni-rich lithium batteries [J]. Energy Storage Materials, 2022, 50: 495-504.

[63] 黄翼飞，蔡赞，胡静，等. 气相色谱-红外光谱联用技术及应用研究进展 [J]. 光谱学与光谱分析，2015，35 (08)：2130-2135.